大数据应用人才能力培养

新形态系列

大数据技术与应用

孔华锋 沈青 龙雪玲◎主编

刘佳 刘涤 韩晶◎副主编

人民邮电出版社

北京

图书在版编目（CIP）数据

大数据技术与应用 / 孔华锋，沈青，龙雪玲主编．
北京 ：人民邮电出版社，2024．-- (大数据应用人才能
力培养新形态系列)．-- ISBN 978-7-115-65158-7

Ⅰ．TP274

中国国家版本馆 CIP 数据核字第 2024V8G636 号

内 容 提 要

本书循序渐进地介绍大数据全生命周期中涉及的大数据技术与应用相关知识。本书包括 9 章：第 1 章和第 2 章介绍与大数据相关的基础理论知识；第 3～5 章介绍与大数据采集、预处理和存储相关的内容；第 6 章和第 7 章介绍大数据的计算模式、分析挖掘与可视化等；第 8 章和第 9 章介绍不同行业背景下大数据的成功应用案例和大数据时代的数据安全问题。

本书可作为高校计算机类专业大数据相关通识课程的教材，也可作为大数据相关专业的专业课程教材，还可作为大数据爱好者、相关行业和学术领域研究者的参考书。

◆ 主　　编　孔华锋　沈　青　龙雪玲
副 主 编　刘　佳　刘　涤　韩　晶
责任编辑　韦雅雪
责任印制　陈　犇

◆ 人民邮电出版社出版发行　　北京市丰台区成寿寺路 11 号
邮编　100164　　电子邮件　315@ptpress.com.cn
网址　https://www.ptpress.com.cn
涿州市京南印刷厂印刷

◆ 开本：787×1092　1/16
印张：14.25　　　　2024 年 10 月第 1 版
字数：342 千字　　　2024 年 10 月河北第 1 次印刷

定价：59.80 元

读者服务热线：(010) 81055256　印装质量热线：(010) 81055316
反盗版热线：(010) 81055315
广告经营许可证：京东市监广登字 20170147 号

前言

随着互联网、物联网、云计算等技术的迅猛发展，互联网中各类应用层出不穷，引发了数据规模的爆发式增长，大数据迅速成为科技界、企业界甚至世界各国政府关注的热点。

数据作为新时代重要的生产要素，是国家基础性战略资源，这已成为全球共识。大数据产业作为以数据生成、采集、存储、加工、分析、服务为主的战略性新兴产业，是激活数据要素潜能的关键支撑，是加快经济社会发展质量变革、效率变革、动力变革的重要引擎。面对世界百年未有之大变局以及新一轮科技革命和产业变革深入发展的机遇期，世界各国纷纷出台大数据战略，开辟大数据产业创新发展新赛道，聚力数据要素多重价值挖掘，抢占大数据产业发展制高点。近几年，我国大数据产业快速崛起，逐步发展成支撑经济社会发展的优势产业，数据资源"家底"更加殷实，数据采集、传输、存储能力显著提升，大数据产品和服务快速普及。目前大数据技术持续保持高速的发展态势，在现代社会发展中发挥巨大作用，成为现代信息社会的核心支撑。

大数据人才供不应求是目前大数据行业面临的一大困境，大数据时代下的数据人才缺口呈现加速扩大的态势。随着大数据岗位的不断行业化，众多行业开始设立专属的大数据职位，这些职位不再局限于传统的开发岗和算法岗，而是越来越倾向于全栈化发展，这就要求从业者要具备能贯穿大数据系统环境、体系结构和应用的更加全面的知识结构。在大数据时代，仅仅依靠个人力量很难完成大数据系统全生命周期构建与数据分析及应用任务，需要与他人分工合作来实现既定目标。从 2016 年起，为应对我国大数据行业"人才荒"的现状，我国部分高校创设了"数据科学与大数据技术"本科专业，该专业课程体系完整，涉及大数据技术与应用的多个方面，以满足市场对复合型人才的需求。

本书旨在为读者搭建通向大数据技术与应用知识空间的桥梁，以构建知识体系、阐明基本原理、引导初级实践、了解相关应用为原则，讲述大数据系统的工作原理及构建方法，为读者在大数据技术与应用领域进一步深耕细作奠定一定的基础并指明方向，帮助读者了解大数据系统各架构层次的实现方法和原理，理解各种实现技术。本书较为系统地讲述大数据的定义、特征，大数据系统的基础架构，以及云计算、Hadoop 分布式系统、HDFS 分布式文件系统、HBase 数据库、MapReduce 批处理计算框架、YARN 资源管理调度框架、Spark 内存批处理计算框架、大数据分析挖掘与可视化及大数据在智慧城市和自动驾驶领域的应用、大数据时代的安全问题等内容。由于篇幅关系，本书在电子资源中对第 2～7 章补充了相应的实验环境及模拟系统构建指导，方便读者更深入地学习和掌握大数据核心技能。这些资源也可为读者日后从事应用软件和系统软件的开发工作奠定一定的理论和实践基础。本书的电子资源还包括 PPT 课件、拓展案例视频、教学大纲、教案等，教师可登录人邮教育社区（www.ryjiaoyu.com）免费下载。

本书共分为 9 章，具体内容如下。

第 1 章为“大数据概述”，介绍数据与大数据的基本概念、大数据的特征、基于数据处理全生命周期的大数据系统的基础架构、大数据系统的技术体系等内容。

第 2 章为“大数据基础设施”，主要针对构建大数据系统的基础设施进行说明，包括虚拟化技术、云计算技术及 Hadoop 分布式系统等内容。

第 3 章为“大数据采集与预处理”，主要针对大数据采集与预处理相关的技术和工具进行介绍，使读者掌握大数据采集与预处理的相关知识。

第 4 章为“大数据的存储与分布式文件系统”，介绍传统数据存储技术及 HDFS 分布式文件系统的实现原理和技术方法，帮助读者在了解传统数据存储相关技术的基础上，掌握大数据存储管理的特点与技术。

第 5 章为“大数据的数据库系统”，主要针对 NoSQL 数据库进行说明，并对 HBase 数据库、Hive 数据仓库、Impala 数据仓库等进行介绍，使读者了解和掌握大数据的各类数据库系统的架构和工作原理。

第 6 章为“大数据的计算模式”，介绍掌握 MapReduce 批处理计算框架、Spark 内存批处理计算框架等分布式计算框架的基本原理和方法，帮助读者了解 YARN 资源管理调度框架等大数据系统资源管理调度框架。

第 7 章为“大数据分析挖掘与可视化”，对数据挖掘与数据分析的异同进行梳理，使读者了解大数据分析挖掘的相关概念和基本方法，掌握数据可视化的基本知识。

第 8 章为“大数据应用”，介绍大数据的具体应用场景及案例。

第 9 章为“大数据安全”，介绍大数据时代的数据安全问题及基本应对方法。

采用本书作为教材时，授课学时可参考如下安排，共计 64 学时，其中讲课 40 学时，实验 24 学时。

章	学时分配	
	讲课/学时	实验/学时
第 1 章　大数据概述	4	0
第 2 章　大数据基础设施	4	4
第 3 章　大数据采集与预处理	6	4
第 4 章　大数据的存储与分布式文件系统	6	4
第 5 章　大数据的数据库系统	6	4
第 6 章　大数据的计算模式	6	4
第 7 章　大数据分析挖掘与可视化	4	4
第 8 章　大数据应用	2	0

续表

章	学时分配	
	讲课/学时	实验/学时
第 9 章　大数据安全	2	0
合计	40	24

本书由孔华锋、沈青、龙雪玲担任主编，由刘佳、刘涤、韩晶担任副主编。本书在编写过程中得到了武汉商学院信息工程学院教师的大力支持和帮助，并作为武汉商学院校本教材得到武汉商学院的出版资助，编者在这里表示感谢。编者在编写本书的过程中参阅和引用了国内外相关著作与文献，以及相关网络资料，在此谨向各位原创作者致以深深的谢意！由于编者水平所限，书中难免存在不足之处，敬请广大读者批评与指正。编者联系方式：robin_kong@qq.com。

编者

2024 年 6 月

目录

第1章 大数据概述

第2章 大数据基础设施

第3章 大数据采集与预处理

第4章

大数据的存储与分布式文件系统

第5章

大数据的数据库系统

第6章 大数据的计算模式

第7章 大数据分析挖掘与可视化

第8章 大数据应用

第9章 大数据安全

第1章 大数据概述

本章导读

近年来，随着互联网、物联网等新兴技术的快速发展，数据量与日俱增。同时，伴随着云计算、人工智能技术及其应用的兴起，针对海量数据的存储管理与分析处理成为可能。大数据技术已经开启了重大的时代转型，成为大国的竞争战略和重要的战略资产，是当下最热门的科技词语之一。那么，什么是大数据？大数据到底有多大？严格来讲，大数据是一种涉及海量数据的收集、存储、分析、处理，从而提取数据背后价值的综合性技术，它不仅包括海量数据本身，还包括针对这些海量数据的分析、处理和应用等诸多方面，甚至涉及人们解决问题的思路的转变。毫无疑问，大数据正在开启一个全新的时代，一个全新的数据空间正在逐步形成，数据已经成为宝贵的财富，任何一个主体，要想成为这个时代的领先者，都需要顺应趋势、积极谋变。

本章将从大数据的定义、大数据的来源、大数据的分类、大数据的特征谈起，使读者能清楚地知道大数据的概念与作用；进而介绍大数据时代的新思维和新理念，使读者进一步掌握大数据的内涵与发展；然后介绍大数据系统的基础架构与大数据系统的技术体系，使读者能了解大数据技术与传统技术的区别。

本章知识结构如下。

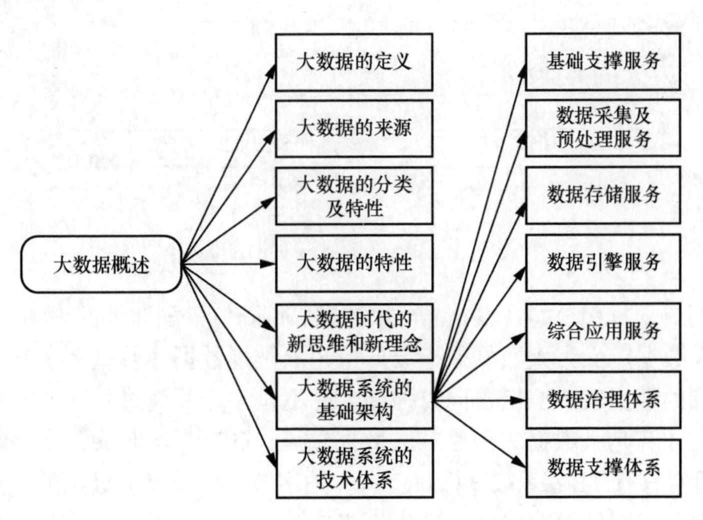

1.1 大数据的定义

数据是各类信息的表现形式和载体，在现实世界中，人们所能感知的数据包括数字、文字、字母、符号、图形、图像、视频、音频等。数据也可以是客观事物的属性、数量、位置及其相互关系的抽象表示。在计算机中，数据是可输入计算机，能被计算机处理，且具有一定意义的数字、字母和模拟量等各类符号的通称。计算机所能存储和处理的对象十分广泛，对这些对象进行表示的数据类型与结构也变得越来越复杂，例如，模拟数据、数字数据，静态数据、动态数据，在线数据、离线数据，栅格数据、矢量数据，等等。

如今，以互联网、物联网、云计算、人工智能等新技术、新应用为代表的信息技术革新在迅猛发展，通过计算机和互联网进行网络活动的网民越来越多，各类应用的数字化比例更是逐年以令人惊诧的速度提高。目前，大部分日常社会经济活动都与数据创造、采集、传输、存储、管理、使用、分析和处理相关，由此产生的数据越来越多，已经渗透到社会经济与人民生活的方方面面。人类历史上从未有哪个时代和今天一样，能产生如此海量的数据，数据产生已经完全不受时间、地点限制。庞大的网民群体和各类网络应用构成大数据技术与应用蓬勃发展的坚实数据来源，成为经济增长的新动能、新业态、新模式，大数据展现出强大增长潜力。

根据测算，全世界数据总量以每两年翻一番的速度增长，换句话说，每两年产生的数据总量相当于人类有史以来所有数据量的总和。全球数据总量在 2020 年达到 35.2ZB（泽字节，zettabyte），而到 2025 年将达到 163ZB，如图 1-1 所示。在这个大背景下，从行业战略到产业生态，从学术研究到生产实践，从城镇管理到国家治理，都将发生本质变化。

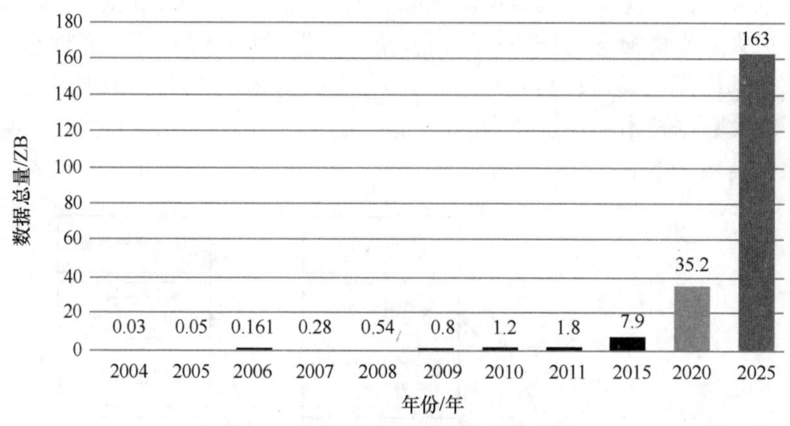

图 1-1　全球数据总量的变化趋势

2011 年 5 月，麦肯锡公司在其报告《大数据：创新、竞争和生产力的下一个前沿领域》中给出了一种大数据定义：大数据是指数据量超出常规数据库管理系统获取、存储、管理和分析能力范围的数据集。但报告同时强调，并不是一定要超过特定 TB（terabyte，太字节）级的数据集才算是大数据。但是在大数据领域，GB（gigabyte，吉字节）级的数据集是非常小的，通常只有 TB 级和 PB（petabyte，拍字节）级及以上级别的数据集才能称为大数据。国际数据公司则从大数据的 4 个特征来定义大数据，即海量的数据规模、快速的数据流动和动态的数据体系、多样的数据类型、巨大的数据价值。由此可见，大数据是一个宽泛的概念，相关定义无一例外地都突出了“大”字。诚然，“大”是大数据的一个重要特征，但不是全部。通常大数据的来源必然是多样的，其形式必然是多模态的，现在针对大数据的定义更着重描述数据的全景式和全周期状态，侧重其三大核心能力。

（1）大数据的实时分析能力，能在多样的、海量的数据中，迅速获取信息、发现异常、定位症结、锁定线索，第一时间快速发现问题。

（2）大数据的分布处理能力，可支撑高并发多用户进行数据读写与分析处理，能在紧急事件中进行多方协作，第一时间快速处置问题。

（3）大数据的挖掘分析能力，能快速发现海量数据中存在的内在关联关系，高效地分析、解决疑难问题，第一时间快速解决问题。

由此可见，拥有海量数据的规模、应用海量数据的能力将成为大数据的重要组成部分。对大数据进行收集、存储、分析、处理、控制和使用，从而提取数据背后的价值，将成为业界的新焦点，大数据时代已然来临。

1.2 大数据的来源

从采用关系数据库作为数据管理的主要方式开始，数据产生方式大致经历了 3 个阶段，包括企事业运营系统的被动产生阶段、用户原创内容的主动产生阶段、感知系统的自动产生阶段，而正是数据产生方式的巨大变化才最终导致大数据时代来临。目前，大数据产生的源头涉及各行各业，数据类型也多种多样。根据产生数据的应用系统进行分类，大数据主要有 4 种来源，包括政企信息系统的业务数据、互联网应用的泛互联网数据、物联网系统的传感数据、科学研究及行业专业数据等，如图 1-2 所示。

（1）政企信息系统的业务数据是指企事业单位内部的信息系统（如事务处理系统、办公自动化系统等）产生的数据，主要用于企事业单位的业务运营和事务管理，为企事业单位的工作和业务提供支持。数据的产生既有终端用户的原始输入，也有信息系统的二次加工处理。企事业单位信息系统的数据的组织结构具有实体-联系-属性关联，通常是结构化数据，由企事业单位信息系统产生并在关系数据库中进行存储。政企信息系统的业务数据产生于企事业运营系统阶段，人类社会数据量的第一次飞跃就是在企事业运营系统开始广泛使用时开始的，这个阶段最主要的特点是政企信息系统的业务数据伴随着一定的运营活动而产生并记录在关系数据库中，这种政企信息系统的业务数据的产生方式往往是被动的。

（2）互联网应用的泛互联网数据是指伴随着互联网的发展，互联网上的各种应用系统（如社交网站、社会媒体、搜索引擎、电商平台等）产生的数据。互联网构造了一个虚拟的数字网络空间，为广大网民提供信息服务、社交服务及生活服务，网络应用系统构成了泛互联网应用系统，这类泛互联网应用系统所产生的数据的组织结构是多元的、开放的，且大部分是半结构化数据或非结构化数据，数据产生者主要是在线网民。互联网应用的泛互联网数据产生于用户原创内容阶段，导致了人类社会数据量的第二次飞跃。这个阶段最主要的特点就是移动互联网时代的新型网络应用中用户原创内容的爆发式增长，这种互联网应用的泛互联网数据的产生方式往往是主动的。

（3）物联网系统的传感数据是指物联网中由大量的各类传感器产生的机器传感数据。物联网系统是指通过各种嵌入式传感设备进行数据采集和处理的实时监测信息系统，主要用于生产调度、过程控制、现场指挥、环境保护等。物联网系统的传感数据的组织结构是相对封闭的，可以是各种数据的基本测量值，也可以是关于各种行为和状态的多媒体数据，大部分是非结构化数据。物联网系统的传感数据产生于感知系统阶段，导致了人类社会数据量的第三次飞跃。这个阶段最主要的特点就是各类传感数据的急剧增长，这种物联网系统的传感数据的产生方式往往是自动的。

政企信息系统的业务数据

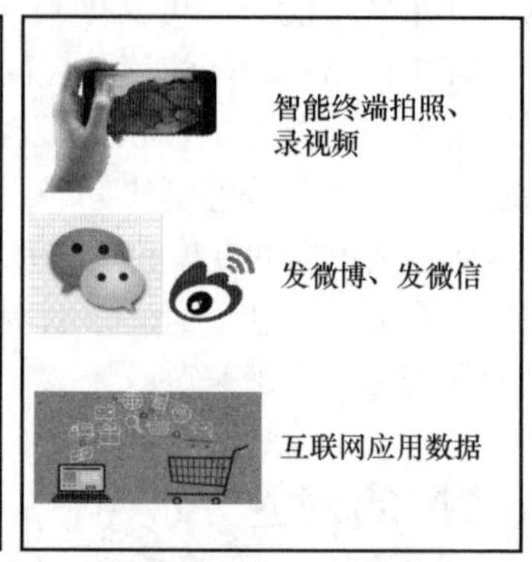

互联网应用的泛互联网数据

物联网系统的传感数据

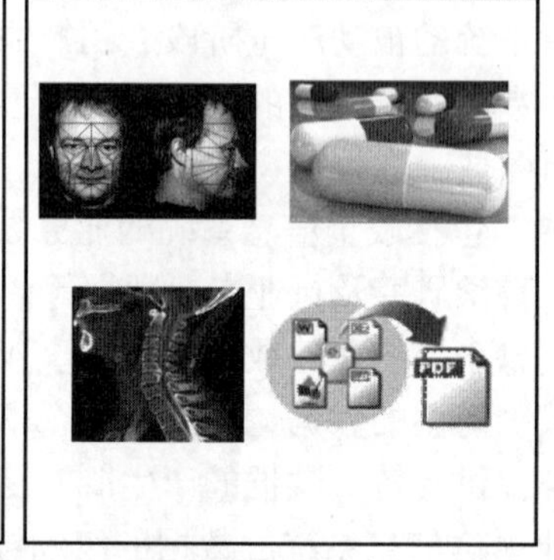

科学研究及行业专业数据

图 1-2　大数据的来源

（4）科学研究及行业专业数据是指科学实验系统及专业信息系统产生的用于科学研究的专业数据、仿真数据等，其实验环境和业务环境是预先设定的，主要用于学术研究。科学研究及行业专业数据的组织结构通常是开放的、有选择的和可控的，大部分是半结构化数据或非结构化数据。科学研究及行业专业数据产生于企事业运营系统阶段和感知系统阶段，其产生方式既有被动的，也有自动的。

1.3 大数据的分类及特性

由 1.2 节可知，数据产生方式经历了被动产生、主动产生和自动产生 3 个阶段。这些被动、主动和自动产生的数据共同构成了大数据的数据基础，但其中自动产生的数据才是使大数据时代到来的根本原因，同时构成了大数据的多样化数据来源和多模态数据类型。

各类信息系统所产生的数据从结构特征角度可以分为结构化数据、半结构化数据和非结构化数据，如图 1-3 所示，不同类型数据的存储与处理方式也有显著区别。

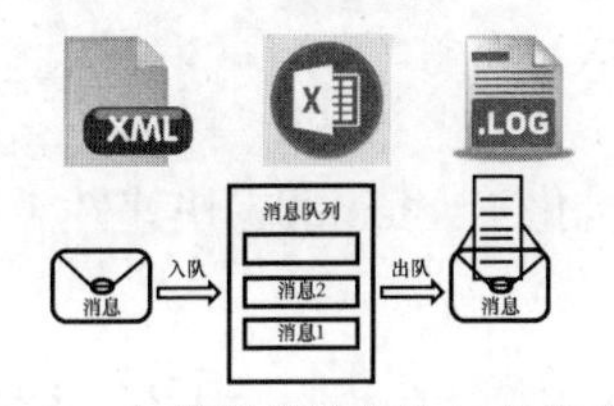

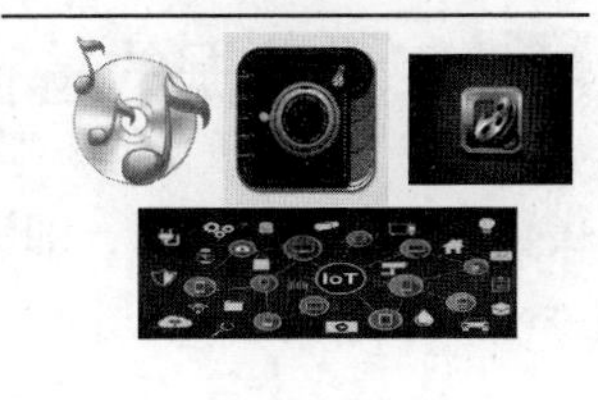

图 1-3　大数据从结构特征角度分类

（1）结构化数据主要指各种关系数据库所存储的数据，如 DB2、Oracle、SQL Server、MySQL 等关系数据库中所存储的数据。结构化数据具有实体-联系-属性，具有特定格式、统一长度、一致参数，一般存放于二维数据表中，其存储和排列具有一定规律，便于进行数据查询和修改等操作。

（2）半结构化数据是一种介于结构化数据和非结构化数据之间的数据，它并不符合实体-联系-属性模型，不能以二维数据表形式存储于关系数据库中。半结构化数据一般含有标签和相关标记，用来分隔语义元素以及对记录和字段进行分层，其数据结构和内容混在一起，没有明显的区分，也被称为自描述数据。例如，超文本标记语言（hypertext markup language，HTML）文档、JavaScript 对象表示法（JavaScript object notation，JSON）格式和可扩展标记语言（extensible markup language，XML）格式的文件、Excel 电子表格、消息队列、日志和一些 NoSQL 数据库中存放的数据等，就属于半结构化数据。

（3）非结构化数据是指没有固定结构的数据，如文本、图像、音频、视频和扫描文件等。非结构化数据没有特定格式、特定顺序，不可预测，对于这类数据，一般按二进制数据格式进行整体存储和处理。

此外，各类信息系统所产生的数据按照时间维度可以分为以业务数据、日志数据等为代表的历史静态数据和以视频监控数据、流媒体数据等为代表的实时流式数据。针对历史静态数据和实时流式数据采用的处理方式是不一样的，历史静态数据可以进行线下批处理计算，而实时流式数据通常需要进行实时流计算。

大数据具有多源性、多模态的特性，这必然导致数据质量的不确定性和多样性，获取的数据与真实情况存在一定差异。即使错误数据的相对比例不大，但是由于数据的规模巨大，这将会导致错误数据的绝对数量也是非常庞大的，如果差异严重，甚至会影响数据的可用性。而大数据的可用性主要包括数据的准确性、一致性、完整性、实体同一性、实效性和真实性等特性，如表 1-1 所示。

表 1-1　大数据的可用性

特性	意义
准确性	数据符合规定的精度要求，不超出误差范围
一致性	数据之间不能相互矛盾
完整性	数据的值不能为空
实体同一性	实体的标识唯一
实效性	数据的值反映实际的状态
真实性	数据不能是人工伪造的

1.4 大数据的特征

大数据具有4V特征，即海量化（volume）、快速性（velocity）、多样性（variety）、高价值（value），如图1-4所示。

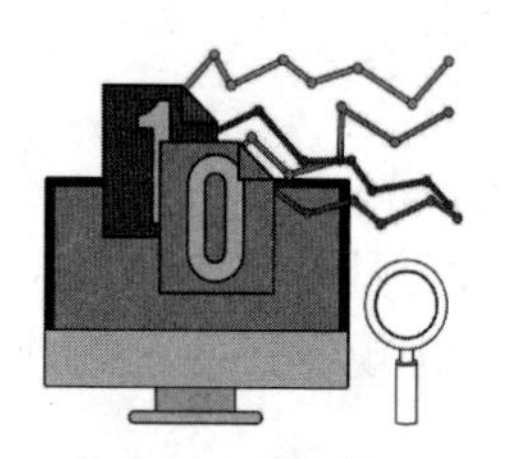

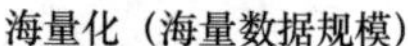

海量化（海量数据规模）

快速性（快速数据产生）

多样性（多样数据类型）

高价值（较高数据价值）

图1-4　大数据的4V特征

（1）海量数据规模表示大数据的数据体量巨大，存储规模可以达到PB、EB（exabyte，艾字节）级别，并且由于数据体量太大带来了大数据技术变革与进步，包括针对大数据的采集与预处理、存储与文件管理、计算模式、分析挖掘、可视化展示等方面，催生出了许多新模式、新技术、新应用。

（2）快速数据产生表示大数据的数据产生具有实时和动态的特性，针对大数据的采集、处理和分析等需要快速进行。如果数据采集、存储和处理等受到大数据系统能力的限制，不能及时采集、存储和处理数据源产生的数据，那么这些数据就会转瞬即逝，我们将无法获取这些数据中蕴含的巨大价值。因此，大数据系统要能将原来需要几天才能处理完的海量静态数据在几分钟、几秒钟内处理完毕，迅速从海量静态数据中快速获得高价值信息。此外，具备实时数据流处理功能，也是区分大数据系统和传统数据处理系统的关键差别之一。实时数据流处理与海量静态数据批处理的模式不同，需要新的解决办法，要能在较短时间内处理完成采集的实时数据流，以满足业务和决策的实时需求，否则处理结果就是过时和无效的。

（3）多样数据类型表示大数据的数据来源多、数据类型多。数据来源多是指大数据来自业务数据、泛互联网数据、传感数据、专业数据等多种来源。数据类型多是指大数据包括关系数据库中具有良好结构的结构化数据，网络页面文件、电子表格、日志文件等半结构化数据，以及图片、音频、视频、文档、链接等非结构化数据。各种数据来源之间的数据交互频繁、关联性较强。大数据的多样数据类型需要大数据系统能主动地或自动地采集和存储各种来源、各种结构的数据，还需要大数据系统花费大量时间进行数据抽取、清洗、转换、转载等数据预处理工作。

（4）较高数据价值说明大数据的价值在提高，“数据为王”的时代出现了。数据被解释为信息，信息常识化是知识，所以数据解释、数据分析能产生价值。但是由于大数据的数据体量巨大，导致大数据的数据价值密度低，这是大数据的典型特征。挖掘大数据的价值类似于沙里淘金，需要从海量数据中挖掘稀疏但珍贵且有价值的信息。有很多经过大数据分析后得出有价值信息的事例，例如，人们在超市中购买尿布和啤酒的行为之间有较强的关联性，公安机关从海量视频中找到有用的一两秒视频数据用于破获案件，等等。虽然知道大数据有价值，但由于大数据的数据价值密度很低，我们不确定已有的数据是否有价值，有什么价值，以及需要花费多大的成本才能发现价值。大数据的价值含量、挖掘成本比数量更为重要。虽然数据越多，挖掘数据价值的花费越多，但是不能因为大数据的数据价值密度低、花费多，就忽略大数据的数据价值，毕竟基于大数据形成决策的模式已经为不少的企业带来了盈利和声誉。现在很多国家已经将大数据作为数据资产，将其等同于蕴含巨大价值的黄金和石油。

由此可见，社会发展正从业务驱动逐步转变为数据驱动，通过对大数据的采集、管理、处理、分析与优化，并将分析结果再反馈到应用中，如运营系统、社交网络、物联网等，将创造出巨大的社会价值和经济价值。大数据将是各行各业提高核心竞争力的关键因素，是各行各业持续高速增长的新引擎。面向大数据的新技术、新产品、新服务、新业态会不断涌现，这些新技术、新产品、新服务、新业态将成为催生社会变革的正能量。

1.5 大数据时代的新思维和新理念

对数据进行抽样调查是传统的研究方法和手段，但在大数据时代，人们可以通过实时监测、跟踪研究互联网上产生的海量数据，进行挖掘分析，揭示出规律性的东西，进而提出研究结论和对策。这是因为在大数据时代，数据体量够大，使数据不再是稀缺资源；数据来源极其丰富，数据格式也极其丰富，使单个数据的准确性不再重要，重要的是数据的整体共性和数据间有价值的关联关系；数据产生得快，增加得也快，随时间折旧更快，数据处理的时效性成为关键因素，导致人们对数据进行研究的方法和手段发生了重大改变，对数据进行处理的思维方式也发生了深刻变化，大数据时代的新思维如图 1-5 所示。

图 1-5　大数据时代的新思维

（1）处理大数据需要具备总体思维，不是考虑处理随机样本数据，而是考虑处理全部数据。在小数据时代，对某个对象的总体特征进行科学研究的时候，一直采用抽取研究对象的随机样本作为主要数据获取手段，但是随机样本不等于全部数据，这是一种在无法获得总体数据条件下的无奈选择。但在大数据时代，随着对大数据的采集、存储、分析、展示等技术的突破，人们可以更加方便、快捷、动态地获得研究对象有关的所有数据，而不再依赖于存在诸多限制的随机采样的样本研究方法，从而可以对研究对象有更全面的认识，更清楚地发现随机样本数据无法揭示的细节信息。因此，对数据进行处理的思维方式应该从样本思维转向总体思维，从而更加全面地、立体地、系统地认识数据的总体状况。当然，这里的大数据可能也是相对的，因为在大数据时代还是可以采用随机采样的样本研究方法，就像在汽车时代也能骑马一样。虽然在特定情况下仍可采用随机采样的样本研究方法，但是人们还是要慢慢地学会放弃它，转而关注总体思维强调的全部数据。

（2）处理大数据需要具备容错思维，不是考虑数据和处理结果的准确性，而是考虑混杂性。在小数据时代，从传统的尺子到韦伯空间望远镜（哈勃空间望远镜的继任者），人们一直在追求数据测量的准确性。这一方面源于人们对未知世界缺乏认知，另一方面源于收集数据方式的有限性。由于收集的样本数据量比较少，所以必须确保收集的数据尽量结构化和准确。而在大数据时代，大数据体量使用户在进行数据处理时，不仅不能再期待数据的结构化和准确性，也无法实现数据的结构化和准确性。对数据进行处理的思维方式应该从追求数据准确思维转向数据容错思维。当拥有海量数据时，绝对的准确不再是研究和解决问题所追求的首要目标，适当忽略微观层面上的准确度，容许数据具有一定程度的错误与混杂，反而可以在宏观层面拥有更好的知识洞察能力。数据的错误特性不是大数据固有的问题，而是一个需要去解决的问题，将会长期存在。大数据所具有的混杂性，不应该被竭力避免，而应该被当作一种特征来对待。

（3）处理大数据需要具备相关思维，不是考虑数据和处理结果的因果关系，而是考虑相关关系。在小数据时代，因为客观世界中相联系的事物普遍存在客观运转规律，揭示其具有先后相继、彼此制约特点的一对范畴是事物的原因和结果。事物的原因是指引起一定现象的现象，事物的结果是指由于原因的作用而引起的现象。人们在客观世界中往往执着于联系事物背后的因果关系，一定要找到一个原因，推出一个结果来，试图通过有限的随机样本数据来剖析事物之间的内在联系机理，但是忽略了有限的随机样本数据根本无法反映出事物之间具有的普遍的相关关系。而在大数据时代，没有必要找到原因，不需要用科学的手段来证明这个事件和那个事件之间有一个必然且先后关联发生的因果规律，只需要知道高概率会有相应的结果，就可以去决策应该怎么做。这和以前的思维方式很不一样，是一种有点反科学的思维，科学要求实证，要求找到准确的因果关系。通过大数据技术和全量数据挖掘出数据和事物之间隐蔽的相关关系，获得更多有价值的信息，运用这些有价值的信息就可以更好地捕捉现在发生的现象和预测未来可能发生的现象。而在全量数据相关性分析基础上进行预测正是大数据技术的核心能力。通过关注全量数据线性的相关关系以及复杂的非线性相关关系，我们可以获取很多在小数据时代不曾注意的数据与处理结果间的联系，还可以掌握在小数据时代无法理解的复杂技术和运行动态。在大数据时代，数据和事物间的相关关系甚至可以超越因果关系，放弃对因果关系的渴求，转而关注相关关系，只需要知道是什么，而不需要知道为什么，可以从更好的视角了解客观世界中事物的运行规律。在大数据时代不必非得知道事物或现象背后的复杂深层原因，而只需要通过大数据分析获知处理结果是什么就可以了。在大数据时代，人们要将思维方式从因果思维转向相关思维，努力颠覆千百年来形成的传统思维模式和固有偏见，才能更好地分享大数据带来的深刻洞见，获得非常新颖且有价值的观点、信息和知识。

由此可见，大数据时代和小数据时代中在数据采集方式、数据来源、判断方法、演绎方法、分析方法和结果预期等方面都有很大的不同，如表 1-2 所示。

表 1-2　大数据时代和小数据时代的对比

项目	大数据时代	小数据时代
数据采集方式	数据全采集	数据抽样采集
数据来源	多数据源	单数据源
判断方法	穷举相关关系	基于主观因果假设
演绎方法	大数据+小算法+上下文+知识积累	孤立的推算方法
分析方法	预测性和验证性分析	描述性分析
结果预期	实时性更重要	绝对的准确性更重要

科学进步越来越多地由数据来推动，海量数据既给数据分析处理带来了新的机遇，也构成了新的挑战。在大数据时代，人们看重数据间存在的关联关系而不注重数据间的因果关系，计算模式发生了转变，人们需要用新理念去分析和解决问题，如图 1-6 所示。

图 1-6　大数据时代的新理念

（1）大数据时代强调应用导向，数据采集、加工、处理一定要以业务和应用需求为目的，要为具体的业务及应用场景服务。大数据应用的核心就是预测，大数据不是教机器像人一样思考，而是把算法运用到海量数据上来预测事情发生的可能性。正因为在大数据规律面前，每个人的行为都一样，没有本质变化，所以商家会比消费者更了解消费者的行为。

（2）大数据时代强调数据核心，从计算核心、流程核心转变为数据核心，以数据为核心，数据比计算及流程更重要，人们要用数据核心思维方式思考问题、解决问题。单个数据量及数据维度是有限的，由于数据关联性，只有将各种数据关联起来才能获得最大化的数据价值，而数据只有在不断地流动中才能释放和产生价值。

（3）大数据时代强调全量为王，人们需要摒弃抽样和因果思维。从随机抽样中得到的结论总是有“水分”的，而全部样本数据量越大，得到的结论的“水分”就越少，真实性也就越高，因为大数据包含全部的信息。在数据采集、处理、分析过程中要采用全量数据，包括其中的噪声数据，尽可能寻求真实数据环境下数据间的关联性，因为不知道的事情比知道的事情更重要。如果现在数据足够多，我们就有足够的能力把握未来，对不确定状态进行判断，做出正确决定。

与此同时，大数据也引起业界对已有科学研究方法的重新审视，正在引发科学研究和计算模式的变革，如图 1-7 所示。

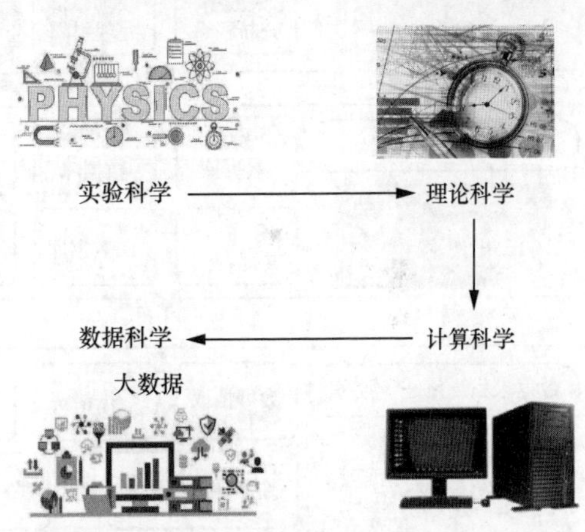

图 1-7　科学研究和计算模式的变革

最早的科学研究方法只有实验科学方法（第一范式），随后出现了以研究各种定律和定理为特征的理论科学方法（第二范式）。由于理论科学的分析方法在许多实际问题上的分析过程过于复杂，以致难以解决实际问题。随着计算机技术的发展，人们开始寻求利用计算机进行模拟仿真求解实际问题的方法，于是产生了计算科学方法（第三范式）。而大数据的出现又催生了一种新的科学研究方法和计算模式，即从大数据中直接查找或挖掘求解实际问题所需要的数据、信息、知识，甚至无须直接接触需要研究的问题对象。2007 年，图灵奖得主吉姆·格雷（Jim Gray）在一次演讲中提出把数据密集型科学方法从计算科学方法中单独区分开来，描绘利用大数据进行数据密集型科学研究的现实场景，去解决某些非常棘手的问题，这种数据科学方法被称为第四范式，是一种具有现实系统性的科学研究方法。其实，大数据所催生的第四范式不仅是科学研究和计算模式的变化，也是一种解决问题思维方式的大转变，同时是一门横跨信息科学、社会科学、网络科学、系统科学、心理学、经济学等诸多领域的新兴交叉技术。

1.6 大数据系统的基础架构

大数据时代带来计算思维、理念和方法的变革，对大数据系统在数据处理全生命周期中所涉及的数据采集、数据预处理、数据存储及管理、数据分析及挖掘、数据展现和应用（数据检索、数据可视化、数据安全等）等部分所需的技术能力提出了更高要求，因此，大数据系统的基础架构必须以数据为中心，围绕数据处理全生命周期进行构建，如图 1-8 所示，其由 5 个横向逻辑层和 2 个纵向逻辑层组成。横向逻辑层包括基础支撑服务、数据采集及预处理服务、数据存储服务、数据引擎服务、综合应用服务。纵向逻辑层包括数据治理、元数据管理，以及运维管理、安全管理等支撑体系。

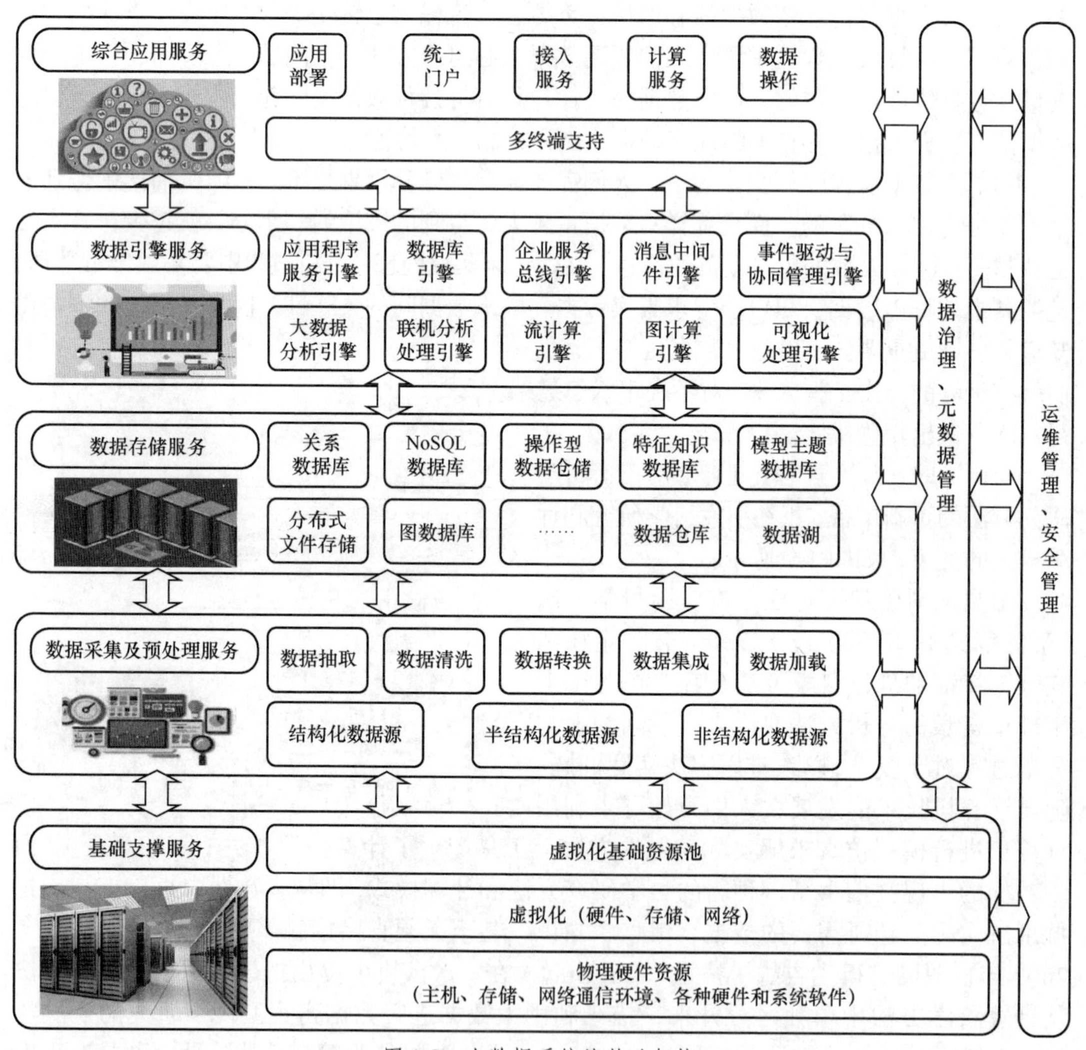

图 1-8 大数据系统的基础架构

1.6.1 基础支撑服务

大数据系统的基础支撑服务是指支持大数据系统的基础软件与硬件资源，包括主机、存储、网络通信环境、各种硬件和系统软件等，如图 1-9 所示。

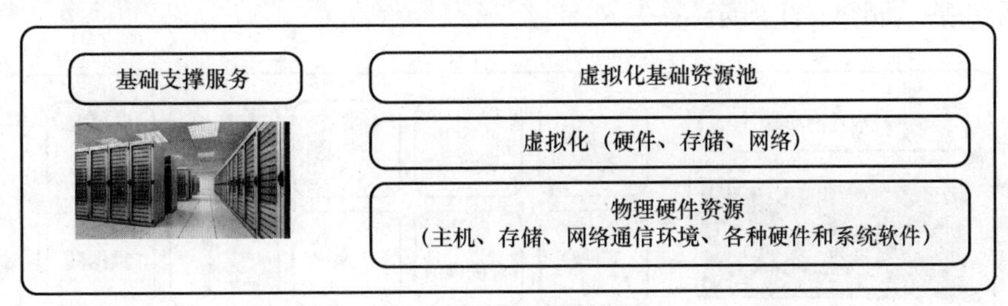

图 1-9　基础支撑服务

大数据系统的基础支撑服务通过汇集物理硬件资源，进行分布式聚合部署和虚拟化，同时对虚拟化后的计算资源、存储资源、网络资源等采用云计算技术进行整合，构建虚拟化基础资源池，从而满足大数据系统自动化部署、系统安全、负载均衡、动态迁移、数据灾备等基础支撑服务需求。同时，部署 Hadoop 分布式系统可实现整个大数据系统的高可用性、高可扩展性、高效性、高容错性。

1.6.2 数据采集及预处理服务

数据采集及预处理服务主要完成对多源异构的结构化数据、半结构化数据和非结构化数据的采集和预处理，如图 1-10 所示。

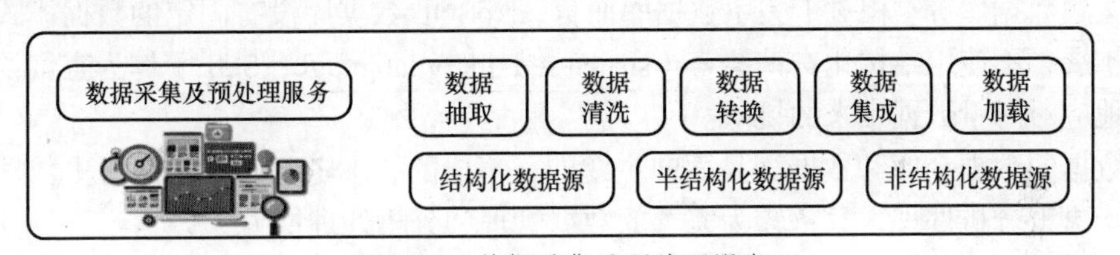

图 1-10　数据采集及预处理服务

在数据采集过程中，大数据系统需要从结构化、半结构化和非结构化数据源采集大量数据，各种数据源产生数据的速度极快，数据结构也纷繁复杂，针对不同数据源的数据采集方法也不相同，主要分为 4 种类型：数据库数据采集、系统日志数据采集、网络数据采集、感知设备数据采集。

在数据预处理过程中，大数据系统通过各种采集方法获取了大量多源异构结构化数据、半结构化数据和非结构化数据，为了保证采集到的数据的完整性和准确性，减少数据采集带来的误差，通常需要进行数据抽取、数据清洗、数据转换、数据集成、数据加载等处理。

1.6.3 数据存储服务

大数据的存储规模大、存储管理复杂、存储服务种类多、存储水平要求高，给数据存储服务带来了极大挑战。虽然这些挑战在存储服务领域并不是新增的，但在大数据背景下，数据的量变终引起存储服务的质变，导致成倍提高解决这些挑战的技术难度。数据存储服务的主要目的是利用分布式文件系统和数据库系统对采集的海量数据进行存储与管理，能支持多种数据源以及不同类型的数据接入，提供足够的数据存储能力，可以存储任意类型的海量数据，包括结构化数据、半结构化数据和非结构化数据。大数据系统通常采用面向应用需求的分层次数据存储服务，从功能上可以划分为分布式文件系统、数据库系统与数据仓库系统等，如图 1-11 所示。

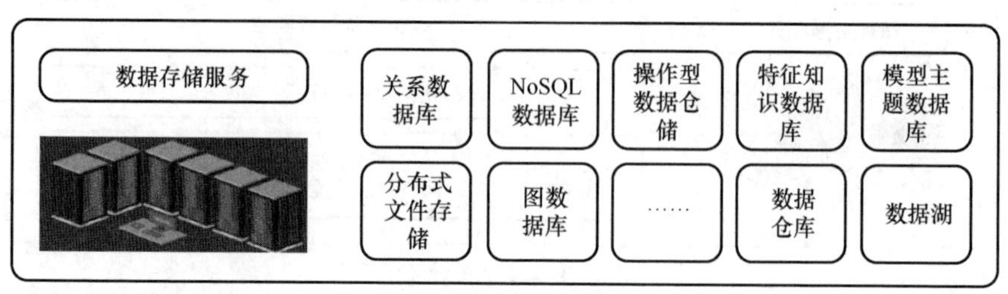

图 1-11　数据存储服务

分布式文件系统通常将数据均匀分布存储，提供大数据文件存储与管理服务，主要满足海量小文件的存储及索引管理、海量大文件的分块与存储、系统可扩展性与可靠性等需求；同时采用将同一份数据存储多个副本的数据冗余存储方式保障数据的可靠性、可用性。目前 Hadoop 分布式文件系统（Hadoop distributed file system，HDFS）是使用较为广泛的大数据分布式文件系统。

大数据的数据库系统能更好地提供数据信息的存储和管理服务，涵盖数据资源的规划和数据流程的定义，能为数据应用提供统一的数据存储服务，包括传统的关系数据库、操作型数据仓储（operational data store，ODS）、NoSQL 数据库、图数据库、特征知识数据库和模型主题数据库等。相对于关系数据库而言，NoSQL 数据库没有固定的数据模式并且可以横向扩展，不使用结构化查询语言（structured query language，SQL）作为查询语言，能够很好地应对海量数据带来的挑战。

大数据的数据仓库和数据湖是面向主题的、集成的、不随时间变化的历史数据集合，主要用于决策分析处理，具备较为完善的数据管理和分析处理能力。

1.6.4　数据引擎服务

大数据系统的核心是数据引擎服务，其包含大数据系统所需的各种核心数据引擎服务，如传统的应用程序服务引擎、数据库引擎、企业服务总线引擎、消息中间件引擎、联机分析处理（online analytical processing，OLAP）引擎、大数据分析引擎、事件驱动与协同管理引擎、可视化处理引擎等，以及针对实时流式数据的流计算引擎与针对图数据的图计算引擎。数据引擎服务一般采用组件化、重用化设计思想进行设计，如图 1-12 所示。

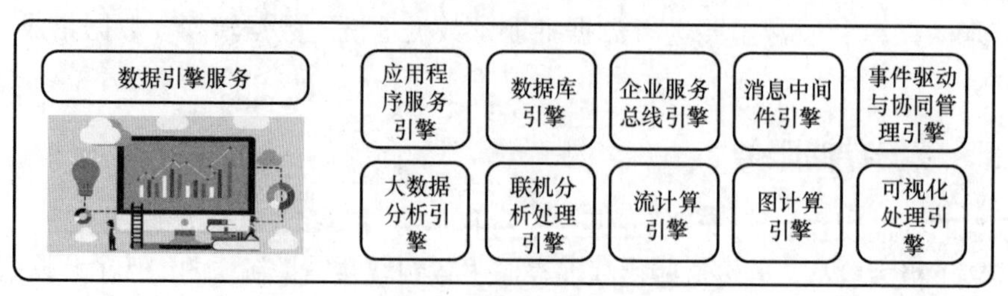

图 1-12　数据引擎服务

1.6.5 综合应用服务

综合应用服务是指为大数据系统定制开发的应用系统，包括应用部署、统一门户、接入服务、计算服务和数据操作等应用，用户通过个人计算机、移动终端设备等使用各种应用服务，如图 1-13 所示。

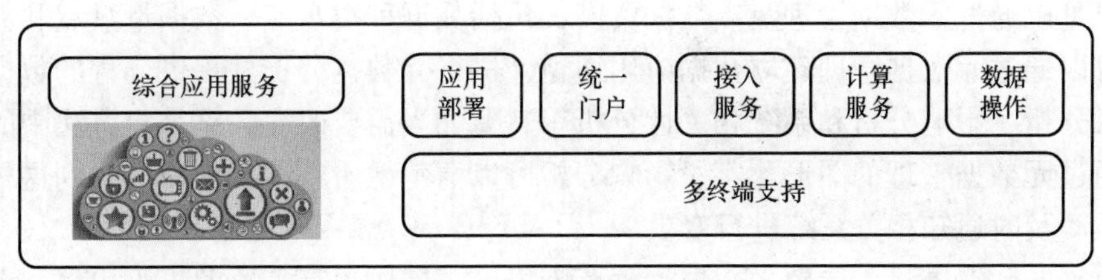

图 1-13 综合应用服务

大数据系统可以根据各类业务需求，提供视频、大数据分析挖掘、实时处理、开放服务和移动终端等专用服务，也可以提供一站式查询服务、搜索服务、统计服务、计算模型服务、地理信息系统（geographic information system，GIS）服务、授权服务、统一日志服务、统一消息服务、传输交换服务、评价服务等通用服务。

1.6.6 数据治理体系

数据治理也被称为数据管理或数据监管，对数据提供贯穿数据全生命周期的管理服务，可解决数据冗余、冲突、缺失和错误等问题，保证数据一致性和相关性。数据治理将数据作为一种资产加以管理并实施领导和控制，保证其满足业务需求而不偏离方向。通用的数据治理首先确立和建设数据标准体系，包括数据基础标准、数据质量标准、数据安全标准和数据处理标准，覆盖数据接入、数据预处理、数据实时分析、数据存储、数据离线分析、数据应用等数据全生命周期；然后通过对数据标准体系的引用，确立数据全生命周期中元数据管理、资源目录管理、资源分级分类管理、全流程数据质量管理的方式方法，为实施数据治理工程打下基础，如图 1-14 所示。

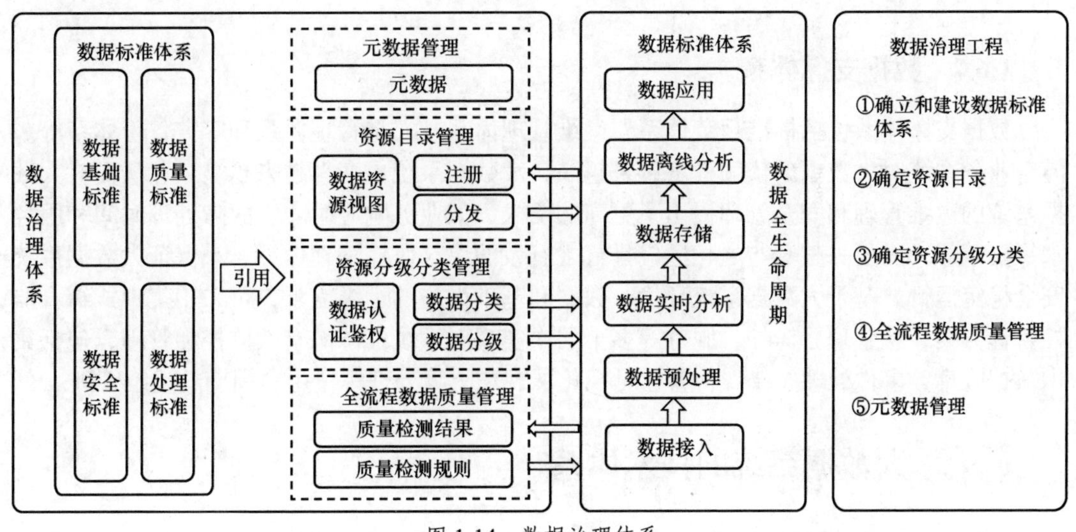

图 1-14 数据治理体系

同时，将数据治理和元数据管理相结合可以更好地了解数据、管理数据。元数据管理是数据治理的基础，通过定义元数据结构、元数据代码、元数据路由、元数据“血缘关系”、元数据部署、元数据接口规范、元数据读写权限等，形成公共仓库元模型（common warehouse meta model），进一步构建公共元数据存储库、元模型（meta model）、元-元模型（meta-meta model）和元数据交换适配器等，实现数据全生命周期的元数据管理，如图 1-15 所示。

用户可以通过元数据管理盘点数据资产，包括数据种类盘点、数据量盘点和数据源盘点；还可以通过元数据管理建立数据应用通道，进行元数据分析并提供全程的数据报告、数据关联分析、影响分析和系统相关性分析等，譬如当需要改变数据采集方法中的某个字段时，通过元数据管理的图形化字段影响分析可以清楚地看到哪些操作会受到这种改变的影响，从而及时通知相关系统进行变更。

大数据的数据体量大导致大数据治理范围更广、层次更高、资源投入更多，在数据治理目的、层次等方面与传统数据治理有一定程度的区别，但是在治理对象、解决的实际问题等关于治理问题的核心内容上有一定相似性。

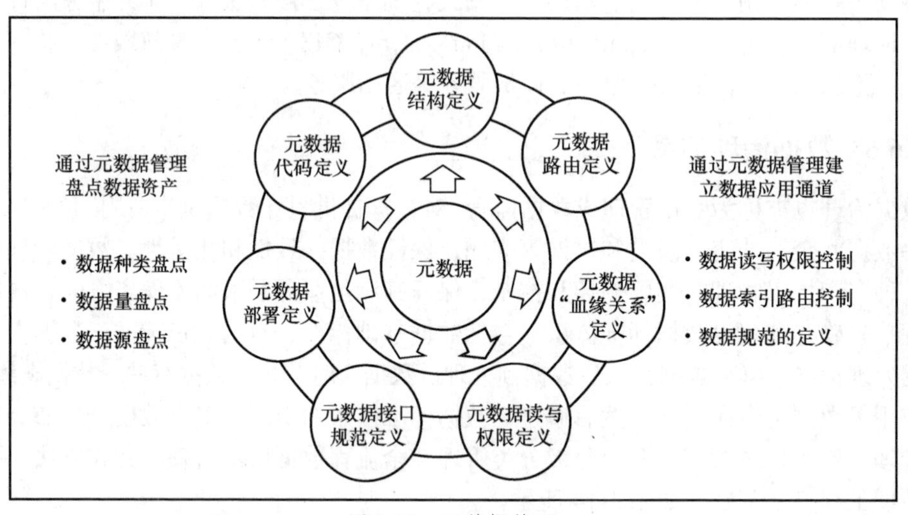

图 1-15　元数据管理

1.6.7　数据支撑体系

数据支撑体系包括标准规范体系、运维管理体系、安全管理体系和容灾备份体系等。随着业务系统对大数据的依赖程度越来越高，大数据系统也变得越来越复杂，从而对大数据系统的运维管理和安全管理提出了更高的要求，如业务响应时间、故障处理时间和服务水平要求等，需要一整套与之相适应且行之有效的综合监控管理体系，来保证大数据系统安全稳定运行。基于大数据系统环境、数据和基础设施的运维需求，可采用集中式综合监控管理方案，从管理、监控、服务等多个层次实现对系统资源的有效监控和管理，包括集中数据收集、事件处理、错误告警、可视化展现和故障处理等全生命周期的运维管理。

1.7　大数据系统的技术体系

大数据系统的技术体系如图 1-16 所示。在系统层，大数据系统主要依赖分布式文件系统和批处理计算框架。这两种技术实现了文件与数据的分布存储与并行计算，比较典型的是 HDFS 分布式文件系统和 MapReduce 批处理计算框架，还包括批处理、流处理、图处理、迭代处理等计算框架。

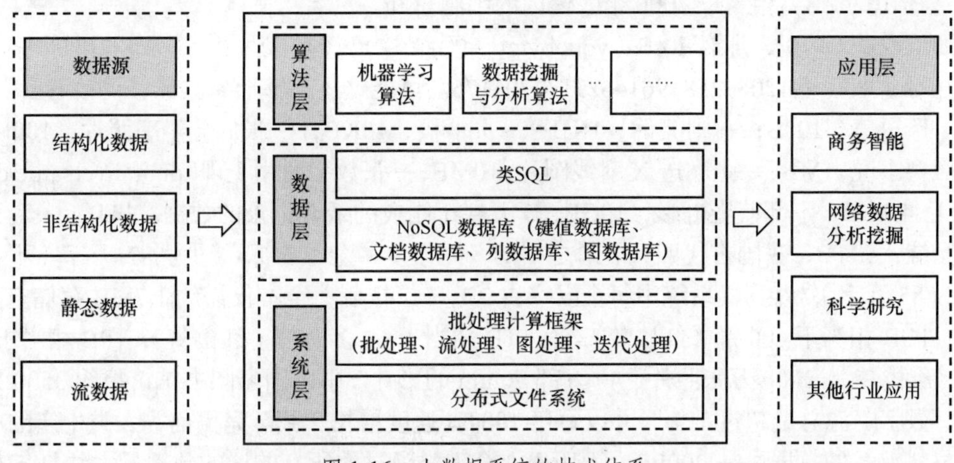

图 1-16　大数据系统的技术体系

在数据层，大数据系统采用 NoSQL 数据库和类 SQL 进行非结构化数据、半结构化数据存储和查询。NoSQL 数据库根据数据模型的不同分为键值数据库、文档数据库、列数据库和图数据库等。虽然大数据特性导致对大数据进行检索、查询非常困难，但新的数据查询技术与工具已经可以在几秒钟内查询 PB 级数据。

在算法层，传统的数据挖掘与分析算法、机器学习算法需要移植到分布式计算架构中，目前也有技术实现，如 Hadoop 的 Mahout、Spark MLlib 等。

在应用层，商务智能、网络数据分析挖掘、科学研究、其他行业应用都需要根据业务需求，构建具有行业特点的大数据应用。

1.8 本章小结

本章首先针对大数据的定义、来源、分类及特性进行简要阐述，接着较为详细地说明了大数据的特征，以及大数据时代的新思维与新理念，最后针对大数据系统的基础架构和技术体系进行了简要介绍。

拓展阅读

当前，典型的个人计算机硬盘容量为 TB 级，而一些大企业所具有的数据量已经接近 EB 级，通常情况下：

1B（byte）相当于一个英文字母，一个汉字相当于 2B；

1KB=1024B，相当于一则短篇故事的内容；

1MB=1024KB，相当于一则短篇小说的内容；

1GB=1024MB，相当于贝多芬的《第五交响曲》的乐谱内容；

1TB=1024GB，相当于一家大型医院所有 X 射线图片的信息量；

1PB=1024TB，相当于 50%的全美学术研究图书馆藏书信息内容；

1EB=1024PB，5EB 相当于至今全世界人所讲过的话语；

1ZB=1024EB，相当于全世界海滩上的沙子数量总和；

1YB=1024ZB，相当于 7000 个人体内的细胞总和。

如果说 $2^{10}\approx10^3$，那么 1YB（yottabyte，尧字节）已经是 2^{80}，大约等于 10^{24} 个字节，完整地写下来就是 1208925819614629174706176。可能这还不够形象具体，请接着看。

一条短信，100B；一则笑话，1KB；一页书稿，10KB；一张低分辨率照片，100KB；一部微型小说，1MB；一张胸透 X 射线图片，10MB；一张数字通用光碟（digital versatile disc，DVD），4.7GB；一部蓝光电影，10GB；5 万棵树制成的纸能记录的数据，1TB；一套大型存储系统，50TB。我国古代四大名著之一的《红楼梦》全本含标点约为 87 万字（不含标点约为 85 万字），计算机系统中每个汉字占 2B，《红楼梦》全本仅需约 1.7MB 存储空间。那么，1GB 相当于 600 部《红楼梦》，而 1TB 相当于 60 多万部《红楼梦》，1PB 相当于 6.3 亿部《红楼梦》、3000 万张照片、40 万部 90min 的影片。中国国家图书馆馆藏约 3500 万册书籍，数字资源总量超过 1PB，并以每年 100TB 速度增长。截至完稿前，人类生产的所有印刷材料承载的数据量是 200PB，而历史上全人类说过的所有的话的数据量大约是 5EB。有科学家分析得出小白鼠的大脑有 13 个神经元结构，而仅仅分析这 13 个神经元结构，就用了高达 1TB 的数据容量；一个成年人的大脑约有 1000 亿个神经元，据推算，全部分析大约需要 7.6 亿 TB 的数据容量。大型强子对撞机（large hadron collider，LHC）每秒产生大约 24 亿次粒子碰撞，每次碰撞可以产生约 100MB 数据，在其 2018 年的运行过程中，电子设备所检测到的原始数据量约为 40000EB。但存储 40000EB 数据是不可能的，实际上只有小部分数据有意义，最后采集了 160PB 真实数据，生成了 240PB 模拟数据。到 2026 年，大型强子对撞机每年估计产生 800PB 的新数据。

本章习题

（1）什么是大数据？大数据的 4V 特征是什么？请你说一说与自己相关的大数据案例。

（2）大数据的来源有哪些？大数据的分类有哪些？

（3）大数据全生命周期处理的基本流程由哪几个步骤组成？

（4）大数据基础架构主要包括哪几个方面的服务？各自的作用是什么？

（5）大数据治理模式是什么？支撑体系有哪些？

（6）大数据的技术体系架构是什么？各自有哪些代表技术？

（7）请描述一个典型的大数据应用。

第2章 大数据基础设施

本章导读

随着大数据、云计算、人工智能等新一代信息技术的快速发展，数据已成为数字经济的重要生产要素，整合更多数据、拥有更强的数据分析和处理能力，以数据资产化、数据服务化、数据知识化驱动运营，将是支撑数字经济发展的核心竞争力，而这些离不开大数据基础设施的关键支持。大数据基础设施已成为数字经济运行不可或缺的关键基础设施，也是国家新基建的核心组成部分。大数据基础设施以数据为中心，深度整合构建大数据系统的各类计算、存储、网络和软件等资源，通过对各类资源进行虚拟化及分布式聚合部署，配合基础设施平台的分布式管理软件，涵盖数据采集与预处理、数据存储、数据计算、数据管理和数据应用等领域，通过汇聚各方数据，提供数据全生命周期的支撑能力，构建全方位的数据安全体系，打造开放的数据生态环境，使数据取得到、存得下、流得动、用得好，将数据资源转变为数据资产，最大化数据价值。

本章针对大数据基础设施中涉及硬件资源的虚拟化技术、云计算技术进行介绍，使读者对虚拟化技术和云计算技术的定义、特点及技术架构有所了解。接着对大数据基础设施中涉及软件资源的Hadoop分布式系统等进行介绍，使读者了解Hadoop分布式系统的发展历史、特点、版本演进及整个生态中重要组件的功能，从而对大数据基础设施技术发展有一定了解。

本章知识结构如下。

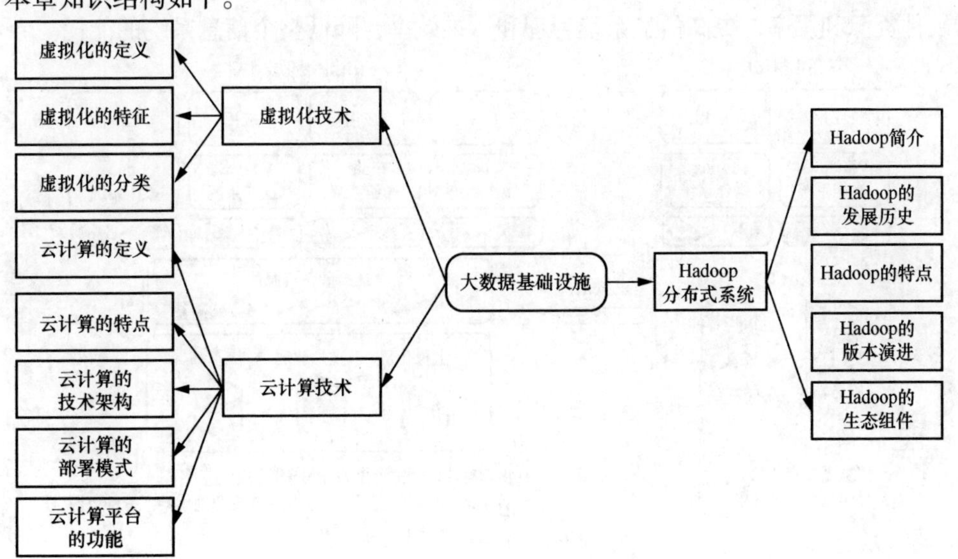

2.1 虚拟化技术

随着业务和应用的不断增加，信息系统的规模日益庞大，但现有的物理计算机、存储系统等资源并没有被充分利用起来，在传统计算架构下，中央处理器(central processing unit，CPU）和内存等计算资源的利用率还不到 20%，计算资源极度浪费，造成信息系统能耗过高、存储空间紧张、总体拥有成本过高等问题。而且，信息系统的基础架构难以灵活应对业务需求的变化。因此，人们需要构建一种可以降低总体成本、具有智能化和安全特性、能够与当前业务环境相适应的灵活、动态的基础设施和应用环境，以便快速地响应业务环境的变化，并降低数据处理和信息系统的成本。

2.1.1 虚拟化的定义

虚拟化（virtualization）技术是一种能灵活且动态调配计算资源的方法。虚拟化技术通过把物理资源转变为逻辑上可以管理的虚拟资源，打破了传统计算机体系结构的壁垒，将计算机的各种物理资源（如中央处理器、内存、网络适配器等设备）予以抽象和转换，呈现出可进行资源分配并能任意组合的一台或多台虚拟计算机。虚拟化技术可将单台物理计算机拆分为多台完全相同或完全不同的逻辑计算机，从而大大提高物理计算机的资源利用率。同时，随着信息系统基础设施的复杂化和应用计算需求的急剧增多，虚拟化技术还可以把多台物理计算机合并成一台逻辑计算机，实现统一的系统管理、资源调配和运行监控，提高信息系统的管理效率和硬件资源使用率。

如图 2-1 所示，采用虚拟化技术前，服务器 1 和服务器 2 的信息系统资源独立，物理服务器的操作系统与硬件紧密耦合。采用虚拟化技术后，打破了服务器 1 和服务器 2 各自内部实体结构间不可切割的障碍，通过在物理服务器的操作系统中加入虚拟化层，将物理服务器底层的中央处理器、内存、硬盘等物理硬件资源抽象为逻辑形式的虚拟硬件资源池，从而将操作系统与硬件解耦。虚拟化技术将从虚拟硬件资源池中动态分配虚拟硬件资源以供上层应用使用，这些虚拟硬件资源将不受现有物理服务器的架构方式、地域或物理配置的限制，能够以比原本服务器硬件资源更好的配置方式提供给用户使用，从而提高物理服务器硬件资源利用率，提高信息系统管理和运维效率，降低整个信息系统的能耗。

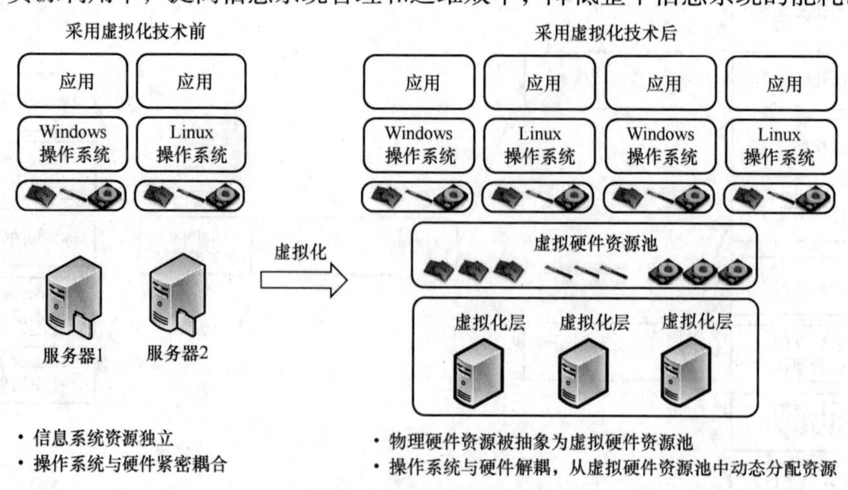

图 2-1　虚拟化处理架构

2.1.2 虚拟化的特征

图 2-2 展示了虚拟化技术中涉及的重要概念及其含义，包括应用、虚拟机操作系统、虚拟机管理程序、宿主机操作系统和宿主机。

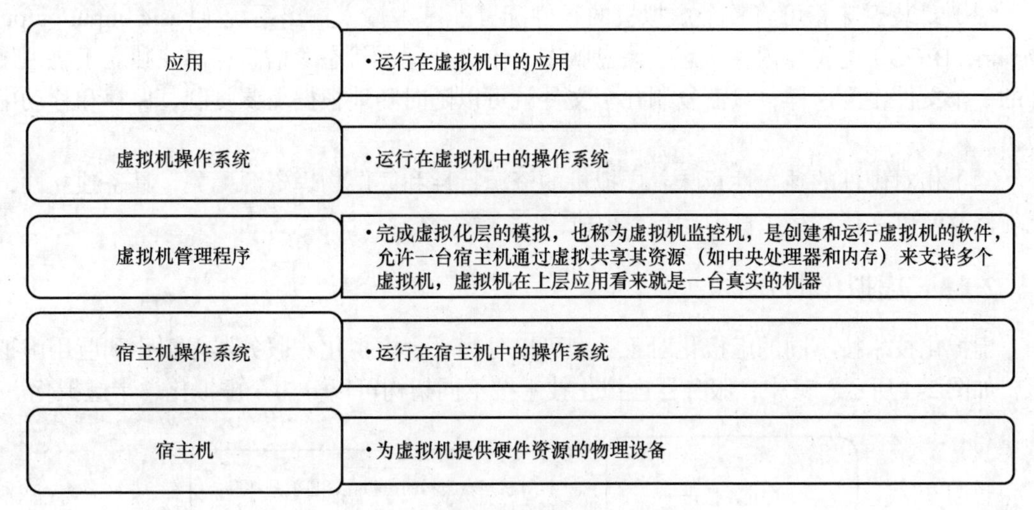

图 2-2 虚拟化的重要概念及其含义

虚拟化的特征包括分区、隔离、封装和相对硬件的独立性，如图 2-3 所示。

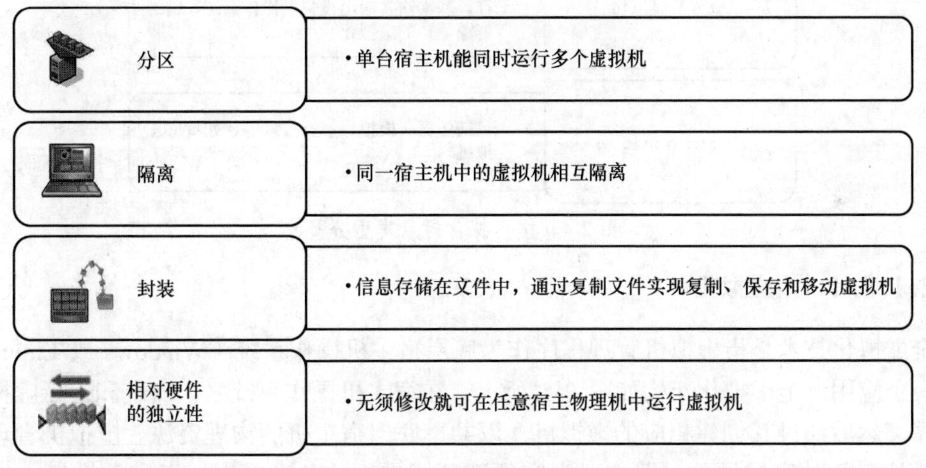

图 2-3 虚拟化的特征

（1）分区意味着单台宿主机能同时运行多个虚拟机，体现了虚拟机管理程序为多个虚拟机分配宿主机物理资源的能力。宿主机中的每个虚拟机可以运行一个单独的虚拟机操作系统，所有虚拟机可以运行相同或不同的虚拟机操作系统。每个虚拟机操作系统只能看到虚拟机管理程序为其提供的虚拟硬件，包括虚拟中央处理器、内存、硬盘、网络适配器等，从而使虚拟机操作系统认为其运行在自己的专用物理机器上。

（2）隔离意味着同一宿主机中的虚拟机相互隔离。一个虚拟机出现崩溃或故障（如应用程序崩溃、操作系统故障、驱动程序故障等）不会影响同一宿主机中其他的虚拟机。一个虚拟机中的应用和数据等与同一宿主机中其他虚拟机的相互隔离，就像每个虚拟机都位于单独的物理机器一样。虚拟机管理程序可以实现性能隔离，进行虚拟资源控制，通过为每个虚拟机指定最小和最大虚拟资源使用量，以确保单个虚拟机不会占用宿主机的所有虚拟资源，使同一宿主机中其他虚拟机无虚拟资源可用。因此，在单一宿主机中同时运行多个操作系统与应用，不会出现传统 x86 计算机体系架构所涉及的应用冲突等问题。

（3）封装意味着可将整个虚拟机的硬件配置、基本输入输出系统（basic input/output system，BIOS）配置、内存状态、硬盘状态、中央处理器状态等信息存储在独立于物理硬件的一个文件中。这样，只需复制几个文件就可以随时随地根据需要复制、保存和移动虚拟机。

（4）相对硬件的独立性意味着虚拟机的资源特性和底层物理资源无关，具备独立性，无须修改就可在任意宿主机中运行虚拟机。

2.1.3 虚拟化的分类

虚拟化技术按不同的虚拟化对象类型可以分为平台虚拟化、服务器虚拟化和应用虚拟化，如图 2-4 所示。其中，服务器虚拟化技术按不同架构可以分为全虚拟化、半虚拟化。

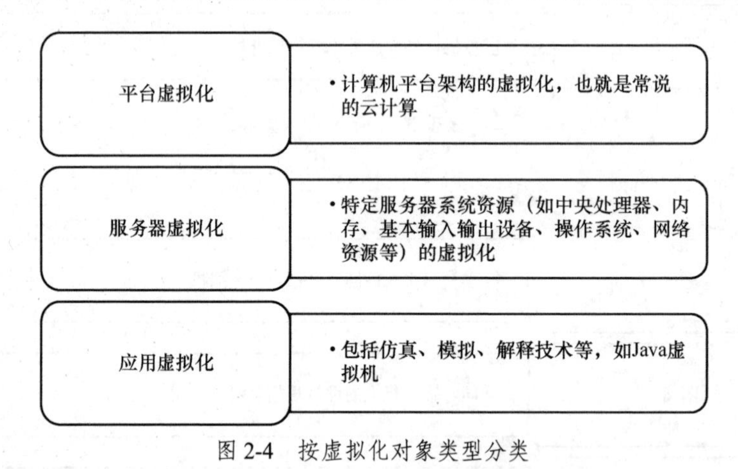

图 2-4 按虚拟化对象类型分类

2.1.3.1 全虚拟化

全虚拟化技术是指虚拟机管理程序作为底层宿主机操作系统（Windows 或 Linux 等）上的一个应用。全虚拟化架构如图 2-5 所示，在宿主机操作系统之上安装和运行虚拟机管理程序，然后通过其创建相应的虚拟机，以共享底层宿主机的物理资源。虚拟机管理程序需要模拟完整的底层硬件，譬如对真实硬件环境进行抽象和模拟，以完整模拟硬件的方式提供全部接口（还必须模拟特权指令的执行过程），为每个虚拟机模拟出包含控制单元、运算单元、存储单元、指令集的虚拟中央处理器；除了模拟出虚拟时钟、内存、硬盘，还需要模拟硬盘设备控制器、网络适配器等各种输入输出设备的接口。虚拟机相对于虚拟机操作系统完全透明，这使为物理硬件设计的虚拟机操作系统或其他虚拟机应用完全不需要做任何修改就可以在虚拟机中运行。虚拟机操作系统通过虚拟机管理程序预先规定的硬件接口与真实物理硬件进行交互，虚拟机操作系统并不知道自己是运行在虚拟机环境中的。

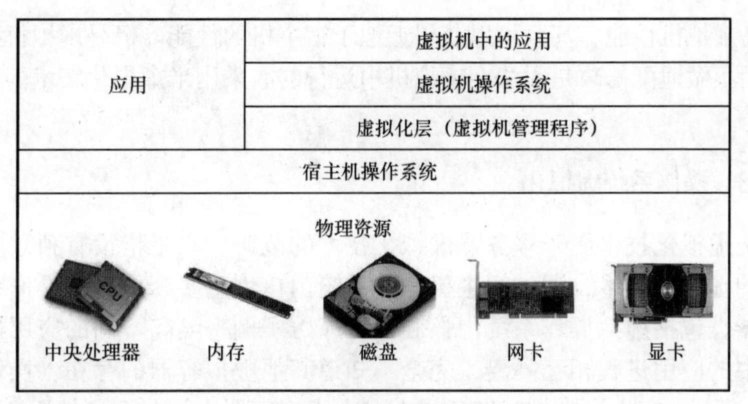

图 2-5 全虚拟化架构

全虚拟化技术的原理简单，但是虚拟机管理程序的设计比较复杂，实现较为困难。与此同时，由于虚拟机管理程序存在大量的指令转换和调用，相关管理的开销较大，虚拟机的整体性能会受到一定的影响。全虚拟化技术是由 VMware 公司提出的，Virtual PC、VirtualBox、Parallels 和 QEMU 等虚拟机管理系统均采用全虚拟化技术。

2.1.3.2 半虚拟化

半虚拟化技术是指虚拟机管理程序直接运行于宿主机的物理硬件之上，主要用于识别、捕获和响应虚拟机中虚拟中央处理器发出的特权指令或保护指令，负责处理虚拟机的虚拟指令队列和虚拟资源调度，并将宿主机的物理硬件的处理结果返回相应的虚拟机，半虚拟化架构如图 2-6 所示。

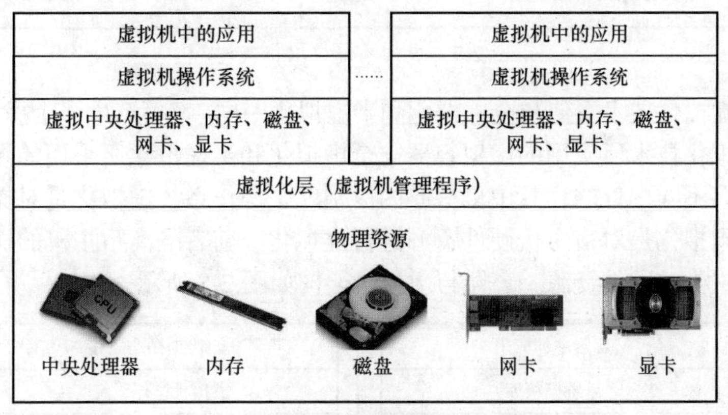

图 2-6 半虚拟化架构

虚拟化技术需要修改虚拟机操作系统部分操作特权状态的代码，以便与虚拟机管理程序进行直接交互。在采用半虚拟化技术的虚拟机中，部分底层宿主机的硬件接口以软件的形式直接提供给虚拟机操作系统，虚拟机操作系统通过虚拟机管理程序提供的系统超级调用（hypercall）来使用这些接口。半虚拟化技术直接在宿主机的底层物理硬件之上安装虚拟机管理程序，再在其上安装虚拟机操作系统和应用，依赖虚拟机操作系统内核和宿主机的服务器控制台进行管理。这样虚拟机可以不依赖宿主机操作系统，并能支持多种类型的操作系统和应用。与全虚拟化技术相比，采用半虚拟化技术的虚拟机管理程序只需要模拟宿主机的部分底层硬件，不需要利用额外异常调用来模拟部分虚拟硬件执行的流程，因此可以大幅提高虚拟机性能，甚至可以获得近似于宿主机的性能。但是虚拟机操作系统和虚拟机中的应用不做适配修改是无法在虚拟机中运行的。采用半虚拟化技术的虚拟机管理程序有 Xen 等。

2.1.3.3 操作系统虚拟化

操作系统虚拟化技术属于服务器虚拟化技术的范畴，它是指没有独立虚拟机管理程序的轻量化的虚拟化技术，通过宿主机操作系统内核创建多个虚拟的操作系统（也可以称为虚拟容器，包括虚拟操作系统内核和系统库）实例来隔离不同的应用进程。不同虚拟容器实例中的应用进程相互隔离，完全不知道其他虚拟容器的存在，操作系统虚拟化架构如图 2-7 所示。宿主机操作系统负责在多个虚拟容器之间分配硬件资源，并且让这些虚拟容器彼此独立。如果要使用操作系统虚拟化技术，所有虚拟容器必须运行同一操作系统，但每个虚拟容器可以有各自的应用和用户账户。

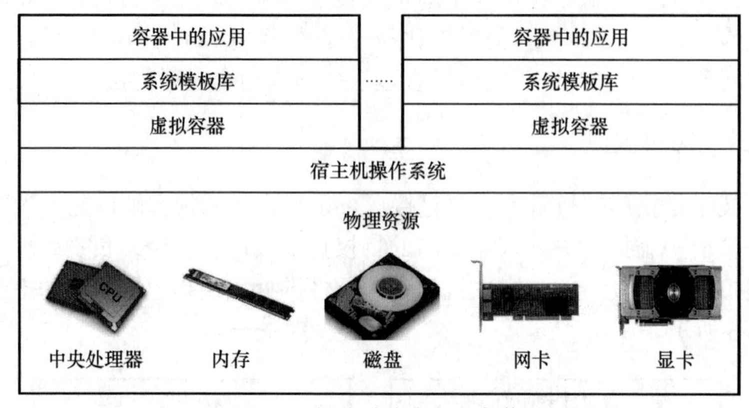

图 2-7　操作系统虚拟化架构

操作系统虚拟化技术看似与全虚拟化和半虚拟化一样，都可产生多个虚拟的操作系统，但操作系统虚拟化技术所采用的虚拟容器与全虚拟化和半虚拟化所采用的硬件虚拟化技术之间还是有很多不同之处的，其中最核心的区别就是操作系统虚拟化是对操作系统进行虚拟化，而硬件虚拟化是对宿主机硬件资源进行虚拟化。前者隔离宿主机的操作系统资源，而后者隔离宿主机的硬件资源。容器与虚拟机架构如图 2-8 所示。

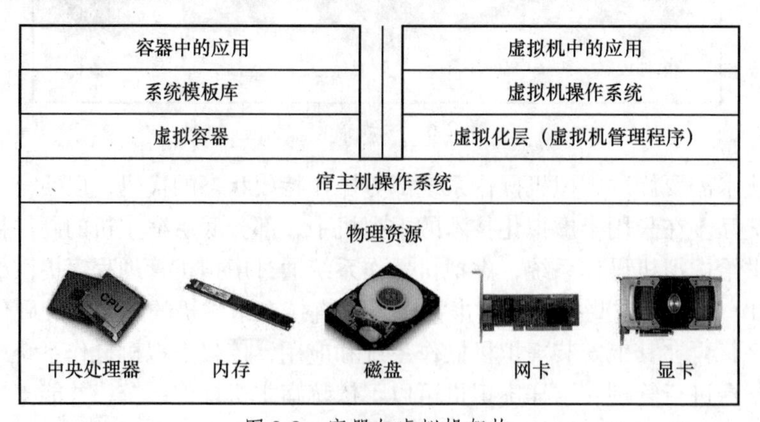

图 2-8　容器与虚拟机架构

容器技术之所以火热，是因为利用容器隔离、封装的特性，再引入可编程技术和可快速迭代发布技术，可实现软件定义操作（software define operation）。

2.2 云计算技术

云计算技术是大数据技术变革的主要催化剂，其崛起不仅使许多大数据系统的运行模式发生了根本性转变，还推动了分布式系统、多租户系统、数据快速处理及传输、存储、移动互联网、人工智能等应用技术的发展与进步。大数据系统需要依赖云计算技术提供近乎无限的计算能力，而构建云计算平台则需要虚拟化与分布式系统技术提供支持。

2.2.1 云计算的定义

云计算技术的定义可以从狭义和广义两方面来解读。

（1）从狭义上说，云计算技术就是一种提供资源的网络服务，使用者可以随时获取云上资源，按需使用。并且云上资源可以看成无限扩展的，使用者只要能按使用量付费就可以。譬如云计算平台中蕴含的资源就像自来水厂里的自来水一样，使用者可以随时接水，且不限量。与此同时，使用者按照自己的用水量，付费给水厂就可以。

（2）从广义上说，云计算技术就是与信息技术、软件技术、网络技术相关的一种计算资源共享服务，这种共享服务的计算资源池叫作云，云计算技术通过网络把许多计算资源、存储资源、网络资源连接并集合起来，通过特定管理软件实现对资源的自动化管理，并能给有需要的人快速提供资源。也就是说，云计算平台中的各种资源可以作为商品，像水、电、煤气一样在互联网上进行流通，使用者可以方便地取用，且商品使用价格较为低廉。

由此可见，云计算技术是一种基于虚拟化技术、通过互联网进行连接、动态且易扩展的软硬件资源提供方式，使用者不需要了解云计算技术的内部细节，也不必具有云计算技术内部专业知识或了解内部基础设施的构造。云计算技术可以通过虚拟化技术，将计算任务或应用系统分布在大量由物理服务器构成的虚拟资源池中，使各种计算任务或应用系统能够根据需要获取相适应的、可动态伸缩的、廉价的计算能力、存储空间和信息服务，使用者以简便的途径和按需的方式获得云计算平台提供的可配置的计算资源，包括计算、网络、存储、应用、服务等，并能以最少量的管理工作完成计算任务或应用发布。

在大数据时代，云计算技术找到了“破茧重生”的机会，在计算和存储上都体现了以数据为核心的理念。云计算技术为大数据提供了有力的工具和途径，大数据为云计算技术提供了很有价值的用武之地。大数据系统可充分利用云计算技术资源，探寻数据价值。

2.2.2 云计算的特点

云计算的特点主要包括以下 7 个方面，如图 2-9 所示。

图 2-9　云计算的特点

（1）超大规模。云计算平台需要提供海量的中央处理器、内存、存储空间、网络等服务资源，因此，目前主流的公有云计算平台几乎都拥有几十万台物理服务器，而企业自建的私有云计算平台一般也拥有成百上千台物理服务器，能赋予用户前所未有的计算、存储、处理能力。

（2）虚拟化。虚拟化是云计算技术最为显著的特点之一，能根据用户需求动态地分配物理资源和虚拟资源。从空间上来说，虚拟资源与物理资源的部署环境没有任何联系，使用者通常不需要知道虚拟资源对应的物理资源所在的具体位置，通过虚拟机管理平台操作即可完成虚拟机的数据备份、迁移和扩展。

（3）高可靠性。云计算技术使用数据多副本容错、计算节点同构且可互换等措施来保障数据计算、数据存储等服务的高可靠性，使用云计算技术将比使用本地物理服务器更加可靠。虚拟机和物理服务器的故障不会影响数据计算、数据存储操作的正常运行。虚拟机和物理服务器出现故障后，可利用分布在不同物理服务器上的数据进行恢复，或利用动态扩展功能部署新的虚拟机或物理服务器进行重新计算。

（4）高通用性。从软件上来看，云计算技术不针对特定的应用，在云计算技术支撑下可以研发出更多的应用，并且同一个云计算平台也可以同时支撑不同应用运行。云计算技术的兼容性非常强，通过将可虚拟化的资源要素统一放在虚拟资源池中进行管理，不仅可以有效利用不同性能配置的、不同厂商的软硬件资源，还能够提供更高性能的计算、存储、网络、操作系统和软硬件虚拟资源等。

（5）高伸缩性。使用云计算技术可以快速、灵活地部署各类虚拟资源，规模可以任意地放大和缩小。对使用者而言，云计算平台包含的各类虚拟资源通常是无限的，并可以在任何时间提供使用者所需的任何虚拟资源，譬如采用云计算技术，对于应用规模，在原有计算资源的基础上扩充或删减相应的计算资源，使计算性能匹配应用规模，达到系统性能与总体成本的平衡。

（6）按需服务。使用者可以通过网络或标准接口获取云计算平台中的虚拟资源，云计算平台能够根据使用者的需求快速配备使用者所需的计算能力及虚拟资源，并能对计算、存储、网络资源进行自动化的单边部署，以满足使用者的需求。

（7）低成本。通过对不同类型的虚拟资源进行使用计费，云计算平台能自动监测、控制、优化虚拟资源利用情况，并为云计算平台提供商和使用者提供所使用的虚拟资源服务的可视化展示。例如，采用云计算技术构建信息系统将会降低硬件成本、电费和管理费用，并且信息系统的资源利用率得到提升（传统架构下信息系统的资源利用率为 10%～15%，采用云计算技术后，信息系统资源的利用率可以达到 80%以上，提升了 5～7 倍），可以降低所需虚拟资源服务的总成本，如图 2-10 所示。

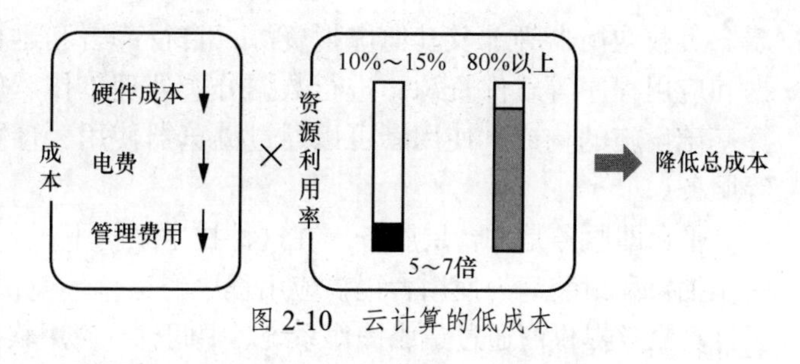

图 2-10　云计算的低成本

2.2.3　云计算的技术架构

在传统技术架构下，使用者除了需要管理应用、数据、运行时、中间件等应用软件资源，还需要管理和控制底层的网络、存储系统、服务器、操作系统等系统软、硬件资源。根据云计算服务提供商提供资源和用户管理资源范畴及服务类型的不同，云计算的技术架构可分为基础设施即服务（infrastructure as a service，IaaS）、平台即服务（platform as a service，PaaS）和软件即服务（software as a service，SaaS）等，如图 2-11 所示。

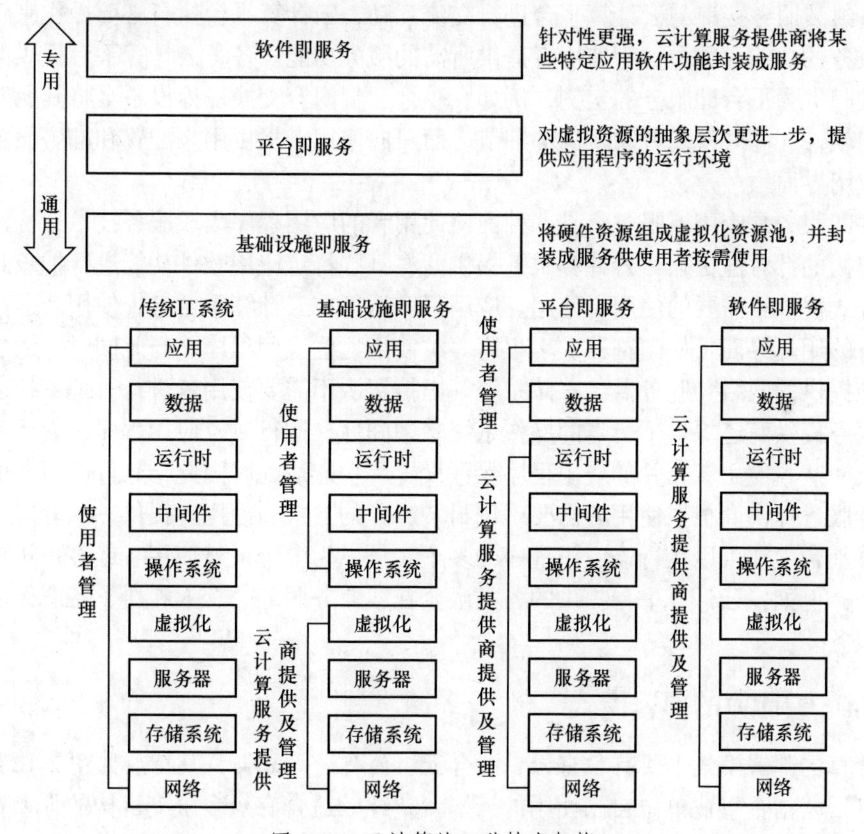

图 2-11　云计算的 3 种技术架构

基础设施即服务是基础层服务，云计算服务提供商采用虚拟化技术将基础设施中的网络、存储系统、服务器等硬件资源组成虚拟化资源池，并封装成服务供使用者按需使用。这种技术架构在云计算技术中应用非常广泛，云计算服务提供商提供云计算基础设施的管理与维护；使用者按需求从云计算平台获得虚拟服务器、存储系统、网络（防火墙、负载均衡器等）及其他虚拟资源，自行部署和运行操作系统、中间件、运行时、数据和应用程序等软件资源，进行数据分析处理工作。使用者不需要管理或关心底层云计算基础设施的构成。使用者可以通过浏览器使用云计算平台上的应用、软件和数据存储等服务。

平台即服务是平台层服务。在这种技术架构下，云计算服务提供商将虚拟资源进行进一步抽象和封装，为使用者提供应用程序的运行环境，包括操作系统、中间件和运行时。云计算服务提供商通过集成操作系统、中间件、应用软件、开发环境为服务提供给使用者，例如，云计算服务提供商提供的虚拟机包括一个 Linux 操作系统与 Visual Studio Code 集成化开发环境，支持 C++、Java 或 Python 语言编程。使用者只需要采用云计算服务提供商提供的编程语言和工具，编写好应用程序，然后将应用程序和数据放到云计算平台上进行数据分析处理。使用者不需要管理或控制底层云计算基础设施提供的网络、服务器、存储系统等虚拟资源，也不需要管理云计算服务提供商提供的操作系统、中间件和运行时等应用程序的运行环境，只需要按自身需求部署和管理应用程序与数据等，可能还需要调整适配应用程序的运行环境。云计算平台将会给使用平台即服务的使用者提供封装服务接口，使用者通过封装服务接口与云计算平台进行交流互动，云计算平台执行必要操作来管理和扩展封装服务的功能和数量，为使用者提供所需的服务功能。各类云计算平台提供的虚拟设备可以被归类为平台即服务的实例，例如，一个云端内容交换虚拟设备会将其所有功能封装成应用软件，并对使用者隐藏内部细节，而只向使用者提供用来配置和部署服务的应用接口或应用界面。

软件即服务是应用层服务，是一种面向使用者的应用程序集成服务技术架构。部署这种技术架构的针对性更强，云计算服务提供商将某些特定应用软件功能进行抽象封装，以服务的方式提供给需要的使用者使用。应用程序运行在云计算平台上，使用者通过各种客户端设备的用户界面（如浏览器、小程序等）使用这些应用程序。与此同时，底层云计算基础设施提供的网络、服务器、存储系统等虚拟资源不需要使用者进行管理或控制，并且云计算服务提供商还提供了所需的操作系统、中间件、运行时及应用程序，使用者可能只需要完成一些与使用者相关的应用程序参数设置和功能适配。因此，软件即服务的特色就是云计算服务提供商根据使用者需要，用封装服务的方式为使用者提供一整套应用程序。在云计算平台中还可以运行该应用程序的多个实例，为多个最终使用者或客户机构提供相应的服务，例如，云计算平台提供的各类政企在线业务服务、个人相册、备忘录、记事本等应用服务。

2.2.4 云计算的部署模式

云计算的部署模式主要有私有云、混合云、公有云等几类，其特点如图 2-12 所示。

私有云是指企事业单位自己使用的云平台，比较适合有众多分支机构的大型企业或政府部门。私有云中的服务和资源不提供给别人使用，而是仅供企事业单位内部人员或分支机构使用。在这种模式下，云计算基础设施由企事业单位组织经营，可由该企事业单位或委托第三方进行管理。私有云主要由企事业单位自行建设，部署在企事业单位内部，能整合企事业单位原有的异构系统，更侧重于基础设施架构的管理与创新。私有云的数据安全性、系统可用性都可由企事业单位自身控制，具有高可用性、架构灵活、安全性高等特点。

随着大型企事业单位业务数据的集中化，私有云将会成为企事业单位部署信息系统的主流模式。但私有云的缺点是投资较大，尤其是一次性的建设投资较大。

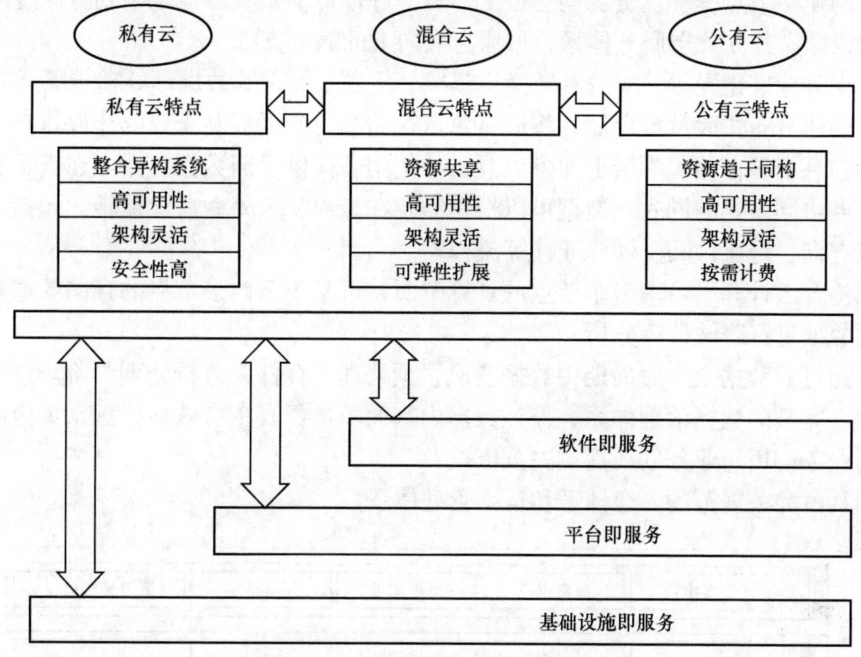

图 2-12　云计算的部署模式及特点

公有云是指云计算基础设施由云计算服务提供商所拥有，云计算服务提供商将云计算基础设施的各类资源进行封装，通过封装服务的方式销售给使用者或大型企事业团体使用，按需计费。由于公有云由云计算服务提供商进行部署，各类软硬件资源趋于同构，具有高可用性、架构灵活等特点，更侧重于商业模式的管理与创新。公有云的最大优点就是使用者所需的应用程序、数据、软硬件资源都存放在云计算服务提供商处，使用者无须做相应的投资和建设。但是公有云的最大缺点是由于使用者所拥有的数据不存储在使用者的数据存储系统中，而是存放在云端，因此其数据安全性会存在一定风险，毕竟数据是使用者的重要资产之一。同时，公有云的可用性不受使用者控制，这会给使用者的权益保护带来一定的不确定性。

混合云是指云计算基础设施采用两种或两种以上的云计算部署模式（私有云和公有云），每种部署模式下云计算基础设施都保持独立，但它们通过标准或专有技术组合成一体，不同部署模式间具有数据和应用程序的可移植性，既可为企事业单位内部使用者也可为外部使用者提供云计算服务，在实现资源共享的同时，具有高可用性、架构灵活、可弹性扩展等特点。

2.2.5　云计算平台的功能

通用云计算平台的功能架构如图 2-13 所示，该通用云计算平台支持基础设施、计算资源池、云计算平台服务、安全体系及运维管理体系，支持多种类、多格式数据接入，具有开放的数据预处理、多源跨域大容量的数据存储和大数据分析挖掘、标准可扩展的开放服务、全流程的数据治理。其可以提供的主要功能如下。

（1）提供标准化的、可扩展的、多途径的数据获取功能，旨在获取各种类型数据，打破数据来源壁垒，形成业务资源库，为各种上层应用提供数据支撑。

（2）构建多节点统一、资源动态分配、资源弹性伸缩、资源池逻辑划分深度隔离的云计算基础设施。建立分层服务体系，形成自底向上的服务支撑。

（3）支持标准化提取、清洗、转换、集成、关联、标识等数据预处理步骤。

（4）构建分布式大数据存储，将原有单点存储能力扩展成基于云的开放体系，形成全面分层的信息资源存储，为云上业务以及云外使用者提供全面数据支撑。在满足全局资源共享和业务协同需要的同时，数据可以根据需要在云内、云外做科学流转，包括上报、下发、跨域查询、跨域订阅、计算迁移等流程。

（5）整合云计算平台内多个节点的计算资源，可基于云内多节点的存储数据与云外系统的流动数据进行跨域计算分析。

（6）通过对数据全生命周期中数据获取、预处理、存储、分析处理等阶段进行全流程监管，建立完整的数据治理体系，保证数据内容的质量，真正有效地挖掘系统内部的数据价值。为业务应用与业务创新提供决策依据。

（7）具备完备规范的安全体系和运维管理体系。

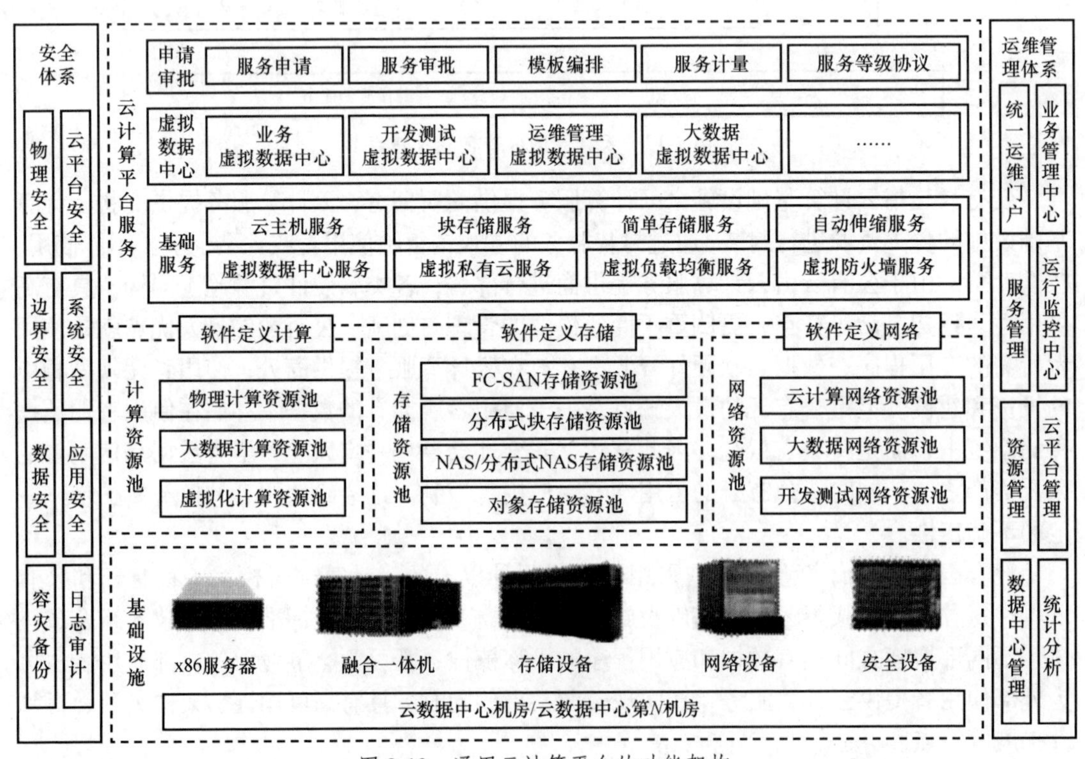

图 2-13　通用云计算平台的功能架构

2.3 Hadoop 分布式系统

Hadoop 是 Apache（阿帕奇）软件基金会旗下的一个开源分布式系统，其图标如图 2-14 所示，其为使用者提供了一个底层细节透明的分布式系统架构。

图 2-14　Hadoop 的图标

2.3.1　Hadoop 简介

Hadoop 是基于 Java 语言开发的，具有很好的跨平台特性，并且可以部署在廉价的物理服务器集群或云计算平台提供的虚拟服务器集群中，其核心是 HDFS、MapReduce 批处理计算框架和 HBase 数据库系统（NoSQL 非关系数据库），以及一个不断成长的生态系统，包括数据存储、执行引擎、程序编程和数据读写框架等组件。

Hadoop 分布式系统使大数据系统得到了有力的分布式系统支持，大数据才有了现在的繁荣。Hadoop 分布式系统之所以成为大数据系统的主要选择，很大程度上是因为 Hadoop 分布式系统是开源系统，并能采用廉价计算机或虚拟服务器进行部署，大大降低了使用者的运行成本，且具备分布式数据存储、分布式计算分析、实时交互查询、可视化展示等多项功能。为了大数据存储、计算、分析、处理的分布式任务能够更好地执行，Hadoop 分布式系统中还有专门的资源调度程序，负责整个 Hadoop 分布式系统中的任务调度及负载均衡。因此，对大数据系统来说，Hadoop 分布式系统给出了很好的解决方案。Hadoop 分布式系统凭借其突出的优势，在各种应用领域得到了广泛的应用，譬如现在几乎所有主流厂商都围绕 Hadoop 分布式系统提供开发工具、开源软件、商业化工具和技术服务，用以构建大型的企业基础设施及其应用。

2.3.2　Hadoop 的发展历史

搜索引擎为互联网用户提供了强大的信息检索功能，也为大数据系统提供了海量的数据资源。首先，搜索引擎需要进行数据采集（也就是网络页面抓取），接着进行数据存储，然后才能提供数据搜索功能。而为了更好地提供搜索服务，搜索引擎需要对存储数据进行大量计算以构建索引，所以搜索引擎的存储和计算能力贯穿整个大数据系统的更迭过程。在 2004 年前后，有 3 篇重要论文在期刊上发表，介绍了 3 项重要的存储、计算和数据库技术，即 GFS（Google File System，谷歌文件系统）、MapReduce 和 Bigtable。GFS 和 Bigtable 用于存储海量网络页面数据及其索引，MapReduce 技术用于计算网络页面权重，提高用户的检索能力。

最早关注这几篇论文的是一个程序员，即 Apache Lucene 项目（Lucene 是一款高性能、可扩展的信息检索工具库）的创始人道格 · 卡廷（Doug Cutting），他当时正在着手开发 Apache Nutch 项目——一个开源网络搜索引擎。他看到论文后颇为激动，作为程序员，其动手能力很强，他模仿 GFS 开发了自己的 Nutch 分布式文件系统（Nutch distributed file system，NDFS），也就是 HDFS 的前身。后来参与 Nutch 项目的程序员们利用 MapReduce

论文中阐述的分布式编程思想，开源实现了 Nutch 项目的 MapReduce 批处理计算框架。接下来参与 Nutch 项目的程序员们将 Nutch 项目中的 NDFS 和 MapReduce 分离出来，成为 Lucene 项目的一个子项目，称为 Hadoop。最初 Hadoop 1.x 体系中仅有 HDFS 和 MapReduce 批处理计算框架（见图 2-15）。到 2008 年 1 月，Hadoop 分布式系统正式成为 Apache 项目。Hadoop 分布式系统曾经采用一个由 910 个节点构成的分布式集群进行运算，排序 1TB 数据只用了 209s，从而打破了最快排序 1TB 数据的世界纪录。后来，Hadoop 分布式系统更是把 1TB 数据的快速排序时间缩短到 62s，其迅速发展成为大数据时代极具影响力的开源分布式系统之一。

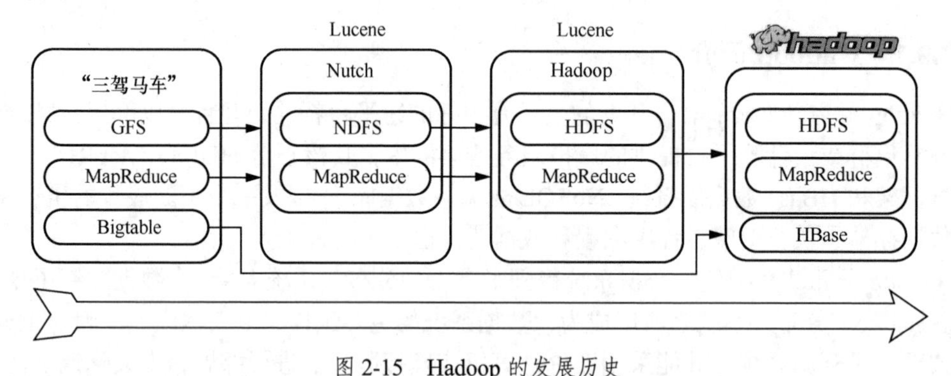

图 2-15　Hadoop 的发展历史

2.3.3　Hadoop 的特点

Hadoop 分布式系统具有以下几方面特点，如图 2-16 所示。

（1）高可靠性。Hadoop 分布式系统采用分布式数据冗余存储方式，即使一个数据副本发生故障，分布在其他节点上的备用数据副本也可以保证分布式系统的数据分析处理工作正常进行。

（2）高效性。Hadoop 分布式系统采用分布式存储和分布式并行计算两大核心技术，能够高效处理 PB 级的数据。

（3）高可扩展性。Hadoop 分布式系统的设计目标是可以高效、稳定地运行在大规模、廉价的计算机集群上，并且可以扩展到数以千计的计算和数据处理节点上。

（4）高容错性。Hadoop 分布式系统通过采用分布式数据冗余存储方式，自动保存数据的多个副本，并且能够自动将失败的计算任务进行重新分配。

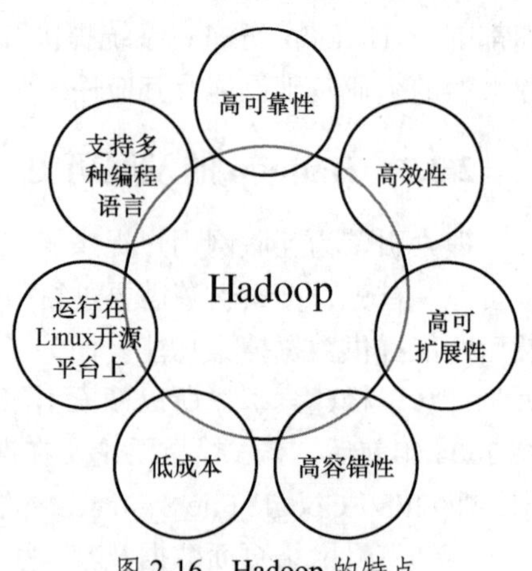

图 2-16　Hadoop 的特点

（5）低成本。Hadoop 分布式系统可以部署在廉价的物理服务器或虚拟服务器集群上，普通使用者也可以通过廉价的服务器搭建分布式大数据系统。

（6）运行在 Linux 开源平台上。Hadoop 分布式系统是基于 Java 语言开发的，可以较好地运行在 Linux 开源平台上。

（7）支持多种编程语言，如 C++、Java、Python 等。

2.3.4 Hadoop 的版本演进

Hadoop 发展到现在，经历了 3 个大的版本变化，第一代 Hadoop 版本称为 Hadoop 1.x，第二代 Hadoop 版本称为 Hadoop 2.x，第三代 Hadoop 版本称为 Hadoop 3.x。Hadoop 3.x 的架构、组件和 Hadoop 2.x 的类似，没有大的改变，着重于系统性能优化。Hadoop 1.x 中包含 HDFS 分布式文件系统和 MapReduce 批处理计算框架两个核心模块，以及 Hadoop Common 组件，如表 2-1 所示。

表 2-1 Hadoop 1.x 的核心模块和组件

核心模块/组件	作用
HDFS	分布式文件系统，提供分布式存储服务
MapReduce	批处理计算框架，负责资源管理、任务调度和 MapReduce 算法实现
Hadoop Common	HDFS 和 MapReduce 之间交互的通用组件，一方面它为两个核心模块提供一些公用 JAR 包，另一方面它也是两个核心模块的接口

但是，Hadoop 1.x 中核心组件存在以下严重不足：首先，Hadoop 1.x 中的各类生态组件抽象层次低，很多需要人工编写处理代码；其次，各类生态组件对象的表达能力有限，扩展性不足，难以分析处理程序的整体逻辑；再次，使用者需要自行管理 MapReduce 批处理计算框架中各类作业（job）之间的依赖关系，Map 作业和 Reduce 作业需要分成独立的两个阶段执行，无法有效利用资源和任务的并行关系，执行 Map 作业和 Reduce 作业间的迭代操作需要反复进行读写磁盘操作，计算效率较低；最后，Hadoop 分布式系统比较适合用于非实时的线下批处理任务，其实时性较差，不支持实时计算和交互查询。

为此，Hadoop 2.x 将 MapReduce 批处理计算框架中的资源管理从 MapReduce 批处理计算框架中分离出来，变成了通用的 YARN 资源管理调度框架，如图 2-17 所示，形成完全不同于 Hadoop 1.x 的全新架构。从 Hadoop 1.x 的两层简单结构演变为 Hadoop 2.x 的多层技术栈架构，Hadoop 2.x 包含 HDFS 分布式文件系统、YARN 资源管理调度框架和 MapReduce 批处理计算框架等系统组件。为了解决单点失效和资源隔离问题，Hadoop 2.x 还增加了 HDFS 高可用（high availability，HA）热备份机制和 HDFS 联邦（Federation）机制，如表 2-2 所示。

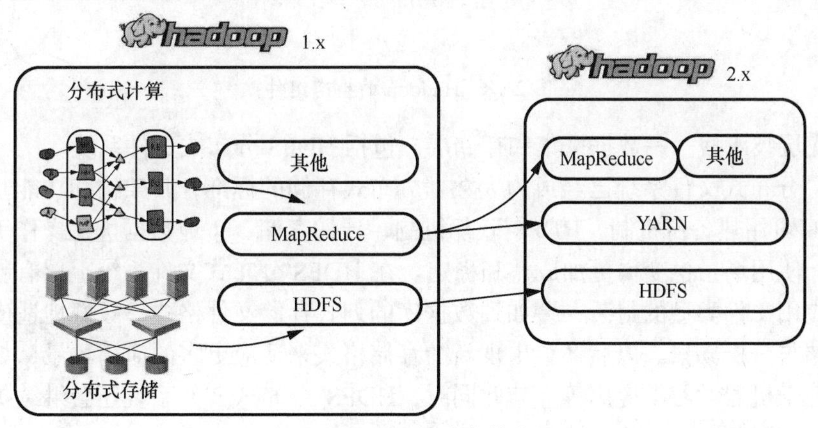

图 2-17 Hadoop 的架构发展

表 2-2　Hadoop 2.x 系统改进

组件	Hadoop 1.x 的问题	Hadoop 2.x 的改进
HDFS	单一名称节点，存在单点失效问题	设计了 HDFS 高可用热备份机制，提供名称节点热备份机制
	单一名字空间，无法实现资源隔离	设计了 HDFS 联邦机制，管理多个名字空间
MapReduce	资源调度和管理效率低	设计了新的资源管理调度框架 YARN

2.3.5　Hadoop 的生态组件

Hadoop 的生态组件如图 2-18 所示。

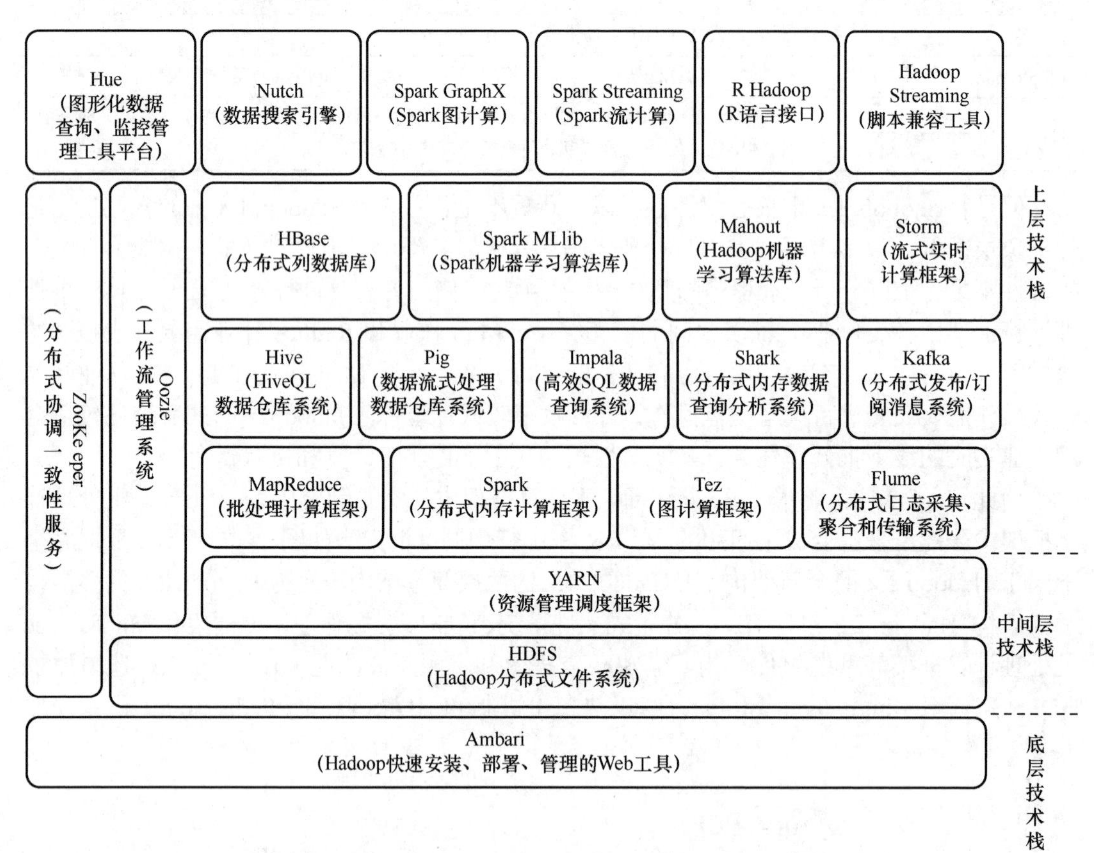

图 2-18　Hadoop 的生态组件

（1）底层技术栈——数据采集和存储层，包括 HDFS 分布式文件系统。

HDFS 分布式文件系统已经成为大数据分布式存储的标准，其架构和功能基本固化，像 HDFS 高可用热备份机制、HDFS 联邦机制、异构存储、本地数据优化操作等重要特性已经实现，使用场景也变得更加成熟和稳定。在 HDFS 分布式文件系统上层有越来越多的针对不同应用文件类型的封装，譬如列数据库的列式存储文件格式，较好地适应了非结构化数据存储与分析场景。以后还会出现新的存储格式来适应更多的应用场景，如分布式数组存储服务于机器学习类应用等。与此同时，HDFS 分布式文件系统还会继续扩展对于新型存储介质和服务器架构的支持。

（2）中间层技术栈——资源及数据管理层，包括 YARN 资源管理调度框架等。

随着 Hadoop 分布式系统集群规模的增大以及对外服务的扩展，如何有效利用且可靠地共享资源是Hadoop分布式系统需要解决的问题。YARN资源管理调度框架脱胎于Hadoop 1.x 的 MapReduce 批处理计算框架，成为 Hadoop 2.x 的通用资源管理调度框架。其他传统资源管理调度框架（如 Mesos）以及现在兴起的容器（如 Docker）技术等都会对 YARN 资源管理调度框架的未来发展产生影响。如何提高 YARN 资源管理调度框架的性能、如何与容器技术深度关联、如何更好地适应快速任务调度、如何更完整地支持多租户、如何进行细粒度资源管理等都需要 YARN 资源管理调度框架来解决。要让 Hadoop 分布式系统走得更远，YARN 资源管理调度框架在未来需要做的工作还很多。

（3）上层技术栈，包括 MapReduce 批处理计算框架、Spark 分布式内存计算框架、Tez 图计算框架与 Flume 分布式日志采集、聚合和传输系统等，以及基于它们的高级封装和工具组件。

Hadoop 分布式系统基本实现了单一平台支撑多种应用的理念，传统关系数据库系统底层只有一个数据库处理引擎，只处理结构化关系数据和应用，所以是单一平台支撑单一应用。但是目前上百个 NoSQL 应用和非关系数据库，每一个都是针对不同的应用场景且完全独立的，因此是多平台支撑多应用。而 Hadoop 生态系统在底层共用 HDFS 分布式文件系统，上层有很多个组件分别服务多种应用场景，例如，对简单联机分析处理这类数据统计任务进行确定性数据分析，关注的是快速响应，实现组件有 Impala 高效 SQL 数据查询系统等；对数据搜索这类信息关联性发现任务进行探索性数据分析，关注的是非结构化数据收集，实现组件有 HBase 分布式列数据库和 Pig 数据流式处理数据仓库系统等分布式查询系统；对逻辑回归这类机器学习任务进行预测性数据分析，关注的是计算模型的先进性和计算能力，实现组件有 Spark 分布式内存计算框架、MapReduce 批处理计算框架等；对数据管道这类 ETL 任务进行数据处理及转化，关注的是吞吐率和可靠性，实现组件有 MapReduce 批处理计算框架等。尽管 Spark 分布式内存计算框架也可作为一种进行快速数据分析的核心框架，但其在扩展性、稳定性、管理性等方面都需要进一步增强。同时，Spark 分布式内存计算框架在实时流计算处理领域的能力也十分有限，如果要实现亚秒级或大容量流式数据获取及实时处理，则需要采用其他流计算处理产品。

Hadoop 生态系统中相关组件的具体功能如表 2-3 所示。

表 2-3　Hadoop 生态系统中相关组件的具体功能

组件	功能
HDFS	Hadoop 分布式文件系统
MapReduce	分布式离线批处理计算框架
YARN	Hadoop 生态系统中的资源管理调度框架
Tez	运行在 YARN 资源管理调度框架之上的下一代 Hadoop 查询处理框架，基于有向无环图
Hive	Hadoop 上的数据仓库系统，将结构化的数据仓库文件映射为数据库表，通过类 SQL 语句（HiveQL 语句）快速实现简单的统计，适用于数据仓库的统计分析
HBase	Hadoop 分布式系统上具备高可靠性、高性能、面向列、可伸缩的非关系分布式数据库，可在廉价计算机上搭建大规模非关系数据库集群
Pig	一个基于 Hadoop 分布式系统的大规模数据分析平台，提供类似 SQL 的查询语言 Pig Latin，该语言的编译器会把用户写好的 Pig 型类 SQL 脚本转换为一系列经过优化的 mr 操作并负责向集群提交任务

续表

组件	功能
Sqoop	数据库间 ETL 工具，用于在 Hadoop 分布式系统与传统数据库之间进行数据传递，可以将一个关系数据库（MySQL、Oracle、PostgreSQL 等）中的数据导入 HDFS 分布式文件系统，也可以将 HDFS 分布式文件系统的数据导入关系数据库
Oozie	Hadoop 分布式系统的工作流管理系统，用于管理和协调运行在 Hadoop 分布式系统上的各种类型的操作任务
ZooKeeper	提供分布式协调一致性服务，主要用来解决多个分布式应用遇到的互斥协作与通信问题，可大大降低分布式应用协调及其管理的难度
Storm	Hadoop 分布式系统的流式实时计算框架
Flume	一个高可用的、高可靠的、分布式的海量日志采集、聚合和传输系统，可用于日志数据采集、处理和传输，类似于 Chukwa，但比 Chukwa 更小巧实用
Ambari	Hadoop 分布式系统快速安装、部署、管理的 Web 工具，支持 Apache Hadoop 集群的供应、管理和监控，提供 Hadoop 集群的部署、管理和监控等功能，为运维人员管理 Hadoop 分布式系统集群提供了强大的 Web 界面
Kafka	一种高吞吐量的分布式发布订阅消息系统，可以处理大规模网站中的动作流数据
Spark	分布式内存计算框架
Chukwa	分布式数据收集与传输系统，可以将各种各样类型的数据收集与导入 Hadoop 分布式系统

从 Hadoop 分布式系统的体系结构可以看出 Hadoop 分布式系统中相关组件基本和大数据生命周期处理流程一一对应，本书后续将以 Hadoop 分布式系统的体系架构为例对大数据各生命周期处理流程进行说明。

2.4 本章小结

本章针对构建大数据基础设施的技术进行了说明，简要说明了虚拟化技术的定义、特征与分类，介绍了云计算技术的定义、特点、技术架构、部署模式、功能等，最后介绍了 Hadoop 分布式系统的发展历史、特点、版本演进、生态组件等内容。

拓展阅读

信创产业就是信息技术应用创新产业。过去很多年，国内信息技术底层标准、架构、生态等大多都由国外信息技术“巨头”确定，存在诸多安全风险。未来，我们要逐步建立自己的信息技术底层架构和标准，形成自有开放生态，这是信创产业的核心。通俗来讲，就是在核心芯片、基础硬件、操作系统、中间件、数据服务器等领域实现国产替代，这是数据安全、网络安全的基础，也是新基建的重要组成部分。

2021 年数据显示，我国数字经济规模已超过 45 万亿元，占国内生产总值的 43.5%，2024 年将达 68.3 万亿元，可见，数字经济发展取得了良好的成绩。随着数字经济规模不断扩大，企业纷纷加入数字化转型队列，在国家发展信创产业的战略背景下，国产化软硬件的替代趋势将为信创行业带来发展契机。信创产业庞大，涉及基础硬件（芯片、服务器等）、基础软件（操作系统、数据库、中间件等）、应用软件（办公软件、企业资源计划管理系统等）、信息安全产品（边界安全产品、终端安全产品等）4 个部分，其中芯片、操作系统、数据库、中间件研发是更为重要的产业链环节。数据显示，信创产业规模在2020年突破万亿元，信创产业规模在2021年达1.37万亿元，预计未来将保持高速增长态势。在政府、企业等多方面共同参与和努力下，信创产业规模将不断扩大，释放出前所未有的市场活力。

目前，信创集中在党政机构和金融、电信、电力等关键领域，随着信创更深入推进、向更广范围领域应用，其行政驱动逐渐向价值驱动转变。信创产业链各环节的公司近年来在产品线方面不断推陈出新，提升产品性能，并将产品积极与国产信息技术（information technology，IT）基础设施进行适配，推动信创产品从可用到好用的实质性发展。与此同时，融合信创设备的公有云在各级政府中的应用范围将越来越广；政务专属云市场规模将迅速扩大；国资云将普及；城市云将继续在智慧城市建设中发挥主导作用；数据显示，信创产业已进入高速发展期，2021—2025年其市场规模的复合增长率为35.7%，预计到2025年，信创市场规模或将突破2万亿元。目前，许多信创产品已实现技术和生态突破，国产信创产品的大规模应用已初步具备基础。因此，从中央到地方将会继续发布鼓励信创产业发展的政策信息。信创产业在未来将实现软硬件的全部替换，并逐步实现政务云的国产化。目前，信创产业以云计算、物联网、人工智能、大数据等应用为契机，全面打造以操作系统、芯片、数据库、应用软件等为核心的国产自主安全平台，持续促进底层能力的提升，上层业务的不断拓展，产业边际的不断拓宽。

国产操作系统参考了成熟的开源操作系统Linux的技术路径，同时投入大量研发，已经较好地实现了针对国际同类产品的追赶，基本达到了好用。目前，国产操作系统在党政行业办公系统中的应用套数达到千万级，在性能、稳定性、安全性、易用性等方面已经可以满足党政办公的需求，在大规模推广应用中基本通过了考验。2021年国内操作系统市场规模超300亿元，但是，2021年国产操作系统“头部厂商”麒麟软件市场占有率仅3.78%，统信软件市场占有率仅2.12%，合计市场占有率不足6%。导致国产操作系统受制于人的关键不在技术能力，而在产业生态。产业生态是操作系统产业的核心竞争要素。当前，国内主流操作系统厂商都具备了内核之外服务代码的开发能力，出现受制于人局面的主要原因在于产业链上下游没有建立良性的生态系统，或者说使用者太少。

麒麟软件和统信软件的产品都基于Linux开源操作系统，在技术实现上也都遵循CentOS和Ubuntu的技术路径，因此在国产操作系统生态建设中起到了相互促进的作用，并且在一定程度上减少了上下游厂商在适配上的虚耗。目前，国内操作系统厂商可以支持鲲鹏、飞腾、龙芯、申威、海光、兆芯等国产中央处理器，同时适配阿里云、腾讯云、华为云等国内云计算平台，并可以与x86等主流架构兼容；在生态上支持以达梦、金仓、南大通用等为代表的国产数据库。众多国产中间件、国产办公软件、文档编辑软件和安全软件也均完成国产操作系统适配。

与此同时，国产大数据操作系统也在逐步兴起。大数据操作系统与计算机操作系统类似，具备链接上下层资源和应用的能力，只是具体的资源内容存在差异。具体来看，在计算、存储、输入输出（input/output，I/O）资源方面，大数据操作系统管理的是IaaS、PaaS资源；与计算机操作系统的内核层对应，大数据操作系统提供各种引擎，包括内部感知（运维）引擎、外部感知（采集）引擎、管理控制（运营）引擎、开发支撑引擎、安全控制引擎等，通过各种引擎来为上层应用提供支撑；与计算机操作系统的服务/shell层对应，大数据操作系统在能力服务层提供资源运维、性能/故障分析、任务管理、模型组织、元数据管理、资源申请授权等服务；在最外层的应用方面，大数据操作系统除了提供门户/桌面、应用市场、低代码平台、建模平台等基础应用，还通过“应用程序+行业平台”的方式，发展外部应用生态，聚焦于大数据领域，通过链接 IaaS、PaaS、芯片、服务器、数据库和上层 SaaS 厂商，来构建一个完善的大数据产业生态。

大数据操作系统将元数据驱动与系统代码结合，通过数据、模型驱动实现系统代码开发的自动化，包括数据处理全生命周期管理的系统代码，治理、建模、服务和应用等环节的可视化操作代码，助力数据资源治理和赋能，以及业务应用的快速研发工作。

本章习题

（1）什么是虚拟化技术？其特征是什么？全虚拟化、半虚拟化和操作系统虚拟化各自的特点是什么？

（2）什么是云计算技术？其狭义与广义的定义是什么？

（3）云计算技术的特点是什么？其技术架构和部署模式各有哪些？

（4）Hadoop 分布式系统的特点有哪些？

（5）Hadoop 分布式系统的版本演进是怎样的？有什么特点？

（6）Hadoop 分布式系统有哪些重要的生态组件？

第3章 大数据采集与预处理

本章导读

随着网络和信息技术的不断发展，各行各业每时每刻都在产生大量数据。全世界产生的数据量大约每两年翻一番，这意味着近两年产生的数据量相当于之前产生的全部数据量。面对如此巨大的数据量，做好多源异构的原始数据采集和数据预处理工作，得到足够完整和高质量的大数据集，在整个大数据全生命周期处理流程中占据重要地位。大数据采集是进行大数据分析处理的前提，也是必要条件，是指从各式各样的数据产生系统中源源不断地采集所需的海量数据，确保采得对、采得快、采得准。而足够完整和高质量的大数据集是大数据分析处理的目标对象和原始资源，对大数据分析处理的最终结果起着决定性作用。但是数据采集得到的原始数据通常是多种多样的，且具有不同特征，通常存在噪声、不一致、部分数据缺失等问题。为了得到较好的数据分析结果，有必要对采集的原始数据进行预处理，保证数据的完整性，提高数据的质量。数据预处理通常包括数据抽取、数据清洗、数据集成、数据转换和数据加载等过程，最终输出较为准确的、标准的、利用率极高的结构化数据、半结构化数据和非结构化数据，并存储到大数据文件系统、数据库或数据仓库中。

本章将对大数据的数据源种类、数据采集与数据预处理中涉及的相关技术进行介绍和说明，使读者熟悉日志数据采集和网络数据采集的基本方法和技术，理解大数据预处理的基本流程并学会运用涉及的相关方法和技术。

本章知识结构如下。

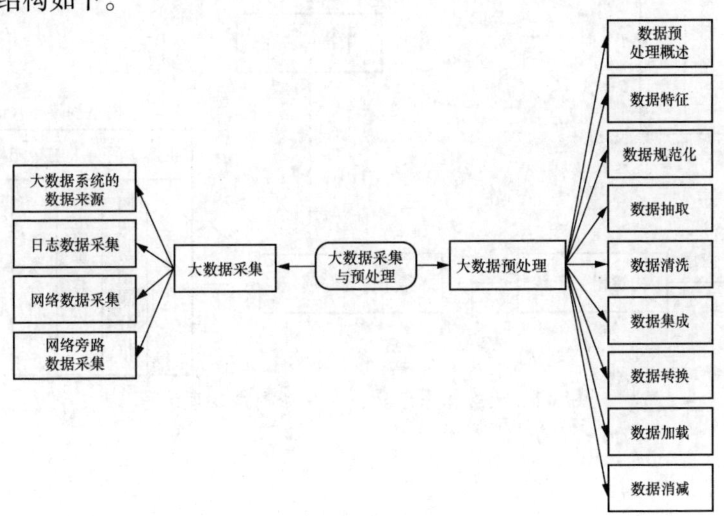

3.1 大数据采集

大数据系统数据全生命周期处理流程如图 3-1 所示。现实世界不断产生数据库数据、日志数据、网络数据、传感器数据等不同来源、不同种类的数据，数据采集系统通过日志数据采集（Flume 采集）、网络爬虫（Scrapy 和 Selenium 框架）、旁路采集等技术进行数据采集，把外部各种数据源产生的多样化数据实时或非实时地、全面地、高效地、多维度地采集进大数据系统；然后对采集到的数据进行数据预处理，包括数据清洗、数据集成、数据转换、数据加载等步骤，得到足够完整和高质量的大数据集。数据采集和数据预处理阶段是开展数据探索性分析处理的重要关口，也是大数据系统数据全生命周期处理流程中相当重要的一个环节。数据探索性分析处理流程可以对数据采集和数据预处理流程进行反馈，促使数据采集和数据预处理流程不断进行修正与完善。数据探索性分析处理流程需要借助机器学习与人工智能相关算法，包括分类分析、回归与预测分析、聚类分析、关联分析、神经网络等，进行模型构建与验证，并将结果进行可视化展示。当然，数据可视化也可以用在数据预处理、数据分析等阶段。通过结果分析与展示，构建相关产品，再在现实世界的应用场景中加以应用。

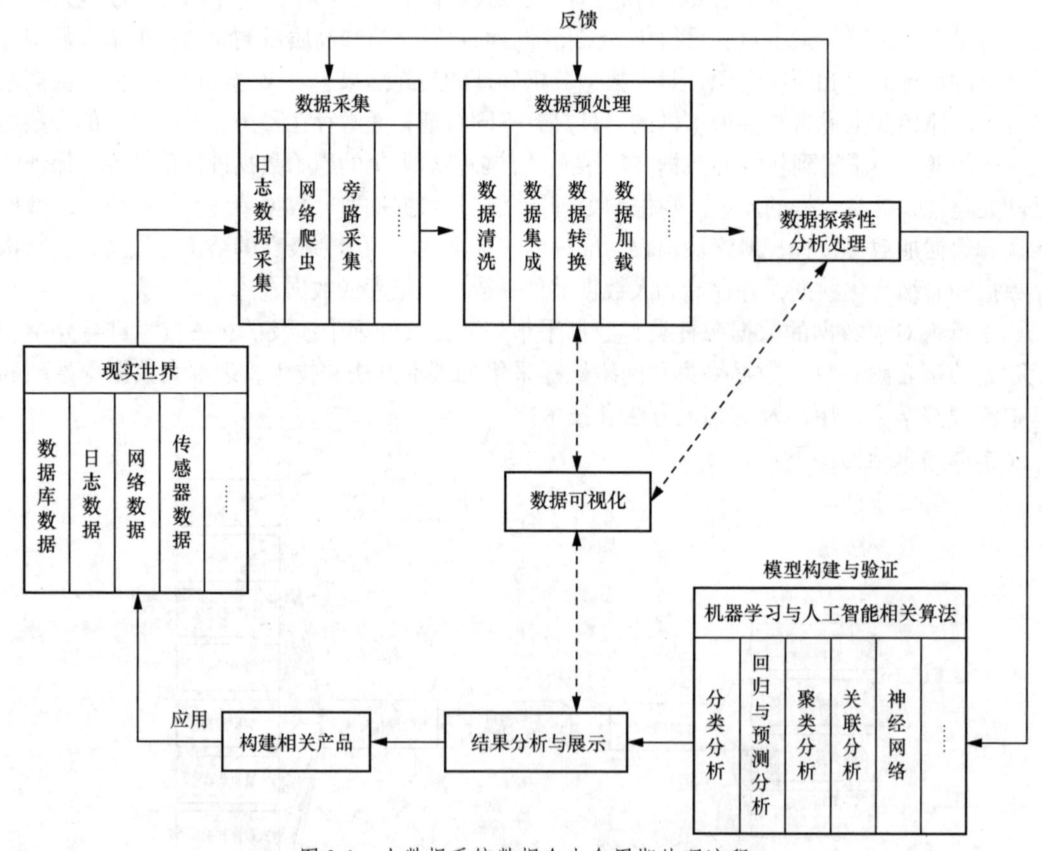

图 3-1　大数据系统数据全生命周期处理流程

3.1.1 大数据系统的数据来源

传统数据采集的数据来源和数据结构较为单一，数据量相对较小，主要从关系数据库和数据仓库中获取。而现实世界中，数据的种类很多，并且数据产生方式大不相同，因此，数据采集来源广泛，具有分布性，数据量巨大，数据类型丰富，包括结构化数据、半结构化数据和非结构化数据等。因此，大数据采集方式相比传统数据采集方式有根本性的区别。目前来看，大数据系统的数据来源主要包括以下几类，如图 3-2 所示。

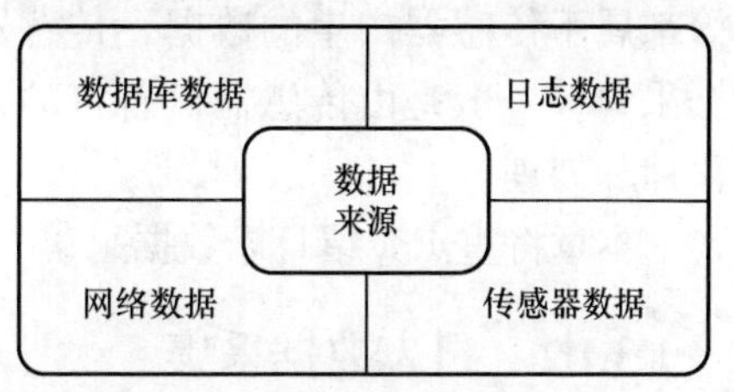

图 3-2 大数据系统的数据来源

（1）数据库数据。大部分企事业单位会使用传统关系数据库（如 MySQL、Oracle 等）来存储业务系统的结构化数据。除此之外，Redis 和 MongoDB 这样的 NoSQL 非关系数据库也常用于存储半结构化数据和非结构化数据。数据库数据采集可以借助于抽取-转换-加载（extract-transform-load，ETL）工具，把存储在不同业务数据库系统中的业务数据进行抽取采集后，进行清洗、转换、加载处理，将它们保存到大数据系统的数据库和数据仓库中，为不同的业务应用提供统一视图，供后续业务分析使用，支撑企事业单位的决策。

（2）日志数据。许多企事业单位的业务系统每天都会产生大量的操作日志，记录了业务系统执行的各种操作活动（如网络监控的流量管理、网络服务器记录的用户行为），形成日志文件保存在存储系统中。对这些日志数据进行分析，可以得到很多有价值的信息。日志数据采集就是收集业务系统产生的日志数据，供离线批处理或在线实时分析处理使用。通过从日志数据中挖掘得到具有潜在价值的信息，可为数据分析处理和运维管理中软硬件资源性能评估提供可靠的数据保证。目前，很多互联网企业都有自己的海量数据采集应用程序用于实现日志数据的采集，这些数据采集应用程序均采用分布式架构，能满足每秒数百 MB 的日志数据采集和传输需求。

（3）网络数据。其可分为线上行为数据与内容数据两大类。线上行为数据包括网络页面数据、交互数据、表单数据、会话数据等；内容数据包括互联网应用日志、电子文档、机器分析数据、语音数据、社交媒体数据等。网络数据采集通常可以借助于网络爬虫来完成。网络爬虫就是一个在网络上定向抓取网络页面数据的应用程序，网络爬虫抓取网络页面数据的一般方法是先定义一个初始的入口网络页面，由于网络页面中通常包含指向其他网络页面的网络链接，于是网络爬虫就从当前网络页面获取到这些网络链接，并把它们加入网络爬虫需要抓取的队列，然后根据这些网络链接依次进入新网络页面进行数据抓取，再往复递归进行上述操作。采用网络爬虫进行数据采集可以将半结构化数据和非结构化数据从网络页面中抽取出来，支持图片、音频、视频等文件或附件的采集，并且附件与正文可以自动关联，然后将其存储为本地数据文件。当然还可以采用调用第三方网络应用接口和网络旁路数据采集的方式进行网络数据采集。

（4）传感器数据。传感器是一种硬件感知监测装置，能感受到被测量对象的信息，并能将感受到的信息按一定规律变换成电信号或其他所需形式的输出信息，以满足网络传输、数据处理、数据存储、结果显示、信息记录和设备控制等要求。人们在日常生活中会使用各种类型的传感器，如压力传感器、温度传感器、流量传感器、声音传感器、电参数传感器等。传感器的环境适应能力很强，可以应对各种恶劣的工作环境。日常生活中用电子温度计记录的温度、话筒拾取的声音、摄像机记录的音视频、智能手机拍照记录的图片等都属于传感器产生的数据，传感器数据采集支持图片、音频、视频等文件或附件的数据采集，一般是由传感器设备自动完成的，通过网络自动上传到使用者指定的地方进行存储和处理。

本章将重点介绍日志数据采集、网络数据采集和网络旁路数据采集。

3.1.2 日志数据采集

日志数据除了记录业务系统中硬件、软件和系统应用程序运行的各种信息，还监测系统中发生的各类事件，日志数据包括系统日志、应用程序日志和安全日志等，包含大量高价值信息，使用者可以通过分析日志数据来查看系统运行状况、查找发生各类错误的原因以及寻找攻击者留下的痕迹等。为了能更好地分析系统中分散的各类日志数据，需要能及时且快速地采集它们。Flume 是一个高可用的、高可靠的、分布式日志采集、聚合和传输系统，支持在日志系统中定制各类数据发送方，如本地文本文件、HDFS 分布式文件系统、HBase 数据库等，用于采集日志数据。同时，Flume 还支持对采集的日志数据进行简单处理，并将其写入各种数据接收方，如本地文本文件、HDFS 分布式文件系统、HBase 数据库等。为了保证日志数据传输成功，在数据送达"目的地"之前，Flume 会采用数据管道进行数据缓存，直到数据传输成功。Flume 系统的基本架构如图 3-3 所示，相关说明如下。

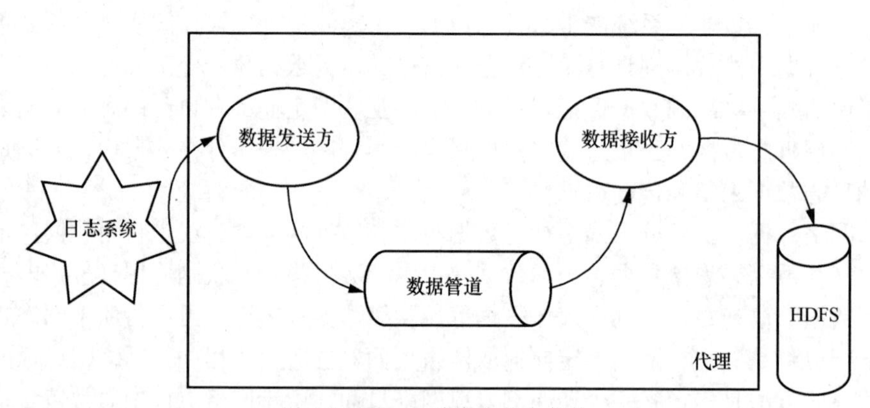

图 3-3　Flume 系统的基本架构

（1）代理（agent）是一个 Java 虚拟机（Java virtual machine，JVM）进程，它以事件的形式将数据从数据发送方传输至数据接收方。代理主要由 3 个部分组成，包括数据发送方、数据管道和数据接收方。在 Java 虚拟机中运行 Flume 时，每台服务器可以运行一个代理，但在一个代理中可以包含多个数据发送方、数据管道和数据接收方。

（2）数据发送方（source）是负责接收数据的组件，可从日志系统收集日志数据，将数据以事件的形式传递给不同的数据管道。不同的数据发送方组件可以接收和处理不同的日志数据，包括 avro、thrift、exec、jms、spooling directory、netcat、sequence generator、syslog、http、legacy 等不同接口类型的数据源。

（3）数据接收方（sink）不断地轮询数据管道中存储的事件，在批量地复制一组事件后就可以从数据管道中移除它们，并将这些事件批量写入数据存储目的地，如写入本地文本文件、HDFS 分布式文件系统、HBase 数据库等进行存储或索引；也可以将它们发送到另一个代理的数据发送方，形成多级串并联架构，如图 3-4 所示。例如，从数百个应用服务器中收集日志数据，经过不断汇聚，将它们发送给数十个写入 HDFS 分布式文件系统集群的代理。数据接收方中数据存储目的地包括 HDFS、logger、avro、thrift、ipc、file、HBase、solr 等不同接口类型的存储目的地。数据接收方写入数据失败会自动重启，很像消息队列。

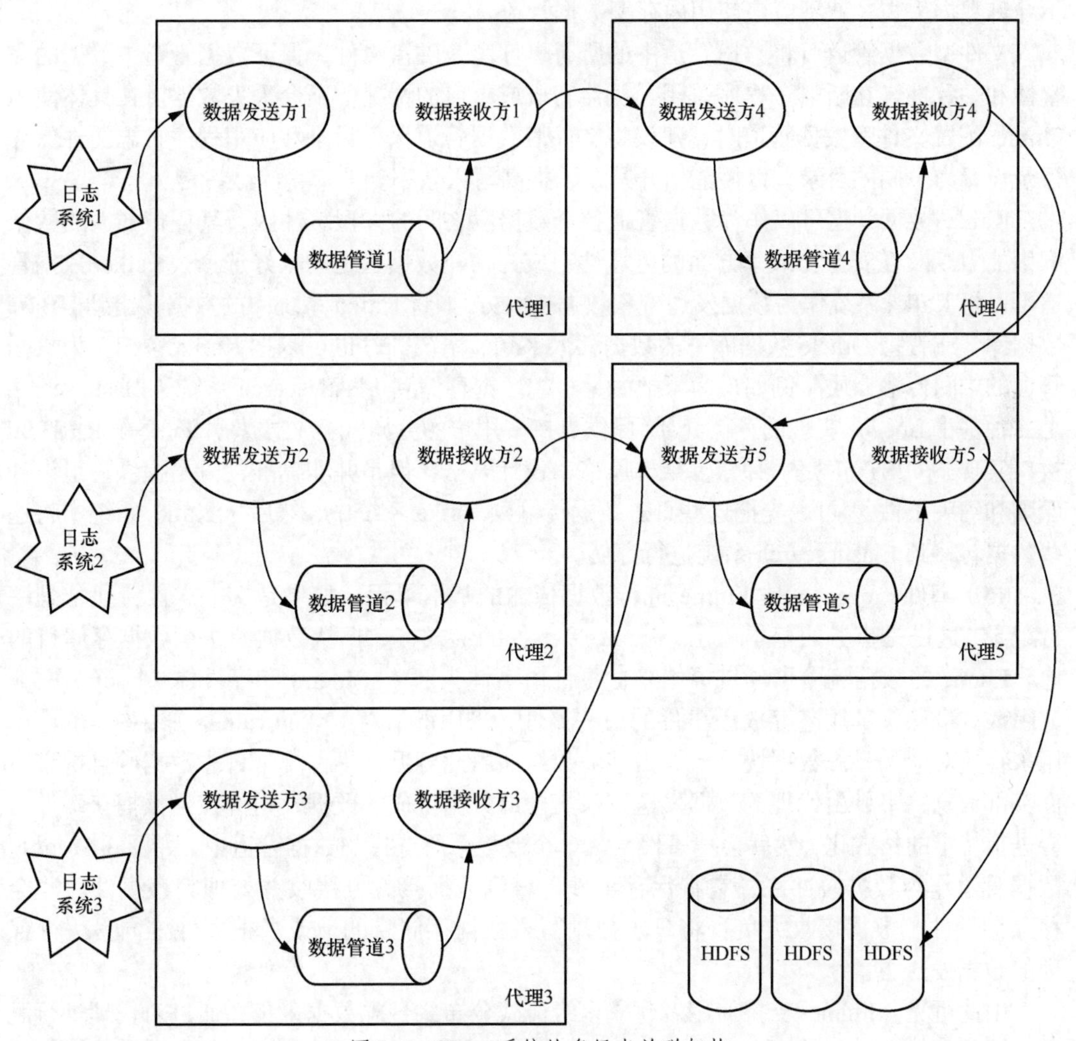

图 3-4　Flume 系统的多级串并联架构

（4）数据管道（channel）是位于数据发送方和数据接收方之间的缓冲区。因此，数据管道可以看成日志数据存储池，它连接数据发送方和数据接收方，起着桥梁作用。数据管道中的事件只有被数据接收方接收，或被下一级数据管道接收才会被删除。因此，数据管道允许数据发送方和数据接收方运行的速率有所不同。并且数据管道确保其中的事件是完整的事务，这一点保证了数据在采集和写入时的一致性。数据管道采用独立线程运行，确保事件数据传输安全，可以和不同代理、任意数量的数据接收方和数据发送方连接，还可以同时处理几个数据接收方的写入操作和读取操作。Flume 自带多种类型的数据管道：内存型数据管道（memory channel）、文件型数据管道（file channel）以及 Kafka 数据管道（Kafka channel）。

内存型数据管道采用内存作为数据存储和传输的载体，是内存中的数据队列，可以实现高速的读写操作，但是由于内存的易失特性（如断电、程序关闭、机器宕机或重启都会导致内存数据丢失，且无法恢复），无法保证内存型数据管道中事件的完整性。因此，内存型数据管道适用于不需要关心数据丢失的应用情景。如果需要保证数据的完整性和一致性，不允许数据丢失，就不应该使用内存型数据管道。

文件型数据管道可将数据管道中的所有事件写入磁盘文件，保证数据管道中数据的完整性和一致性，在断电、程序关闭、机器宕机或重启的情况下不会丢失数据。在具体使用 Flume 配置文件型数据管道时，建议将文件型数据管道保存目录和应用程序日志文件保存目录设置为不同的目录，以便能错开写入，提高写入效率。

Kafka 数据管道可以作为数据管道各个数据段之间的大型缓冲区，其凭借强大的数据解耦能力以及在安全和效率方面的可靠性，成为构建数据管道的较好选择。Kafka 数据管道可以将 Kafka 系统作为数据发送方和数据接收方，如将 Kafka 系统中的数据移出到 HBase 数据库，或者把 Oracle 数据库中的数据移入 Kafka 系统等。也可以把 Kafka 系统作为数据管道的中间传输介质。例如，为了把海量日志数据存储到 Elasticsearch 系统（Elasticsearch 是一种基于 Lucene 实现的存储介质，提供支持多用户的分布式全文搜索引擎，基于 RESTful 接口实现。RESTful 是一种软件架构风格、设计风格，但是并非标准，只是提供一组设计原则和约束条件），可以先把这些日志数据传输到 Kafka 系统中，然后从 Kafka 系统中将这些数据转移到 Elasticsearch 系统进行存储。

（5）事件（event）是 Flume 进行数据传输的基本单元，如果是文本文件，通常是一行记录，这也是事务的基本单位，Flume 以事件的形式将数据从数据源送至数据存储目的地。Flume 的数据流由事件贯穿始终，事件由事件头部（header）和事件体（body）两部分组成，事件头部用来存放该事件的一些属性，采用键值对（<key,value>）结构；事件体用来存放对应的日志数据块，形式为字节数组。由此可见，事件携带日志数据并且携带事件头部信息，事件由代理的数据发送方采集外部数据生成。数据发送方在拦截捕获事件后会进行特定的格式化，然后会把事件推入单个或多个所选择的数据管道中，如图 3-5 所示。数据管道作为数据缓冲区，它将保存事件，直到数据接收方接收并处理完该事件后才会移除该事件。数据接收方负责将日志数据写入数据存储目的地或者把事件推向另一个代理的数据发送方。

由此可见，Flume 支持使用者建立多级流式分布式日志数据采集，通过对代理进行配置，数据发送方上的数据可以复制到不同的数据管道上，每一个数据管道也可以连接不同数量的数据接收方，还可以将多个数据管道合并到一个数据管道中，将事件最终输出到同一个数据接收方中去。这样，连接不同配置的代理就可以组成一个复杂的日志数据采集和传输网络，如图 3-5 所示（以一个 agent 为例）。此类多级流式分布式日志数据采集架构每秒可以采集和传输数百 MB 的日志数据信息，能满足目前大数据系统对数据采集速度的常规需求。

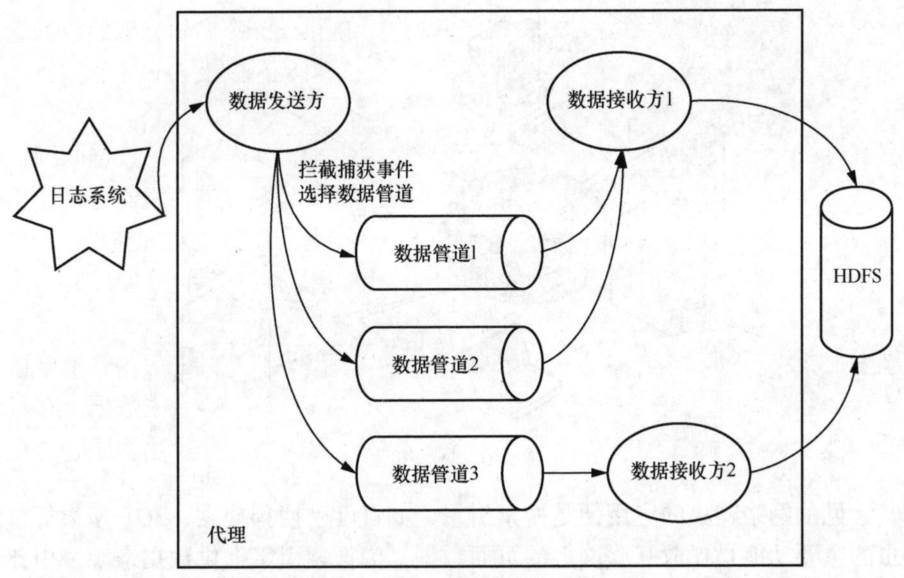

图 3-5 Flume 系统的事件处理

3.1.3 网络数据采集

3.1.3.1 网络数据采集的方式

目前实现网络数据采集有两种方式，一种是基于第三方提供的服务接口，另一种是基于网络爬虫。

第三方提供的服务接口是信息网站为了方便使用者获得相关信息所提供的一种应用服务接口，该类服务接口可以屏蔽网站底层复杂算法，仅通过简单的基于网络服务（Web service）的接口调用即可获取网站相关数据。目前主流平台（如微信、微博、百度等）均提供第三方的基于网络服务的接口调用服务，可以获取平台相关的网络数据资源。但是第三方的基于网络服务的接口调用服务会受限于平台所有者所提供的权限与功能，为了减小平台（网站）的负荷，一般情况下，平台（网站）均会对使用者每天使用接口调用服务的次数做一定限制，同时要收取一定的使用费，这都给使用者进行网络数据采集带来了极大不便，为此使用者通常采用网络爬虫的方式。

3.1.3.2 网络爬虫概述

网络爬虫是指一种按照一定规则自动地获取网络页面数据，并提取和保存网络页面数据的应用程序或脚本（script），如图 3-6 所示。如果把互联网比作一张大蜘蛛网，那么网络爬虫便是在互联网这张大蜘蛛网上爬行的“蜘蛛程序”。互联网中的一个个网络页面可以看成大蜘蛛网上的节点，网络爬虫爬到某个节点就相当于抓取了对应网络页面的信息。把节点间的连线看成网络页面与网络页面之间的链接关系，网络爬虫爬过一个节点（网络页面）后，通过获取与该网络页面具有逻辑关系的网络页面链接继续爬行到达下一个节点，这样就可以通过一个网络页面中存在的链接继续获取后续的网络页面，最后整个网络的网络页面便可以被网络爬虫抓取到，那么互联网上相关网站页面中的数据就可以被网络爬虫抓取下来了。

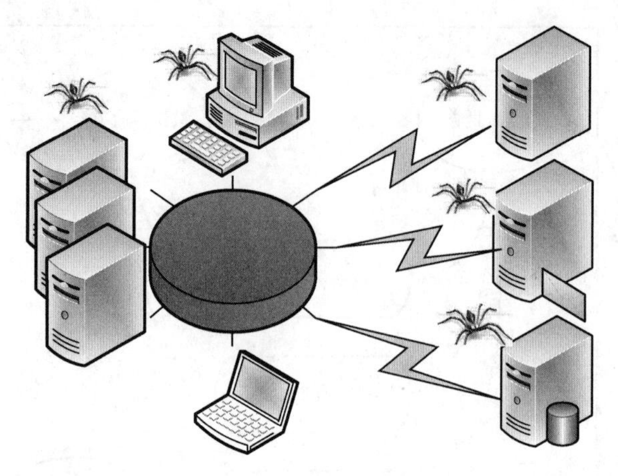

图 3-6　网络爬虫

非常常见的网络爬虫的应用便是搜索引擎，如百度、搜狗搜索、360 搜索等，此时，网络爬虫的主要功能是抓取互联网上的页面数据，为搜索引擎提供数据来源，由此可见网络爬虫在搜索引擎中的重要性。

搜索引擎的核心工作流程如图 3-7 所示。首先，搜索引擎会利用网络爬虫模块去抓取网站的网络页面，然后将抓取到的网络页面存储在原始数据库中。网络爬虫模块主要包括控制器和抓取器，控制器主要进行抓取控制，抓取器则负责具体的抓取任务。

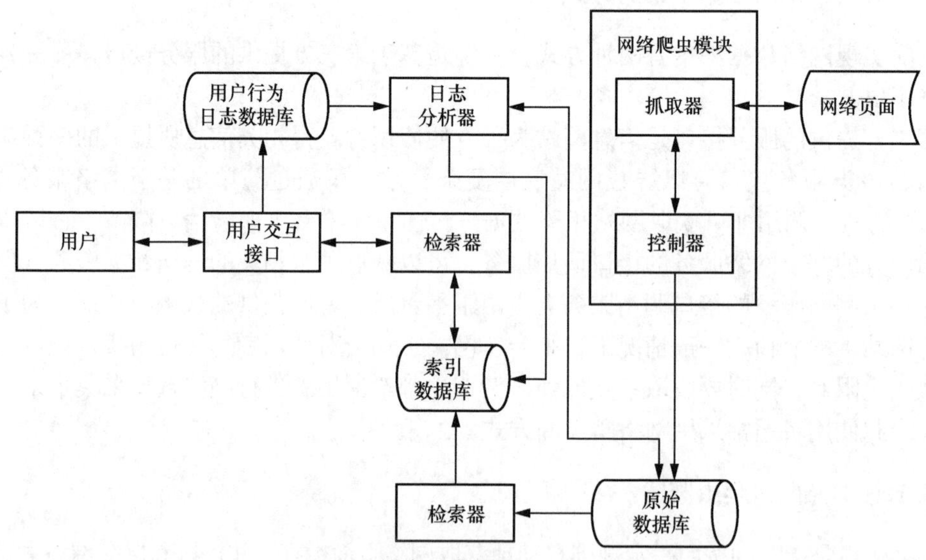

图 3-7　搜索引擎的核心工作流程

然后，检索器对原始数据库中的网络页面数据进行索引，并将索引数据存储到索引数据库中。当用户通过搜索引擎检索信息时，首先要通过用户交互接口输入需要检索的信息，用户交互接口相当于搜索引擎的输入框。需要检索的信息输入完成之后，交由检索器进行分词等操作，检索器会利用分词等操作产生的信息从索引数据库中获取索引数据。用户在输入需要的检索信息时，搜索引擎会将用户检索行为存储到用户行为日志数据库中，比如用户的 IP 地址、用户所输入的关键词等。

随后，用户行为日志数据库中的数据由日志分析器进行处理，日志分析器会根据大量的用户行为数据去调整原始数据库和索引数据库中的相关数据，改变网络页面排名结果或进行其他操作。

只需要编写好对应的网络爬虫应用程序或脚本，并设计好对应的抓取规则，网络爬虫就可以自动抓取网站上面的各类信息，如图 3-8 所示，将这些网络数据采集和存储后，便可以做进一步分析。

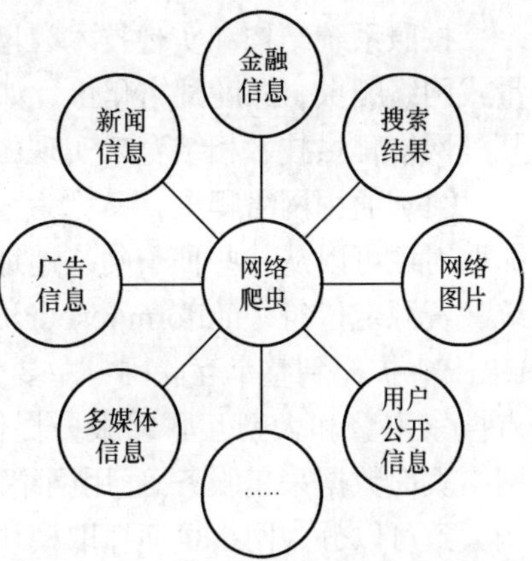

图 3-8　网络爬虫抓取的信息种类

总之，网络爬虫在一定程度上代替使用者通过人工方式抓取网络页面中的网络数据。通过网络爬虫实现自动化抓取，可以更高效地利用互联网中的有效网络数据信息。

如图 3-9 所示，为了提高网络爬虫的抓取效率，还可以采用并行网络爬虫架构，设置多组网络爬虫并行抓取网络数据。在并行网络爬虫架构中，可以设置多个网络爬虫控制节点，每个网络爬虫控制节点下可以有多个网络爬虫节点同时工作。网络爬虫控制节点之间可以互相通信，同时，网络爬虫控制节点和其下的网络爬虫节点之间也可以互相通信，属于同一个网络爬虫控制节点的各网络爬虫节点间亦可以互相通信。网络爬虫控制节点是并行网络爬虫架构的中央控制器，主要负责根据分配的网络页面地址抓取相关网络数据，并调用网络爬虫节点进行具体抓取操作。网络爬虫节点会按照相关的算法，对网络页面进行具体的抓取，主要包括下载网络页面以及对网络页面中的网络数据进行处理，将对应的抓取结果存储到对应的资源库中。

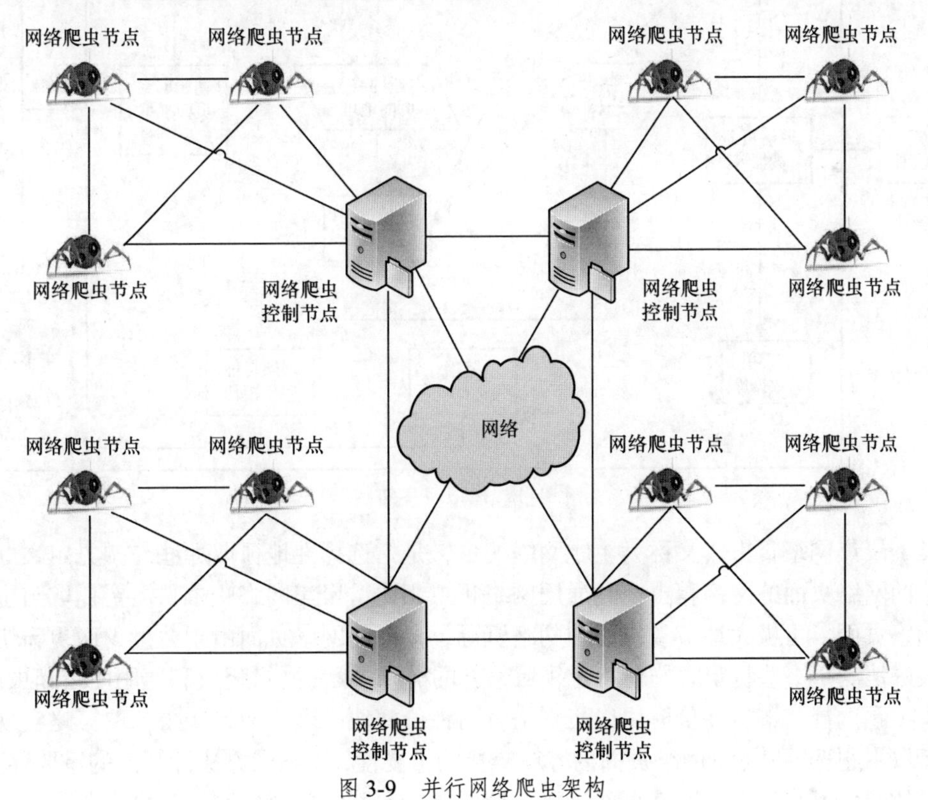

图 3-9　并行网络爬虫架构

3.1.3.3 网络爬虫分类

按照系统结构和实现技术，网络爬虫大致可以分为通用网络爬虫、聚焦网络爬虫、增量式网络爬虫、深度网络爬虫，如图 3-10 所示。而在实际环境中，网络爬虫系统通常是由几种网络爬虫技术相结合来实现的。网络爬虫结构如图 3-11 所示。

（1）通用网络爬虫，又称为全网爬虫，抓取对象可以从一些种子网络地址[网络的统一资源定位符（uniform resource locator，URL）] 扩充到整个互联网，主要为门户站点搜索引擎和大型互联网服务提供商提供网络页面数据采集服务。通用网络爬虫的结构大致可以分为网络页面抓取模块、网络页面分析模块、链接过滤模块、网络页面数据库、网络页面抓取队列、初始网络页面抓取队列、网络爬虫控制模块等部分。

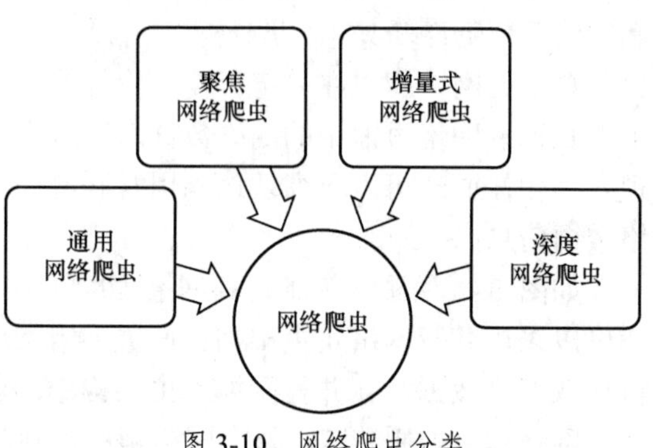

图 3-10　网络爬虫分类

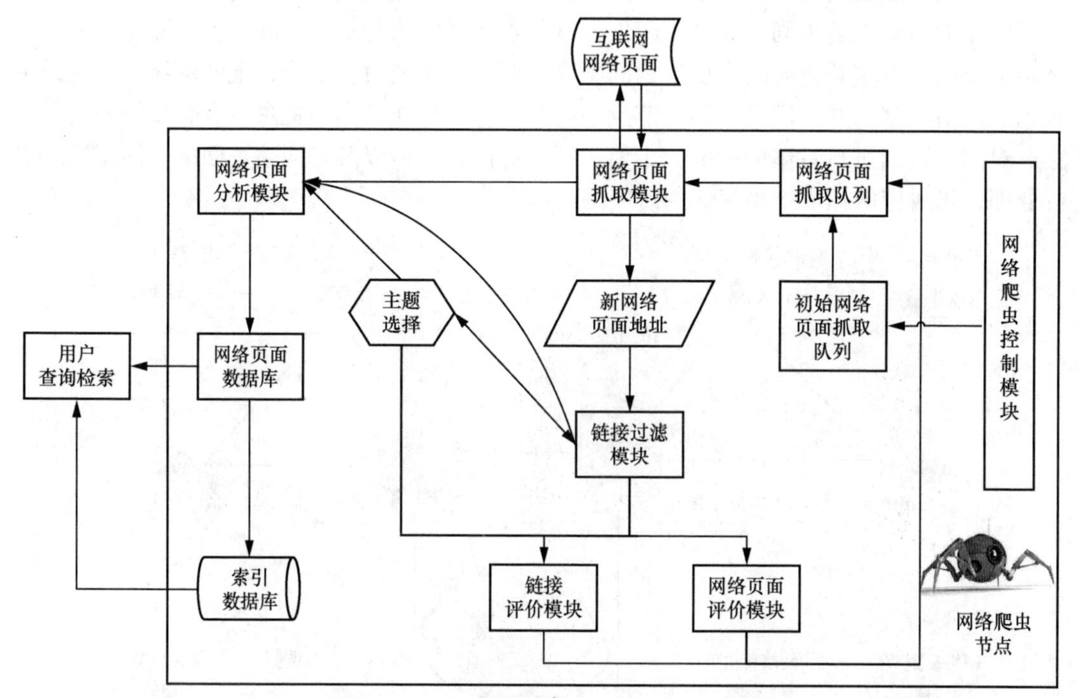

图 3-11　网络爬虫结构

（2）聚焦网络爬虫，又称为主题网络爬虫，是指选择性地抓取那些与预先定义好的主题相关的网络页面的网络爬虫。和通用网络爬虫相比，聚焦网络爬虫只需要抓取与主题相关的网络页面，可极大地节省硬件和网络资源，保存的网络页面由于数量少而更新快，还可以很好地满足一些特定人群对特定领域信息的需求。聚焦网络爬虫和通用网络爬虫相比，增加了主题选择、链接评价模块以及网络页面评价模块。聚焦网络爬虫抓取策略实现的关键是抓取主题选择、评价网络页面内容和链接的重要性，用不同方法计算出的重要性不同，由此导致聚焦网络爬虫对网络页面链接的读取顺序也不同。聚焦网络爬虫主要的抓取策略包括：基于内容评价的抓取策略、基于链接结构评价的抓取策略、基于增强学习的抓取策略、基于语境图的抓取策略等。

（3）增量式网络爬虫，是指只抓取新产生的或者信息已经发生变化的网络页面的网络爬虫。由于对已下载网络页面采取增量式更新的方式，增量式网络爬虫能够在一定程度上保证所抓取的网络页面是尽可能新的网络页面。增量式网络爬虫会在网络页面抓取模块中判断所抓取的网络页面是否为新网络页面或发生了信息更新，不会重新下载和存储没有发生变化的网络页面，及时更新已抓取的网络页面抓取队列，减少时间和空间上的浪费。但是增量式网络爬虫增加了网络爬虫抓取算法的复杂度和实现难度。

（4）深度网络（deep Web）爬虫。网络页面可以分为表层网络（surface Web）页面和深度网络页面，如图 3-12 所示的冰山一样。表层网络页面是指搜索引擎可以搜索到的网络页面，通过超链接可以到达的网络页面，其数据量类似于浮在水面上的冰山一角，通常占网络页面总量的 3%～4%。深度网络页面是指那些大部分网络页面内容不能通过公开网络链接获取的、隐藏在搜索表单后，只有使用者提交一些关键词才能获得的网络页面，例如，使用者注册个人网络邮箱后，网络邮箱的网络页面内容才可见，这样的网络页面就属于深度网络页面，好比深藏在水面下的冰山，通常占网络页面总量的 94%～96%。在深度网络中还包括一些通过加密方式进行了加密的网络页面，通常称为暗网网络页面或黑暗网络（dark Web）页面。深度网络中网络页面的信息容量是表层网络的几百倍，是互联网上总量最大、发展最快的网络页面信息资源。为了抓取深度网络页面信息，网络爬虫的网络页面抓取模块还需要增加表单分析器、表单处理器、响应分析器等，能够自动模拟人工方式进行表单提交，以便进入深度网络。

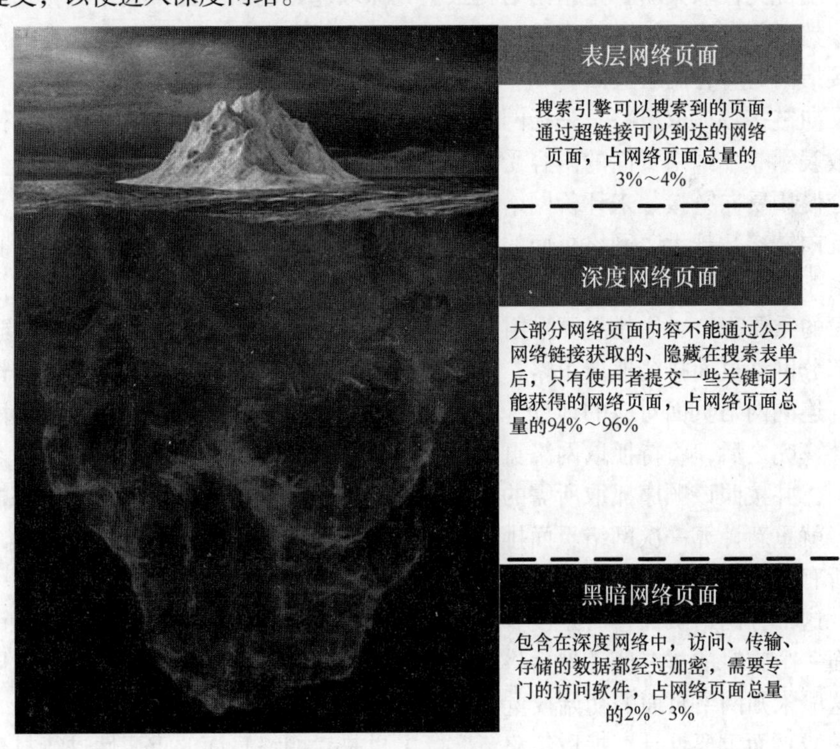

图 3-12　网络资源结构

3.1.3.4 网络爬虫的抓取策略

为提高工作效率，网络爬虫会采取抓取策略，常用的抓取策略有深度优先抓取策略、广度优先抓取策略、反向链接数抓取策略、部分网络页面排名（partial pagerank）抓取策略、在线页面重要性计算（online page importance computation，OPIC）抓取策略、大站优先抓取策略等，如图 3-13 所示。

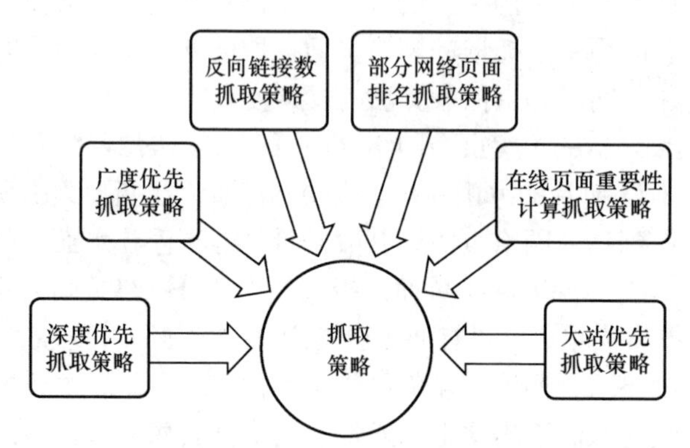

图 3-13　网络爬虫常用的抓取策略

（1）深度优先抓取策略，是指网络爬虫会从起始网络页面开始，按照起始网络页面中的某一个网络链接跟踪下去，处理完这条网络链接线路之后再转入起始网络页面中的另一个网络链接跟踪下去。

（2）广度优先抓取策略，是指网络爬虫会先抓取起始网络页面中网络链接指向的所有网络页面，然后选择其中的一个网络页面作为新的起始网络页面，继续抓取在此网络页面中网络链接指向的所有网络页面。

（3）反向链接数抓取策略，是指网络爬虫的抓取策略将参考网络页面的反向链接数，反向链接数表示一个网络页面的内容受到其他人推荐的程度。因此，很多时候搜索引擎的抓取系统会使用反向链接数来评价网络页面的重要程度，从而决定抓取不同网络页面的先后顺序。反向链接数越大，网络页面的重要程度、抓取的优先程度越高。但是在真实网络环境中，由于广告网络链接、作弊网络链接的存在，网络页面的反向链接数并不能完全反映网络页面的重要程度，往往需要采用一些技术手段来确定网络页面可靠的反向链接数。

（4）部分网络页面排名抓取策略，借鉴了网络页面排名算法的思想，对于已经下载的网络页面，连同网络页面对应的地址，形成网络页面集合，计算每个网络页面的网络页面排名值。计算完之后，将待抓取网络页面地址队列中的网络地址按照网络页面排名值的大小重新排列，并按照该顺序抓取所需的网络页面。计算网络页面排名时，可以每抓取一个网络页面，就重新计算一次网络页面排名值；也可以抓取一定数量的网络页面后，再重新计算一次所有网络页面排名值。但是已经下载的网络页面中的网络链接可能指向一些未知网络页面，这部分网络页面暂时是没有网络页面排名值的。为了解决这个问题，可以给这些网络页面一个临时的排名值，然后将所有指向这些网络页面的网络链接的权重值进行汇总，形成这些未知网络页面的初始权重值，参与排序。

（5）在线页面重要性计算抓取策略，实际上也是对网络页面的重要性进行打分。在线页面重要性计算算法开始执行前，给所有网络页面一个相同的初始值。当下载了某个网络页面之后，将其值分摊给所有从该网络页面中分析出的网络链接，并且将该网络页面的在线页面重要性值清空，再对待抓取网络页面地址队列中的所有对应网络页面按照在线页面重要性值进行排序，然后进行抓取。

（6）大站优先抓取策略，对于待抓取网络页面地址队列对应的所有网络页面，根据所属的网站进行分类。对于具有待抓取网络页面数较多、重要性较强等特征的网站，默认其为大站，优先进行抓取。

3.1.3.5 网络爬虫的工作原理

网络爬虫对所有已知、可见的网络页面进行无条件抓取时，其工作流程如图 3-14 所示。网络爬虫在工作前先要选取一部分精心挑选的初始种子网络页面，将这些初始种子网络页面放入待抓取网络页面队列。网络爬虫工作时就从待抓取网络页面队列中取出待抓取网络页面，通过域名系统（domain name system，DNS）解析得到网络页面网络地址，网络爬虫将网络页面中所需的网络资源进行提取并保存，将其存储进已下载网络页面信息库中。同时，将这些网络页面放进已抓取网络页面队列。网络爬虫还要分析已抓取网络页面队列中的网络页面，分析其中是否嵌套其他网络页面的网络链接，如果有就将待下载嵌套网络页面放入待抓取网络页面队列。经过发送请求，网络爬虫响应并再次解析网络页面，再将网络页面中所需的网络资源进行提取和保存。以此类推，进入下一个循环。如果没有终止条件，网络爬虫会一直抓取，实现过程并不复杂。

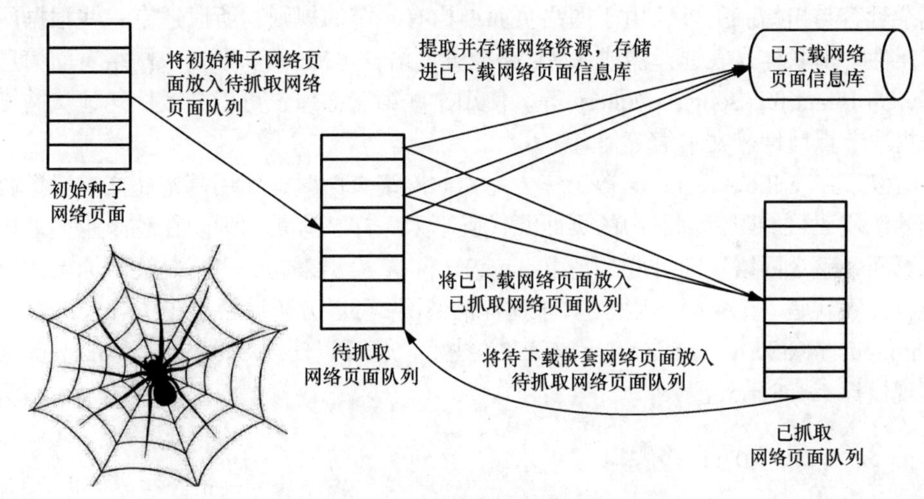

图 3-14 网络爬虫工作流程

网络爬虫抓取的网络页面信息主要是网络页面源代码，源代码里包含网络页面的部分有用信息。一般情况下，通过向网站的服务器发送一个获取（get）请求，返回的响应体便是网络页面源代码。所以，网络爬虫最关键的部分之一就是构造获取请求并将其发送给服务器，然后接收响应并将其解析出来。因为不可能通过手动的方式去完成这项任务，所以可以用相应的第三方库来帮助实现获取请求操作，比如 Python 语言就提供了 urllib（Python 内置的超文本传送协议请求库）、requests（用 Python 语言编写，基于 urllib 的超文本传送协议请求库，使用起来比 urllib 更加方便）等第三方库来帮助实现这个操作。获取请求和返回的响应体都可以用第三方库提供的数据结构来表示，得到返回的响应体之后只需要解析数据结构中的数据体部分即可得到网络页面源代码，这样就可以编写网络爬虫程序来实现自动获取和分析网络页面了。

网络爬虫正确提取和分析网络页面信息是非常重要的，这可以使杂乱的数据变得条理清晰，以便后续处理和分析。网络页面中包含各种各样的信息，十分常见的便是常规静态网络页面，而网络爬虫通常抓取和分析的便是静态网络页面的超文本标记语言代码。另外，可能有些网络页面返回的不是网络页面的超文本标记语言代码，而是 JavaScript 对象字符串，目前应用程序接口大多采用这样的形式。JavaScript 是一种直译式脚本语言，是一种动态类型、弱类型、基于原型的编程语言，内置支持类型。它的解释器被称为 JavaScript 引擎，为浏览器的一部分，广泛用于客户端的脚本语言，最早是在超文本标记语言上使用的，用来给网页增加动态功能。JavaScript 对象格式的数据方便传输和解析，它们同样可以被网络爬虫抓取，而且 JavaScript 对象格式的数据提取更加方便。此外，网络爬虫还可以抓取各种二进制数据，如图片、视频和音频等，然后将它们保存成对应文件类型。另外，还有各种扩展名的文件，如串联样式表（cascading style sheets，CSS）文件、JavaScript 文件和配置文件等，只要在网络页面里可以获取到，就可以将其抓取下来。上述内容其实都对应各自的网络页面的结构，基于超文本传送协议或超文本传输安全协议（hypertext transfer protocol secure，HTTPS）的传输内容需要密钥进行解密，只要是这些数据，网络爬虫都可以抓取。

网络爬虫分析网络页面源代码最通用的方法是采用正则表达式，但是构造正则表达式比较复杂且容易出错。另外，由于网络页面结构有一定的规则，所以还有一些根据网络页面节点属性、串联样式表选择器或 XML 路径查询语言（XPath）来提取网络页面信息的第三方库，如 Beautiful Soup、pyquery 等。使用这些第三方库，可以高效快速地从网络页面结构中提取节点属性、文本值等信息。

有时候，用 urllib、requests 等第三方库抓取网络页面时，使用基本超文本传送协议请求得到的源代码可能跟浏览器中的页面源代码不太一样。这是因为现在越来越多地构建动态网络页面，整个网络页面可能都是由 JavaScript 渲染出来的，也就是说，原始的超文本标记语言代码就是一个空壳。因此，对于这样的情况，可以分析后台异步 JavaScript 和 XML（asynchronous JavaScript and XML，AJAX）技术，也可以使用 Selenium、splash 等第三方库来实现模拟 JavaScript 渲染。

3.1.3.6 Scrapy 网络爬虫

Scrapy 是一个为了抓取网络页面和提取网络页面中的结构性数据而编写的应用框架，采用 Python 语言开发，可以应用在包括数据分析挖掘、信息处理等一系列功能的程序中。其最初是为了进行网络页面抓取所设计的一个数据快速抓取框架，也可以用于获取第三方提供的服务接口所返回的数据或者通用网络爬虫。Scrapy 主要包括以下组件，如图 3-15 所示。

（1）网络爬虫引擎（Scrapy engine）：负责网络爬虫（spider）、实体管道（item pipeline）、网络爬虫下载器（downloader）、网络爬虫调度器（scheduler）间的网络通信、指令传递、数据传递等。

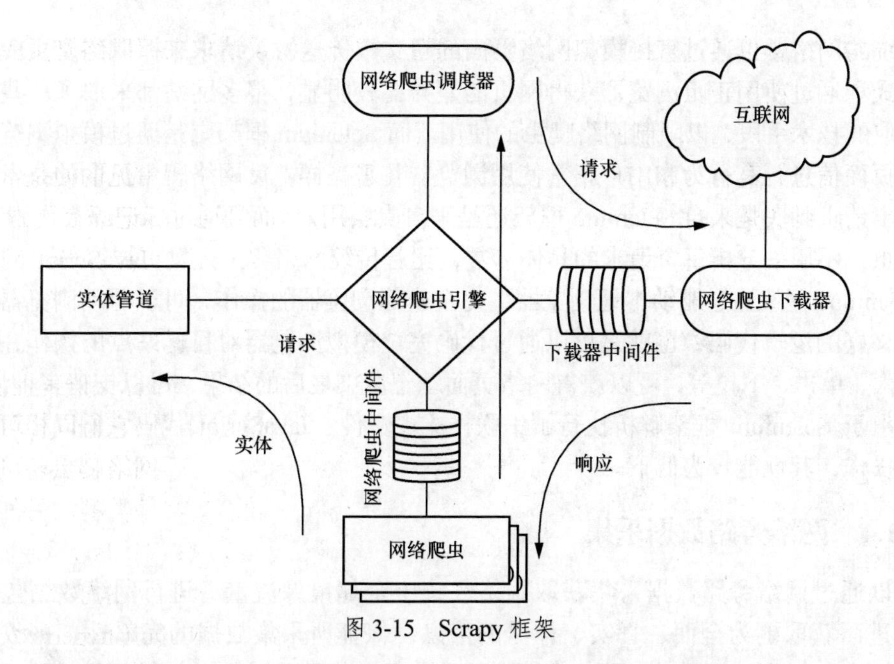

图 3-15　Scrapy 框架

（2）网络爬虫调度器：它负责接收网络爬虫引擎发送过来的请求（request），并按照一定的方式进行整理排列，将其放入下载队列，当需要时交还给网络爬虫引擎。

（3）网络爬虫下载器：负责处理网络爬虫引擎发送的所有请求操作，并将其获取到的响应（response）交还给网络爬虫引擎，由网络爬虫引擎交给网络爬虫来处理。

（4）网络爬虫：它负责处理所有响应，从中分析提取网络页面数据，获取实体（item）属性字段需要的对应数据，并将需要跟进的网络页面地址提交给网络爬虫引擎，再次进入网络爬虫调度器。

（5）实体管道：它负责缓存和处理网络爬虫获取到的实体，并进行后期处理（包括详细分析、过滤、存储等）。

（6）下载器中间件（downloader middleware）：可以看作一个可自定义扩展网络爬虫下载功能的组件。

（7）网络爬虫中间件（spider middleware）：可以理解为一个可自定义扩展的操作引擎和网络爬虫间进行通信的功能组件，用于处理进入网络爬虫的响应和从网络爬虫出去的请求。

采取 Scrapy 框架的网络爬虫首先通过网络爬虫引擎从网络爬虫调度器中取出一个网络页面地址用于接下来的抓取；接着网络爬虫引擎把网络页面地址封装成一个请求传给网络爬虫下载器，网络爬虫下载器把网络页面资源下载下来，并封装成响应；然后，网络爬虫解析响应，若是解析出实体，则交给实体管道进行进一步的处理；若解析出的是网络页面链接请求，则把网络页面链接请求交给网络爬虫调度器进一步抓取。

3.1.3.7　Selenium 网络爬虫

开发 Selenium 框架的初衷是打造一款自动化测试工具，但是 Selenium 框架的自动化操作功能用来实现网络爬虫也较为合适，使用它可以解决请求操作无法执行 JavaScript 代码的问题。

传统的网络爬虫通过直接模拟网络页面的超文本传送协议请求来抓取网络页面信息，这种方式和通过使用正常浏览器获得网页的差异比较明显，很多网站都采取了一些反网络爬虫抓取的技术手段，以限制网络爬虫的使用。而 Selenium 框架则是通过模拟浏览器来抓取网络页面信息，其行为和用户正常使用浏览器几乎一样，反网络爬虫抓取的技术手段很难区分出请求到底是来自 Selenium 框架还是来自真实用户。而且通过 Selenium 框架来实现网络爬虫，不用去分析每个请求的具体参数，比起传统网络爬虫开发更加容易。

Selenium 框架通过驱动本地浏览器，完全模拟浏览器的操作，可以驱动浏览器自动执行自定义好的逻辑代码，也就是可以通过代码完全模拟浏览器对目标站点的操作，比如跳转、输入、单击、下拉等，可以获得网络页面动态渲染之后的结果，可以支持多种浏览器。但是，由于 Selenium 框架解析执行了串联样式表文件、JavaScript 代码，所以相对直接模拟请求操作，其性能较为低下。

3.1.4 网络旁路数据采集

可以通过网络旁路数据采集获取网络系统中全部镜像流量，进行网络数据包的深度分析，进而获取更为全面、真实、详尽的信息，保证所采集数据的完整性、一致性和准确性，如图 3-16 所示。同时，网络旁路数据采集还可以利用仿真技术模拟客户端（浏览器、应用程序、接口服务等）的网络请求，实现网络行为的自动操作。通过网络旁路数据采集可以对系统中的网络数据交换流量进行采集，技术特点如下。

（1）独立抓取，可不需要软件和网站程序服务商的配合。

（2）实时数据采集，数据端到端的延迟在数秒之内。

（3）兼容各类系统平台，作为数据分析挖掘的基础。

（4）可以自动建立数据间关联。

（5）配置简单、实施周期短。

（6）支持自动导入历史数据。

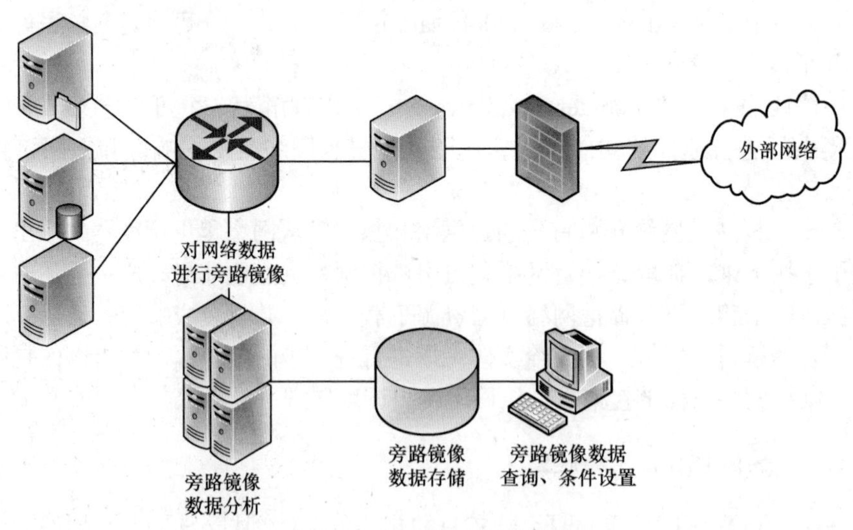

图 3-16　网络旁路数据采集

3.2 大数据预处理

3.2.1 数据预处理概述

大数据采集技术是大数据全生命周期流程的重要一环，但是由于采集到的各种结构化数据、半结构化数据及非结构化数据错综复杂，仪器设备测量精度不高以及数据采集过程存在缺陷等，会造成采集的数据存在质量问题，可能包含大量缺失值，也可能包含大量无用数据和噪声，还有可能因为人工录入错误导致数据存在异常，无法利用这些数据直接进行数据分析处理，因为这些数据不利于训练出良好的算法模型，必须采用数据预处理方法，进行数据的再整理和提取，从采集的原始数据中整理和提取出需要的数据，丢弃一些不重要的数据。数据预处理所需的工作时间可以占据整个大数据全生命周期流程的 70%以上，数据质量的好坏直接决定了大数据分析模型的预测和泛化能力的好坏。数据质量涉及很多因素，包括数据的准确性、完整性、一致性、时效性、可信性和解释性等。通过采用数据预处理对采集到的数据进行提取、清洗、转换、加载，对各种异常数据和脏数据进行相应处理，得到标准的、干净的、有用的数据，提供给模型构建、数据分析等后续流程使用，以获得数据的潜在价值和辅助决策参考。

由此可见，大数据预处理就是对采集到的数据进行一系列抽取-转换-加载（extract-transform- load，ETL）操作，如图 3-17 所示。用户从不同的数据来源抽取（采集）所需的数据，经过抽取-转换-加载核心模块，完成数据清洗、数据转换、数据加载等数据预处理流程。之所以要进行抽取-转换-加载操作，主要是因为采集的数据可能存在不准确、不完整、不一致等问题，可以认为其是一种脏数据。所以必须对采集的数据进行数据清洗，过滤、剔除脏数据，得到较为良好的数据集。还要针对不同应用场景、不同的数据分析工具或者系统，对采集的数据进行数据抽取、数据清洗、数据转换和数据加载操作，将其转换成预先定义好的数据格式和数据结构，最后加载到目的数据库中，大数据系统才能对目的数据库中的数据进行有效的数据分析处理。

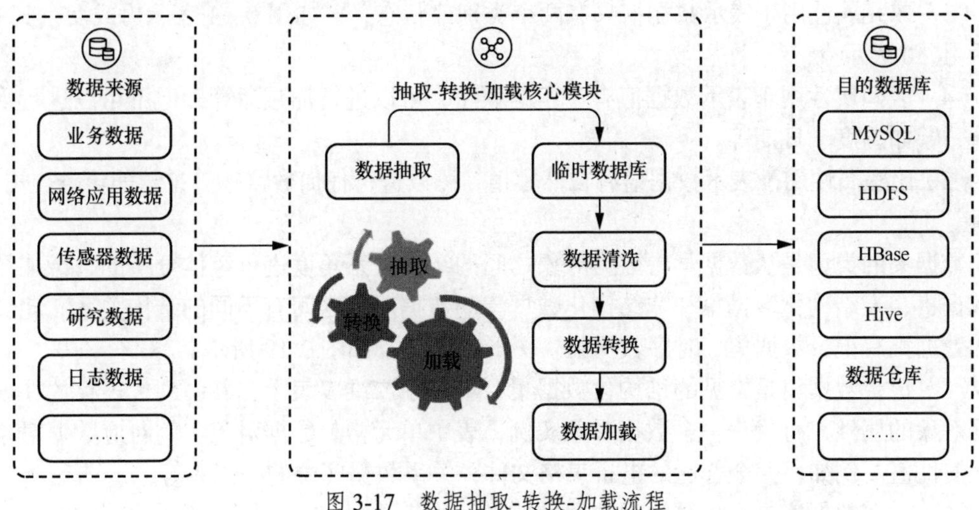

图 3-17　数据抽取-转换-加载流程

3.2.2 数据特征

数据特征代表数据对象的性质或特性，又称为数据属性。每一个数据对象用一组数据特征描述，数据特征的测量值与数据特征值的意义并不是完全对等的，比如数学上 24 是 12 的两倍，但作为温度值，24 摄氏度并不代表比 12 摄氏度温暖两倍。再比如可以用不同数字来表示代表天气特征属性的晴天和多云，但相关数字之间不存在前后次序关系，也不能进行加减运算，只有判断相等或不相等才有意义。因此，在数据分析中明确数据特征属性的类型可以避免错误操作。

数据特征属性一般有定性属性和定量属性的区分，定性属性主要用于数据分类，主要有标称属性、序数属性、二元属性等类型；定量属性主要用于表示数据具体值，主要有区间属性、比率属性等类型，如图 3-18 所示。

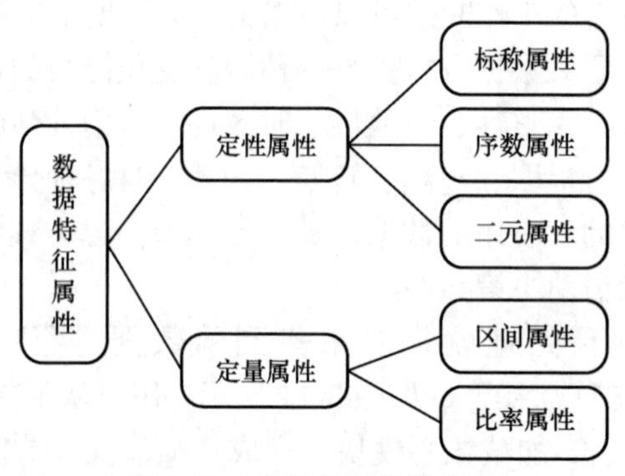

图 3-18 数据特征属性分类

（1）标称属性用于表示数据类型的名称或编号，这些名称或编号要么属于某个数据集合，要么不属于某个数据集合，譬如学号、工号、家鱼的种类（包括草鱼、鲢鱼、青鱼、鳙鱼）。

（2）序数属性用于表示数据值有大小或前后关系，譬如表示气温的高低（炎热、温暖、冷）、成绩的高低（优、良、中、差）。

（3）二元属性用于表示数据值只有两个类别或状态，譬如用 0、1 表示男或女，其中 1 表示男，0 表示女。

（4）区间属性用于表示数据值有一定的顺序，可以进行加减运算，但不可以进行乘除运算，譬如温度、日期等。

（5）比率属性用于表示数据值有自然零值，可以进行任何数字运算，譬如年龄、长度、重量等。

数据集的类型是从数据集中数据对象之间的结构关系角度进行整体分析的，譬如结构化数据集、半结构化数据集和非结构化数据集的数据对象之间有不同的结构关系。比较常见的数据集有记录数据集、时序数据集、图形数据集，如图 3-19 所示。

（1）记录数据集是常见的结构化数据集，可以用二维表表示，其中列代表存放在表中数据对象的属性，行代表一个数据对象实例，表中单元格是数据对象实例对应数据对象属性的属性值。例如，一个普通的电子表格文件，关系数据库中的一张表等。

（2）时序数据集是一种结构化数据集或半结构化数据集，数据对象之间存在时间或空间上的顺序关系。例如，股票价格波动信息，医疗仪器检测到的病人的心跳、血压、呼吸频率数值，单击网络页面的操作指令序列等。

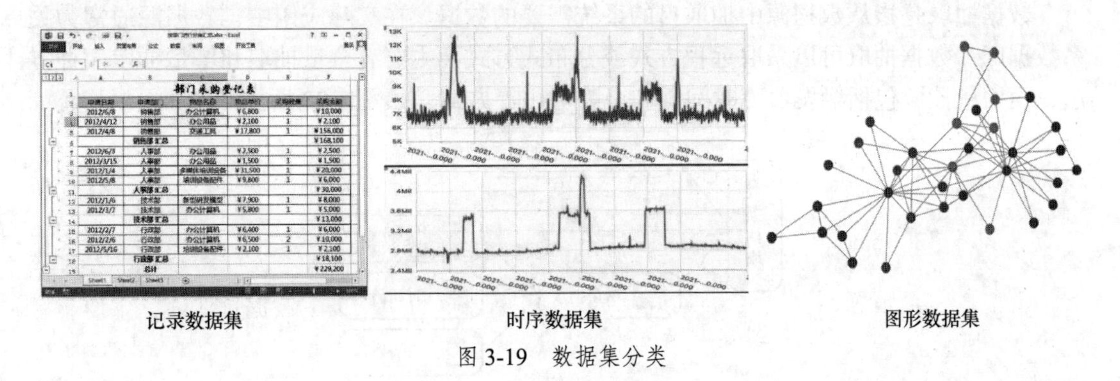

图 3-19　数据集分类

（3）图形数据集是常见的非结构化数据集，数据对象之间存在显式或隐式的联系，相互之间存在一定的复杂依赖关系，构成图形或网状结构，如互联网中的网络页面间的超链接。

3.2.3　数据规范化

在数据分析前，通常需要先将数据进行规范化（normalization）处理（也称为标准化）。因为将不同数据特征属性的数据直接相加是不能得到正确结果的。数据规范化主要包括数据同趋化处理和数据无量纲化处理两个方面，可以使数据特征属性值按比例落入特定区间，如[−1,1]或[0,1]。进行数据规范化操作，一方面在涉及算法模型构建时可以简化计算，提升算法模型的收敛速度；另一方面在涉及距离计算时可以有效提高结果精度，防止出现具有较大初始值域的数据属性与具有较小初始值域的数据属性相比权重过大的情况。常用的数据规范化操作有最小-最大规范化和Z-score（Z分数）规范化等。

（1）最小-最大规范化，也称为离差标准化，是指对原始数据进行线性变换，将数值映射到[0,1]，假定min、max分别为数据属性a的最小值和最大值。数据规范化转换函数如下：

$$x' = \frac{x - \min}{\max - \min}(\text{new\_max} - \text{new\_min}) + \text{new\_min}$$

它可以将在区间[min,max]中的 x 转换到区间[new_min,new_max]中，结果为 x'。但是这种方法有一个缺陷，就是当有新的数据加入时，可能导致区间[min,max]值的变化，需要重新定义。如果要做[0,1]的数据规范化，上述式子可以简化为：

$$x' = \frac{x - \min}{\max - \min}$$

（2）Z-score规范化，也称为标准差标准化，经过数据规范化处理的数据集符合标准正态分布，即均值为0，标准差为1。数据属性a的值基于均值 $\overline{a}$ 和标准差 σ_a 进行数据规范化，转换函数如下：

$$x' = \frac{x - \overline{a}}{\sigma_a}$$

当数据属性a的实际最大值和最小值未知，或存在超出取值区间的孤立点时，可使用该数据规范化方法。

3.2.4 数据抽取

数据抽取是指从数据源中抽取目的系统需要的数据。在实际应用中，数据源通常为关系数据库。数据抽取可以采取远程方式或分布式方式，主要有全量抽取和增量抽取两种方法，而增量抽取包括触发器、时间戳和全表对比等方式，如图 3-20 所示。

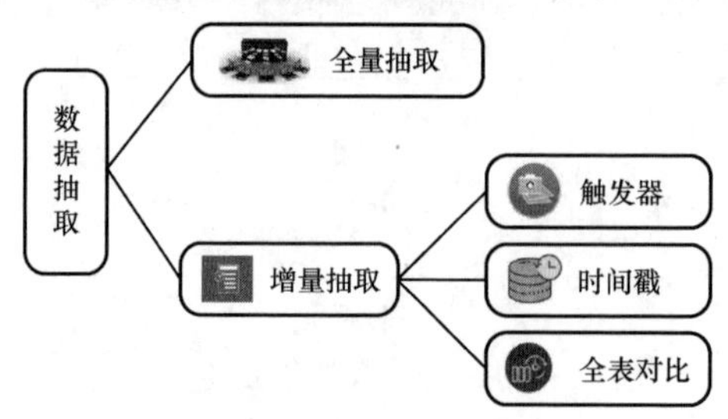

图 3-20 数据抽取分类

一般对数据抽取方法有两个要求，一是准确性，是指要能将业务系统中的变化数据按一定的准确率进行抽取；二是性能，是指不能对业务系统造成太大的压力，影响现有业务。全量抽取比较简单，类似于数据迁移或数据复制，它将数据库中的表或视图中的数据原封不动地抽取出来，并将其转换成抽取-转换-加载工具可以识别的数据格式和数据结构。而增量抽取只抽取自上次数据抽取时间节点后，数据库中要抽取的表或者视图中新增或修改的数据。在抽取-转换-加载工具使用过程中，增量抽取较全量抽取应用更广，因为增量抽取具有一定的性能优势，但是如何捕获数据库中变化的数据是增量抽取的关键；全量抽取的数据操作更为简单，数据更为准确，但是在性能上不一定有优势。增量抽取中捕获数据变化的常用方式如下。

（1）触发器方式，又称为快照方式。在要抽取的数据库表上建立插入、修改、删除等操作需要的触发器，当对数据库表的数据进行插入、修改、删除操作时，变化的数据就被相应的触发器写入一个临时表。抽取-转换-加载工具的抽取线程只从临时表中抽取变化的数据，抽取过的数据被做上标记或直接删除。采用触发器方式进行数据抽取的速度快、性能较高，抽取规则简单，不需要修改数据库表结构，就可以实现数据增量抽取。但是其要求在数据库表上设置触发器，对业务系统有一定的影响，也容易对数据库构成一定的安全威胁。

（2）时间戳方式是一种基于时间戳进行数据变化比较的增量抽取方式。其通过在数据库表上增加一个时间戳字段，当系统中更新、修改表数据的时候，同时修改时间戳字段的时间戳值。同触发器方式一样，时间戳方式的性能较好，抽取操作规则设计清晰，数据抽取相对简单。但时间戳方式的维护需要由业务系统完成，数据库表上也要加入额外的时间戳字段。对不支持时间戳自动更新的数据库表，还需要进行额外的时间戳更新操作，会对性能造成影响。另外，时间戳方式无法对时间戳记录时间点前的数据进行删除和更新操作，在数据准确性上受到了一定限制。

（3）全表对比方式是指抽取-转换-加载工具事先为要抽取的数据库表建立一个结构一致的临时表，该临时表留存数据库表所有字段和数据。每次进行数据抽取时，将数据库表和临时表进行比对，如有不同，表示存在数据更新操作，需要进行抽取操作。如临时表没有该记录，表示该记录还没有存入临时表，即进行插入操作。全表对比对已有数据库表结构不产生影响，不需要修改业务操作程序，所有抽取规则由抽取-转换-加载工具完成，管理规则统一，可以实现数据的增量抽取。但利用抽取-转换-加载工具实现数据库表和临时表对比功能设计较为复杂，对比速度也较慢。与触发器方式和时间戳方式的主动操作不同，全表对比方式是一种被动操作方式，性能较差。当数据库表中没有主键或含有重复记录时，全表对比方式的准确性也较差。

不同数据抽取方式适用于不同的数据抽取应用场景，需要根据实际需求选择恰当的数据抽取方式。

3.2.5 数据清洗

3.2.5.1 数据集的问题

采集到的数据通常是脏数据。所谓的脏，是指采集到的数据存在图 3-21 所示的一些主要问题。

（1）数据缺失（data incomplete），是指有些重要数据特征缺少属性值，如职业为空。

（2）数据噪声（data noise），是指数据特征属性值存在不合常理的情况，包含错误或者孤立点，如工资为-100 元。

（3）数据不一致（data inconsistent），是指数据特征属性值前后存在矛盾的情况。如今年年龄为 42 岁，但是出生时间却是 1985 年 1 月 9 日。

（4）数据冗余（data redundant），是指采集数据量或者数据属性的数目超出数据分析需要的，存在冗余。

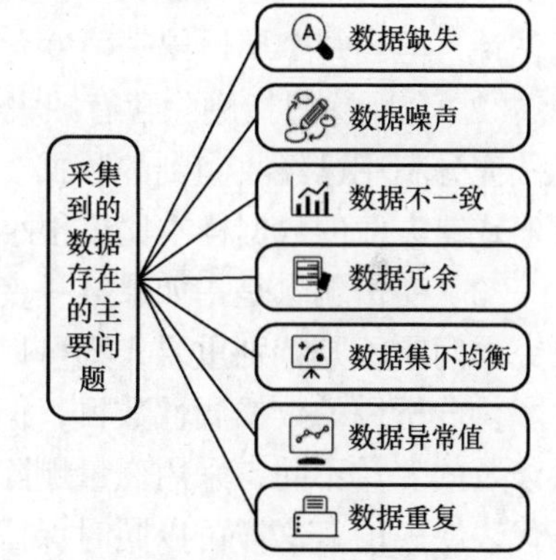

图 3-21 采集到的数据存在的主要问题

（5）数据集不均衡（data set imbalance），是指不同类别的数据量相差悬殊的情况。

（6）数据异常值（data outlier），是指远离数据集中正常数据的部分特殊数据。

（7）数据重复（data duplicate），是指在数据集中重复出现多次的数据，重复值的存在会影响数据分析结果的准确性。

数据清洗过程主要包括缺失数据处理、噪声数据处理，以及不一致数据和重复数据处理。

3.2.5.2 缺失数据处理

采集到的数据并不总是完整的，这就涉及缺失数据处理，例如，在数据库表中可能有很多条记录的对应字段缺少相应值，如销售数据表中的顾客收入值一般是空缺的。引起数据缺失的原因很多，可能是在数据录入时数据因与其他已有数据不一致而被删除，可能是因为误解而没有被输入，可能是得不到重视而没有被输入，可能是在数据写入时数据库设备异常导致对数据的改变没有进行日志记载，等等。如果单纯采用人工方式逐个处理缺失值，工作量大，可行性较低。因此，为了对缺失数据进行快速处理，常采用估算、全删除、变量删除等方法，如图 3-22 所示。

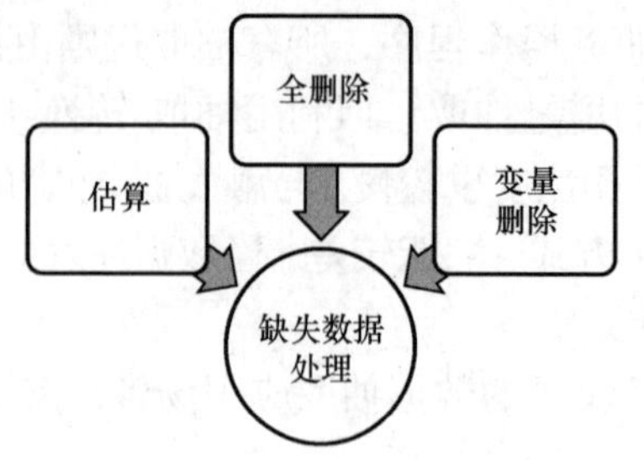

图 3-22　缺失数据处理方法

（1）估算是指通过对缺失数据的属性值进行经验推断而补全，忽略其他记录的影响，可以使用某个变量样本的均值、中位数或众数来填充缺失值，还可以使用 unknown 作为全局变量填充缺失值，或者使用最可能的值填充缺失值，或者使用像贝叶斯（Bayesian）公式或判定树这样的基于推断的理论方法填充缺失值。这种办法简单，但没有充分考虑数据中已有的信息，误差可能较大。此外，可以通过变量之间的相关分析或逻辑推论进行缺失值估计，但当每个属性缺失值变化很大时，效果较差。

（2）全删除是指删除含有缺失值的记录数据，这种方法可能导致有效数据量大大减少，无法充分利用已经收集到的数据。因此，其只适合非关键性变量存在缺失值，或者含有异常值或缺失值的数据样本比重很小的情况。

（3）变量删除是指如果某一变量涉及的缺失值很多，而且该变量对于所需要进行分析研究的问题不是特别重要，则可以考虑将该变量及对应的记录整体删除。这种做法虽然减少了供分析用的数据属性数目，但整体上没有改变数据量。不过因为不同的数据分析方法所涉及的变量不同，采用变量删除后的有效样本量也会有所不同，此时可以用一个特殊代码代表缺失值，这样可以同时保留数据集中所有变量和数据样本，但在具体分析处理时只采用有完整信息的数据样本，最大限度地保留数据集的可用信息。

3.2.5.3　噪声数据处理

噪声是指因为被测对象的一个随机错误和变化偏差导致数据值出现较大偏差。噪声数据的产生原因有多种，可能是数据收集工具的问题，也可能是数据输入时的人为错误或者计算机本身的错误，还可能是数据传输中产生的错误等。对于噪声数据，需要进行噪声数据平滑处理和消除异常数据，常使用的有分箱（bin）、聚类、回归及人机结合等方法，如图 3-23 所示。

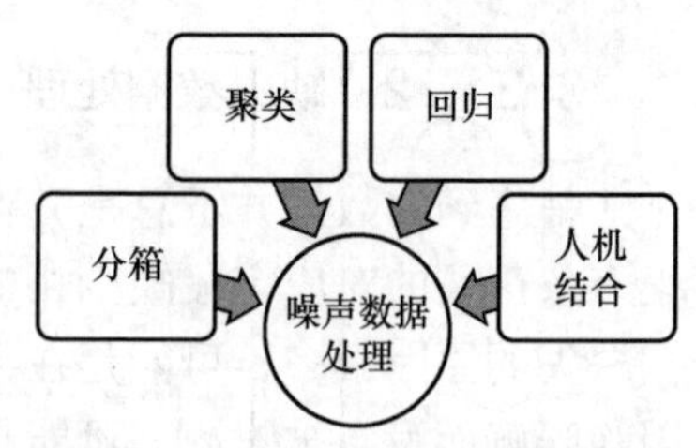

图 3-23　噪声数据处理方法

（1）分箱方法是指在一个区间范围内，利用被平滑数据点的周围点（近邻点）的值进行数据平滑。分箱方法先将一组数据排序，再将排序后的数据分配到若干箱（bins）或桶（buckets）中。进行分箱的数据可以是连续型的，也可以是离散型的，如图 3-24（a）所示。对箱子的划分一般有两种方法，如图 3-24（b）所示。一种是等高分箱法，即每个箱子中的数据对象的个数相等（图中是 4 个），每个箱子中的数据对象个数就为箱子深度。另一种是等宽分箱法，在整个数据对象值的区间上平均分割，即每个箱子的取值间距（数据对象左右边界值之差，图中边界间距值是 5）相同，使每个箱子的区间值间隔相等，这个区间值间隔被称为箱子宽度。此外还可以采用用户自定义分箱法，根据用户自定义的规则进行分箱处理。在分箱之后，再对分好的箱内数据利用数据近邻来进行局部数据光滑处理，如图 3-24（c）所示。可以对同一箱子中的数据求平均值（图中的平均值数值分别为 9、22、29），用平均值代替箱子中的所有数据。也可以取箱子中所有数据的中位数值（图中的中位数值分别为 8、21、28），用中位数值代替箱子中的所有数据。还可以取边界值，对箱子中的每一个数据，用数据对象离边界值距离较小的边界值代替箱子中相应的数据（图中边界值为 4 和 15，21 和 24，25 和 34）。经过分箱后的数据，数据可取值的范围变小了，实现了数据的离散化，数据更加确定与稳定。数据信息会变得模糊，不再那么准确，减少了过拟合风险，增强了数据稳定性。

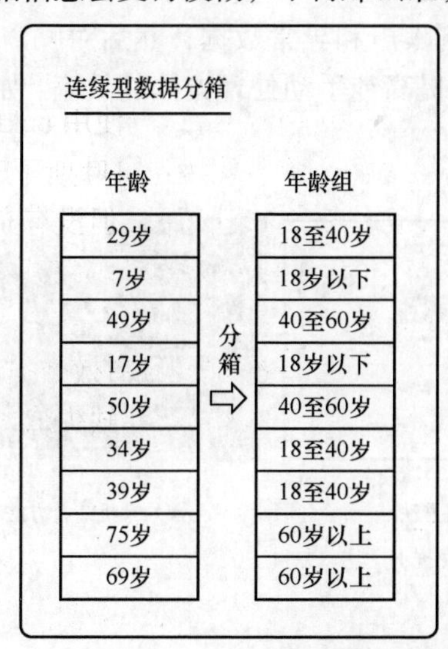

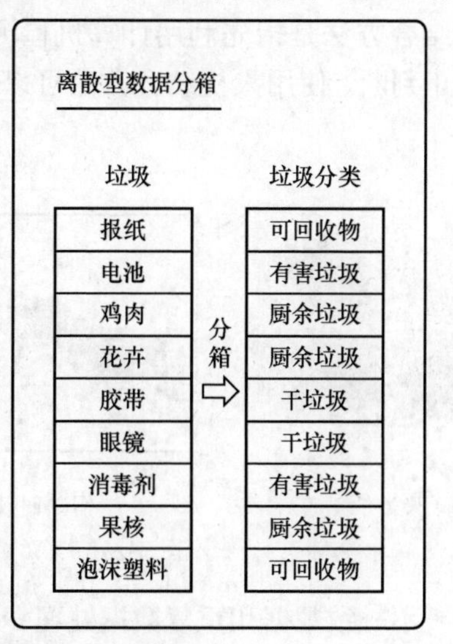

（a）连续型数据分箱和离散型数据分箱示例

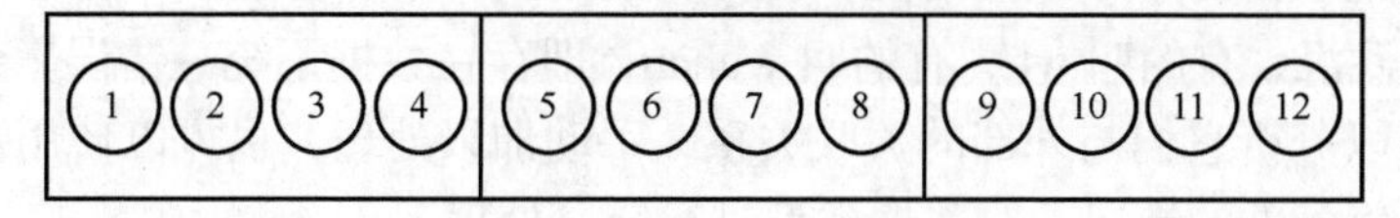

等高分箱法，即每个箱子中的数据对象的个数相等

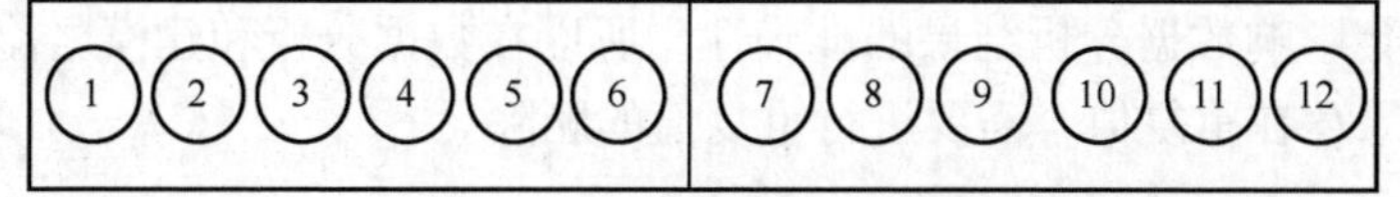

等宽分箱法，即每个箱子的取值间距（数据对象左右边界值之差）相同

（b）等高分箱法和等宽分箱法示例

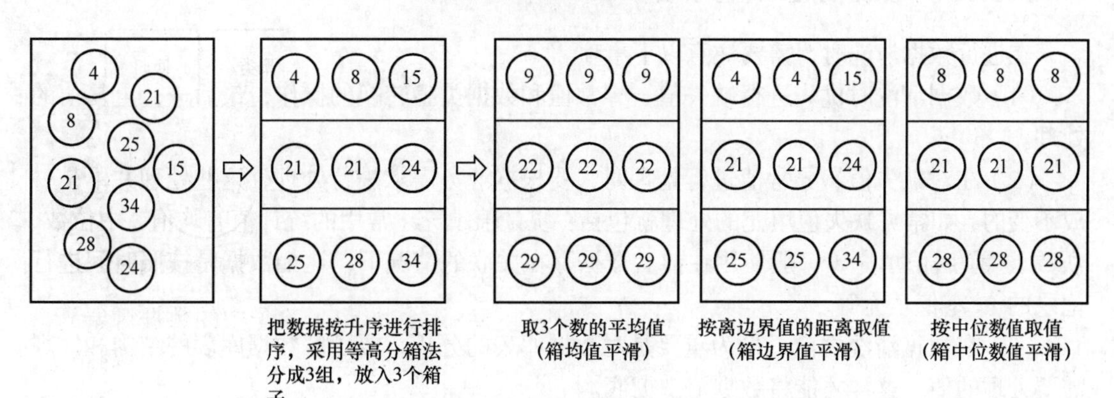

（c）用户自定义分箱法示例

图 3-24　分箱方法

（2）聚类方法是指将数据对象分别聚集成数据簇，数据簇是一组数据对象的集合，同一簇内的数据具有相似性，不同数据簇之间的数据相异度较大。通过将数据集划分为若干个数据簇，在数据簇范围外的为孤立点，这些孤立点就是噪声数据，可对这些孤立点进行删除或将其替换成数据簇范围内的数据值，如图 3-25（a）所示。

（3）回归方法是指通过利用拟合函数对数据进行平滑，从而达到利用一个（或一组）变量值来帮助预测另一个变量取值的目的，能够帮助平滑数据，除去存在的噪声，如图 3-25（b）所示。

（4）人机结合方法是指先利用计算机检测噪声和异常数据，然后对噪声和异常数据进行一定的人工判断。使用人机结合方法可以提高纯手动处理方法的效率，如图 3-25（c）所示。

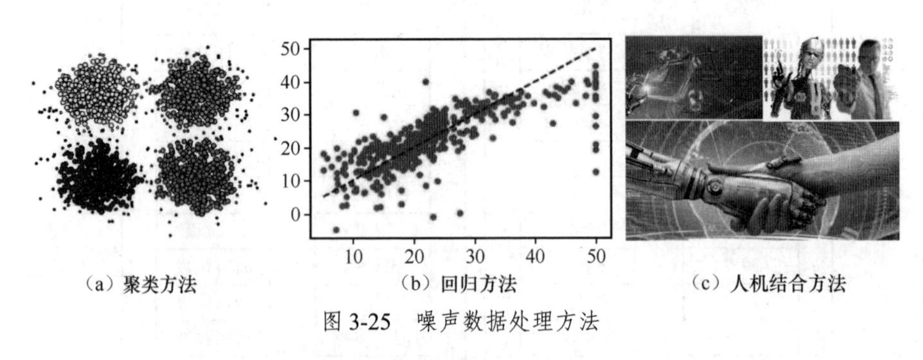

（a）聚类方法　　（b）回归方法　　（c）人机结合方法

图 3-25　噪声数据处理方法

3.2.5.4　不一致数据和重复数据处理

数据库表中常出现数据记录内容不一致的情况，比如日期格式的字段录进了字符串格式数据；又比如有的记录叫武汉，有的叫 wh，有的叫 wuhan，即存在数据不统一错误。对于其中一些不一致数据，可以分析它们与外部的关联关系，手动加以处理，也可以使用数据清洗工具发现违反数据约束条件的情况，对数据类型进行统一处理。

此外，重复数据的存在会影响数据分析结果的准确性，所以在数据分析和建模之前需要进行数据重复性检验，如果存在重复值，需要进行重复值的删除。

3.2.5.5　数据清洗的注意事项

在进行数据清洗时，需要注意以下事项。

（1）数据清洗时优先进行缺失值、异常值和数据类型转换的操作，最后进行重复值的处理。

（2）在对缺失值、异常值进行处理时，要根据业务需求进行处理，这些处理并不是一成不变的，如常见缺失值填充的处理就包括：统计值填充（常用的统计值有均值、中位数、众数）、前/后值填充（一般使用在前后数据存在关联的情况下，比如数据是按照时间进行记录的）、零值填充等。

（3）在数据清洗之前，最为重要是对数据库表的分析，要了解数据库表的结构和发现需要处理的值，这样才能将数据清洗彻底。

（4）数据量的多少也关系着数据清洗的处理方式。如果总数据量较多，而异常数据（包括缺失值、噪声值和异常值）的量较少，则可以选择直接删除处理，因为这样并不太会影响最终分析结果；但是，如果数据总量较少，则每个数据都可能影响最终分析结果，此时就需要认真对数据进行清洗处理。

（5）数据清洗在抽取出数据库表后进行，一般需要将所有数据一个个地进行清洗，来保证数据清洗的彻底性。有些数据可能看起来能够正常使用，实际上在进行数据清洗时可能会出现问题，譬如某列数据在查看时看起来是数值类型的，但是其实这列数据的类型是字符串类型，这就会导致在进行数值操作时出错。

3.2.6 数据集成

数据集成就是将分散在不同数据源中的数据，逻辑地或物理地集成统一存放到同一个数据存储系统中，如关系数据库、数据仓库或文件中，方便后续数据分析处理。比如有多个数据源，包括文本文件、电子表格文件、MySQL关系数据库表，为了便于数据统计分析，需要把这些数据源中的数据抽取集中在一起形成一个统一数据集合，并存放到同一个数据存储系统中，为数据分析处理提供完整的数据集。因此，数据集成的核心任务就是将互相关联的分布式异构数据源中的数据抽取、集成到一起，使使用者能够透明地读取这些数据和数据源。在数据集成过程中需要考虑数据源存在一定的异构性、分布性和自治性，说明如下。

（1）异构性是指被集成的数据源通常是独立开发的，数据模型的异构性给数据集成带来很大困难，主要表现在不同数据语义、相同数据语义的表达形式、数据源的使用环境等不同。

（2）分布性是指数据源是异地分布的，数据依赖网络传输，这就存在网络传输性能和安全性等问题。

（3）自治性是指各个数据源有很强的自治性，可以在不通知数据集成系统的前提下改变自身的结构和数据，给数据集成系统的稳健性带来挑战。

常用的数据集成方法包括模式集成方法、数据复制方法及综合集成方法，如图3-26所示。

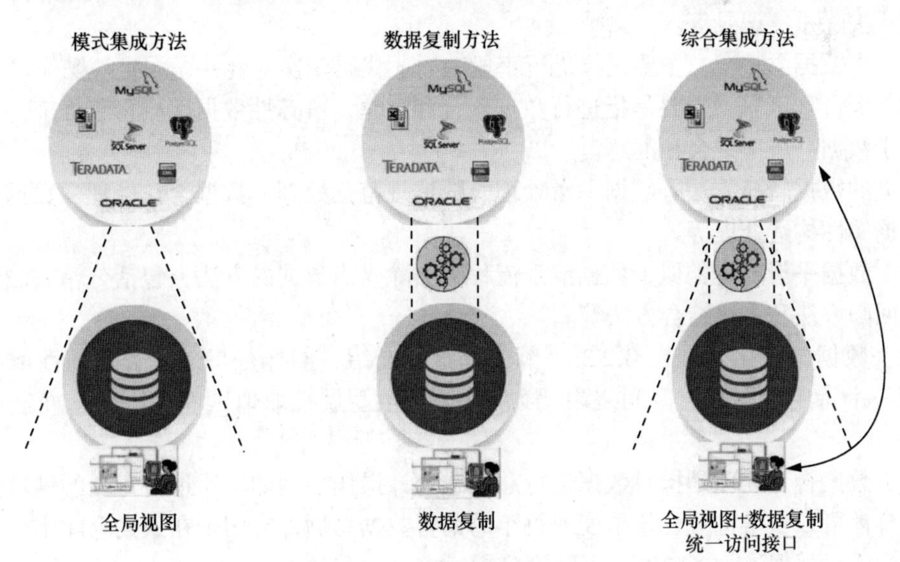

图3-26 常用的数据集成方法

（1）模式集成方法是指在构建数据集成系统时将各数据源的数据视图集成为全局模

式，使用户能够按照全局模式透明地读取各数据源的数据。全局模式描述了数据源共享数据的全局结构、语义及操作等。使用者直接在全局模式上提交请求，由数据集成系统处理这些请求，将其转换成各个数据源在本地数据视图基础上能够执行的请求。模式集成方法为用户提供了全局视图及统一访问接口，透明度高。但该方法没有实现异构数据源间的数据交互，使用时需要频繁切换至不同数据源，需要有很好的网络性能。

（2）数据复制方法是指将各个数据源的数据复制到与其相关的其他数据源中，需要维护多个异构数据源整体数据的一致性，提高了数据共享利用效率。但数据复制方法在使用某个数据源的数据前，可能需要将其他数据源的数据预先都复制过来，但在使用时仅需某个数据源或少量几个数据源，这会降低系统的响应速度和处理效率。并且数据复制通常存在延时，很难保证不同数据源之间数据的一致性。

（3）综合集成方法是指把模式集成和数据复制两种方法混合在一起使用。综合集成方法通常是想办法提高模式集成中间件系统的性能，仍有透明全局数据模式视图供用户使用，同时能够对数据源间常用的数据进行复制。对于一般数据请求，综合集成方法总是尽力通过数据复制方式，在本地数据源或单一数据源上实现使用者的数据读取需求；而对那些无法通过数据复制方法实现的复杂数据请求，则通过使用模式集成方法提供全局虚拟视图。

3.2.7 数据转换

数据转换是指通过设计转换规则和方法，把已抽取、清洗和集成的数据转换为有效数据。数据转换时需要理解数据使用的业务规则、信息需求和数据来源，将数据转换或归并成适合数据分析处理的结构形式，常用转换规则如下。

（1）字段转换，主要是指数据类型转换，如利用时间属性增加上下文数据的关联性，将数值型的邮政编码替换成字符串型的地域名称等。

（2）清洁和净化，主要是指保留具有特定值或特定范围的记录字段，采用完整性引用检查方式去除重复记录等。

（3）多数据源整合，主要是指进行字段映射、代码变换、合并、派生等操作。

（4）聚合和汇总，主要是指进行数据聚合和汇总，事务性数据库侧重于细节，数据仓库侧重于数据高层次聚合和汇总。

常见的数据转换方法有数据平滑处理、数据规范化处理、数据合计处理、数据泛化处理和数据属性构造处理等。

（1）数据平滑处理类似于数据清洗流程中去除噪声数据的方法，包括分箱方法、聚类方法、回归方法和人机结合方法等。

（2）数据规范化处理在 3.2.3 小节中进行了介绍，同样是将一个数据属性取值区间映射到一个特定范围取值区间之内，以消除因数值型属性取值区间大小不一而造成的分析偏差。

（3）数据合计处理是指对数据进行总结或合计操作。例如，通过对每天的销售数据进行数据合计可以获得每月、每季度或每年的销售数据总额，常用于在数据仓库中构造数据立方维度或对数据进行多粒度、多维度分析。

（4）数据泛化处理是指用更抽象或更高层次的概念来取代具体的或低层次的数据对象。

例如，字符型的属性，如街道属性，可以泛化到更高层次的概念，如城市、国家；数值型的属性，如年龄属性，可以泛化到更高层次的概念，如青年、中年和老年。

（5）数据属性构造处理是指根据已有数据属性集构造新的数据属性，以辅助数据分析处理，如计算电力线路损耗，已知输入电量和输出电量，就可以计算线损率，从而将线损率作为一个新数据属性进行构建、设置。

3.2.8 数据加载

数据加载把转换后的数据按照目的数据库元数据定义的表结构装入目的数据库或数据仓库，有两种基本方式：刷新方式和更新方式，如图 3-27 所示。

（1）刷新方式是指按一定时间间隔对目标数据进行批量重写的方式。也就是说，目标数据起初被写进数据库或数据仓库，然后每隔一定时间，数据库或数据仓库的目标数据被重写，替换以前的内容。

（2）更新方式是指只将变化的数据写进数据库或数据仓库的方式。为了支持数据库或数据仓库的读写周期，便于历史分析，增量记录通常被写进数据仓库中，但不覆盖和删除以前的记录，而是通过设置时间戳来分辨它们。

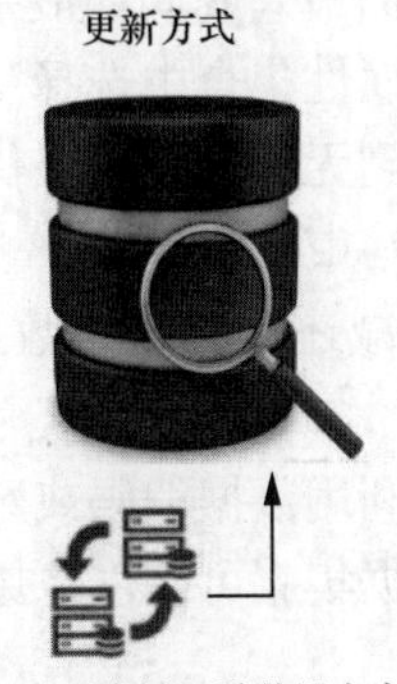

图 3-27 数据加载的基本方式

刷新方式通常用于目的数据库与数据仓库首次创建时的数据填充，更新方式通常用于目的数据库与数据仓库的日常数据维护。刷新方式通常与全量抽取相结合，而更新方式常与增量抽取相结合。

3.2.9 数据消减

数据消减就是在尽可能保持原始数据集完整性、一致性的前提下，最大限度地精简数据量，从原有巨大数据集中获得一个精简数据集，并且精简数据集的完整性和一致性特征和原有数据集的特征基本一致，是一种数据集的归约表示。利用较少数据量的精简数据集进行数据分析处理，性能效率会得到提高，数据分析处理将更有效，并且能够保证数据分析得出的结果与使用原始数据集进行分析的结果基本相同。数据消减技术可以用来得到一个较小的数据集，该数据集虽然小，但仍大致保持原数据的完整性。

数据消减的实现可以采取数据维数消减方式，因为数据集可能包含成百上千的数据属性，而这些数据属性中可能包含很多与业务无关的或冗余的数据属性。数据维数消减就是消除无关和多余的数据属性，从而有效消减数据集规模。数据维数消减通常采用数据属性子集选择方法，其目标就是寻找出具有最小的数据属性的数据子集并确保该数据子集的概率分布尽可能接近原始数据集的概率分布。利用筛选后的数据子集进行大数据分析，由于使用了较少的数据属性，可以使数据分析处理更加容易和更有效率。

数据属性子集选择方法通常都是通过寻求获得全局最优或局部最优结果来帮助选择相应数据属性子集的。即先构建一个空的数据属性集作为数据属性子集初始值，然后开始依次从原有数据属性集中选择一个当前全局最优或局部最优的数据属性添加到当前数据属性子集中，直到无法选择出全局最优或局部最优的数据属性，或者满足一定最优阈值为止。

为了获得全局最优或局部最优的数据属性子集，还可以先建立一个全部数据属性集作为数据属性子集初始值，每次从当前数据属性子集中选择一个当前全局最差或局部最差的数据属性，并将其从当前数据属性子集中消去，直到无法选择出全局最差或局部最差数据属性，或者满足一定最差阈值为止。

也可以采取综合方式，先建立一个数据属性子集初始集合，每次从当前数据属性子集中选择一个当前全局最差或局部最差的数据属性并将其从当前数据属性子集中消去。与此同时，从原有数据属性集合中选择一个当前全局最优或局部最优的数据属性添加到当前数据属性子集中，直到无法选择出最优数据属性且无法选择出最差数据属性，或满足一定最优阈值和最差阈值约束为止。

此外，数据消减还可以采取数据压缩、数据块消减、离散化技术与概念层次抽象等方式。

数据压缩就是利用数据编码或数据转换将原数据集压缩为一个较小规模的数据集，如果根据压缩后的数据集就可以恢复原来的数据集，就认为这一压缩是无损的，否则就认为是有损的。

数据块消减主要包括参数与非参数两种基本方法，所谓参数方法就是利用一个模型来帮助获得原来的数据，因此只需要存储模型参数即可（当然异常数据也需要存储）。而非参数方法则是存储利用直方图、聚类或取样而获得的消减后数据集。

离散化技术可以通过将连续取值的数据范围分为若干区间，来帮助消减一个连续取值的数据属性的取值个数，如可以用一个自然数标签来表示一个区间内的实际数据值。

概念层次抽象可以通过利用较高层次概念替换低层次概念来减少原有数据集的数据量，如用少儿、青少年、青年、中年、中老年、老年等替代不同年龄段。虽然一些细节在数据抽象泛化过程中消失了，但这样所获得的泛化抽象数据或许会更易于理解、更有意义，进行数据分析时显然效率更高。

3.3 本章小结

本章针对大数据采集中涉及的日志数据采集、网络数据采集及网络旁路数据采集等进行介绍，接着对大数据预处理中数据特征、数据规范化、数据抽取、数据清洗、数据集成、数据转换、数据加载与数据消减等过程涉及的相关技术进行介绍和说明。

拓展阅读

在数据处理的时候，当数据来自不同的物理服务器时，如果使用 SQL 语句去处理，就显得比较吃力，且开销也大。当数据的来源是各种不同的数据库或者数据文件时，这时候需要先把它们整理成统一格式后才可以进行数据处理，这一过程用代码实现显然有些麻烦。在数据库中可以使用存储过程和内置函数去处理数据，但是处理海量数据的时候存储过程显然比较吃力，而且会占用较多数据库资源，影响数据库的性能。而上述问题，使用抽取-转换-加载工具就可以解决，目前常用的抽取-转换-加载工具主要有 Kettle 和 Sqoop 等，它们支持多种异构数据源的连接，支持图形用户界面操作，处理海量数据速度快，流程清晰。

1. Kettle

Kettle 是一款开源的抽取-转换-加载工具，采用 Java 语言编写，可以在 Windows、Linux、UNIX 上运行，数据抽取高效稳定。Kettle 需要 Java 虚拟机环境，允许用户管理来自不同数据库的数据，通过提供一个图形化的用户环境来描述想做什么，而不是怎么做。Kettle 家族目前包括以下产品：spoon、pan、chef、kitchen 和 carte。

（1）spoon 允许用户通过图形用户界面方便地设计数据转换过程。

（2）pan 允许用户批量运行由 spoon 设计的数据转换过程。pan 是一个后台执行的程序，没有图形用户界面。

（3）chef 允许用户创建任务（job）脚本，主要用于复杂的数据更新工作。

（4）kitchen 允许用户批量运行由 chef 设计的任务，通常是使用一个调度器，可以方便地启动和控制抽取-转换-加载过程。

（5）carte 是轻量级超文本传送协议网站服务器，用于远程执行作业和转换，或者实现作业和转换的集群模式。

例如，利用循环语句可以生成一个含有 1 亿条数据的文本文件，但是如何将这个文本文件中的 1 亿条数据快速导入对应的 MySQL 表呢？含有 1 亿条数据的文本文件占用大约 4GB 的硬盘空间，如果写入 MySQL 数据库，需要预留足够的硬盘存储空间，由于 MySQL 有日志和数据，所以大约会占用 15GB 硬盘空间。如果采用常用的方式，即一条一条地读取文本文件中的数据，再用 SQL 语句将其一条一条地写入对应的 MySQL 表，因为无法做到并行处理，导入 1 亿条数据将耗费数个小时。

但是，如果采用 Kettle，则可以快速地将文本文件中的 1 亿条数据导入对应的 MySQL 表。首先，通过在 Kettle 核心对象功能栏中选择文本作为输入源，选择 MySQL 数据库作为输出源，配置好 MySQL 数据库连接；其次，选择 MySQL 数据库目标表，通过 Kettle 配置好提交记录数，如配置为 10000，表示每读取 10000 个数据提交一次写入事务；接着，配置数据库连接池，如初始化为 100，事务默认自动提交的命令参数配置为否，其他保持默认值；然后，配置关闭预编译、使用压缩和批量写入相关功能；最后，设置表输出的复制数量，如 10 个线程。运行 Kettle 的数据迁移过程，可能仅需要十几分钟就可以完成，速度大大提高。

2. Sqoop

Sqoop（SQL–to–Hadoop）是一款用于在传统关系数据库与 Hadoop 的 HDFS 分布式文件系统之间进行数据迁移的工具。它可以将关系数据库中的数据导入 HDFS 分布式文件系统，也可以将 HDFS 分布式文件系统中的数据导入关系数据库，可以使用全量抽取和增量抽取方法传输数据，如图 3-28 所示。

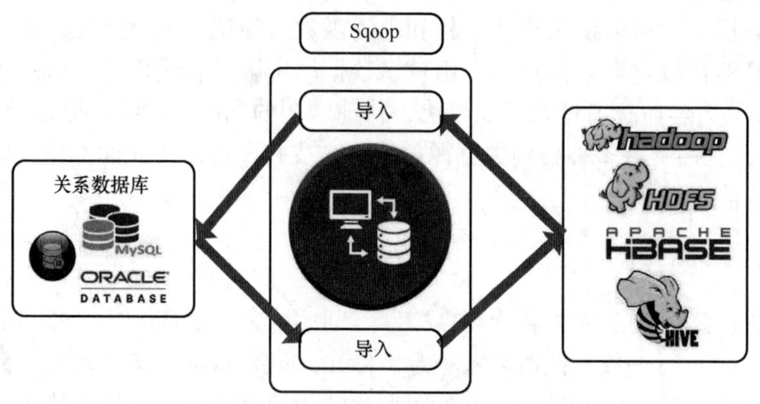

图 3-28　Sqoop 迁移工具

Sqoop 工具接收到客户端的 Shell 命令或者 Java 服务接口命令后，通过其中的任务翻译器（task translator）将命令转换为对应的 MapReduce 任务，而后将关系数据库和 HDFS 分布式文件系统中的数据进行相互转移，如图 3-29 所示。

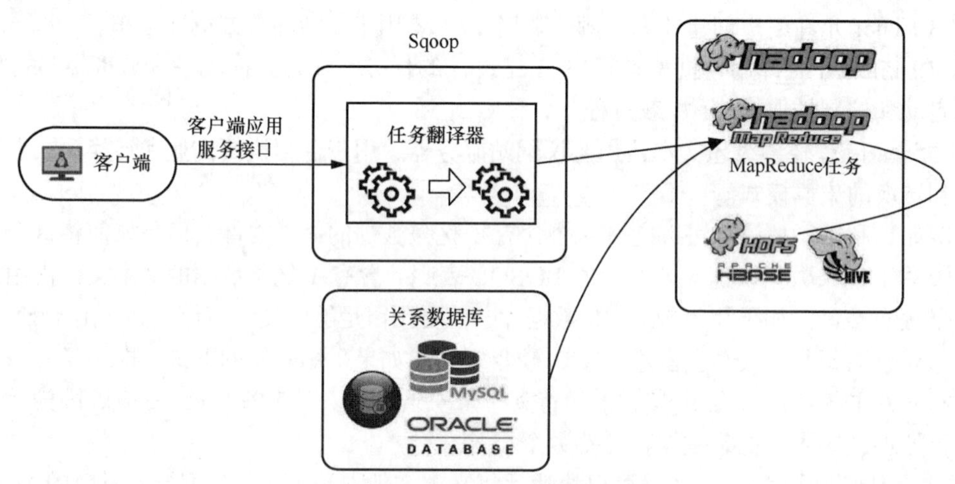

图 3-29　Sqoop 迁移原理

用户可以使用 Sqoop 导入（Sqoop import）命令将数据从关系数据库表导入 HDFS 分布式文件系统。用户首先执行 Sqoop 导入命令，Sqoop 会从关系数据库表中获取元数据信息，比如要导入的数据库表的模式（schema）是什么、这个表有哪些字段、这些字段都是什么数据类型等，它获取这些信息之后，将输入命令转化为基于 Map 的 MapReduce 任务。每个 Map 任务从数据库表中读取一部分数据，多个 Map 任务实现数据的并发复制，把所有数据快速地复制到 HDFS 分布式文件系统上，如图 3-30（a）所示。

用户还可以使用 Sqoop 导出（Sqoop export）命令将数据从 HDFS 分布式文件系统导

入关系数据库表。用户首先执行 Sqoop 导出命令，它会获取关系数据库表的概要模型，建立 HDFS 分布式文件系统字段与数据库表字段的映射关系。然后 Sqoop 会将输入命令转化为基于 Map 的 MapReduce 作业。Map 任务并行地从 HDFS 分布式文件系统读取数据，并将所有数据复制到关系数据库表中，如图 3-30（b）所示。

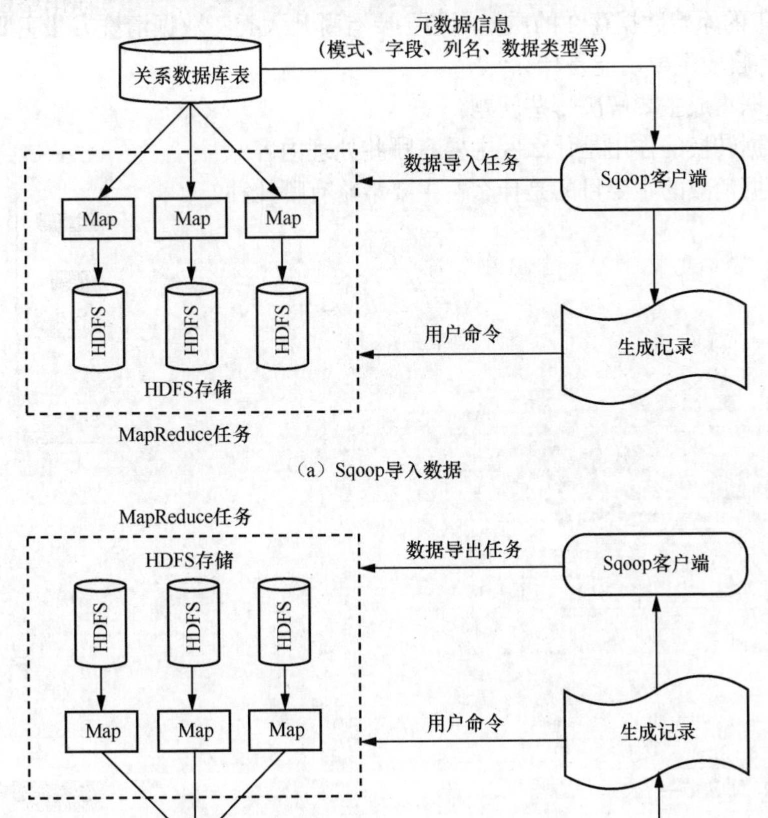

图 3-30　Sqoop 导入与导出数据

本章习题

（1）什么是大数据系统数据全生命周期处理流程？大数据系统的数据来源有哪些？

（2）大数据采集方法有哪几大类？分别用来采集哪类数据？

（3）日志数据采集方法具有哪些特征？

（4）Flume 日志数据采集系统由哪些部分组成？各自有什么特点？

（5）网络数据采集的主要功能是什么？常用的网络数据采集系统有哪些？各自有什么特点？

（6）网络爬虫的工作原理和工作流程是什么？网络爬虫的抓取策略有哪些种类？

（7）数据预处理主要包括哪几种基本处理方法？

（8）大数据预处理的主要目的和流程是什么？

（9）什么是数据特征？数据特征包括哪些？

（10）什么是数据规范化？有哪些数据规范化方法？

（11）采集的原始数据存在的质量问题主要有哪几大类？数据清洗方法主要包括哪几种处理方法？各自的主要功能是什么？

（12）数据集成主要解决哪些问题？

（13）数据转换的作用是什么？主要有哪些处理内容？

（14）数据消减的主要目的是什么？主要策略有哪几种？

第4章 大数据的存储与分布式文件系统

本章导读

大数据系统所面对的数据量巨大，通常单个文件就达到 TB 级别，文件的数量也达到千万级别。大数据的存储与分布式文件系统为了能够快速、稳定地存取这些海量数据与文件，需要采取分布式的方式将不同区域、类别、级别的数据与文件存放于分布式存储系统中，并对文件进行分布式管理。大数据的存储与分布式文件系统除了要能高效、稳定地存储大量文件与数据，还必须确保即使部分服务器宕机或者损坏，数据和计算任务也能不受影响，需要保证数据的可用性、可靠性和容错性。大数据文件与存储系统还需要支持动态扩容，当存储系统资源不满足存储与计算需要时，可以根据需要进行资源的线性扩展。

本章将首先介绍传统存储设备，让读者对传统存储方式有一定的了解，然后针对大数据条件下传统存储方式存在的不足之处，重点介绍 HDFS 分布式文件系统应对大数据文件与数据存储与管理需求所采用的技术原理和方法，使读者能够从大数据处理的需求出发，了解 HDFS 分布式文件系统的基本概念、结构设计和运行方法。

本章知识结构如下。

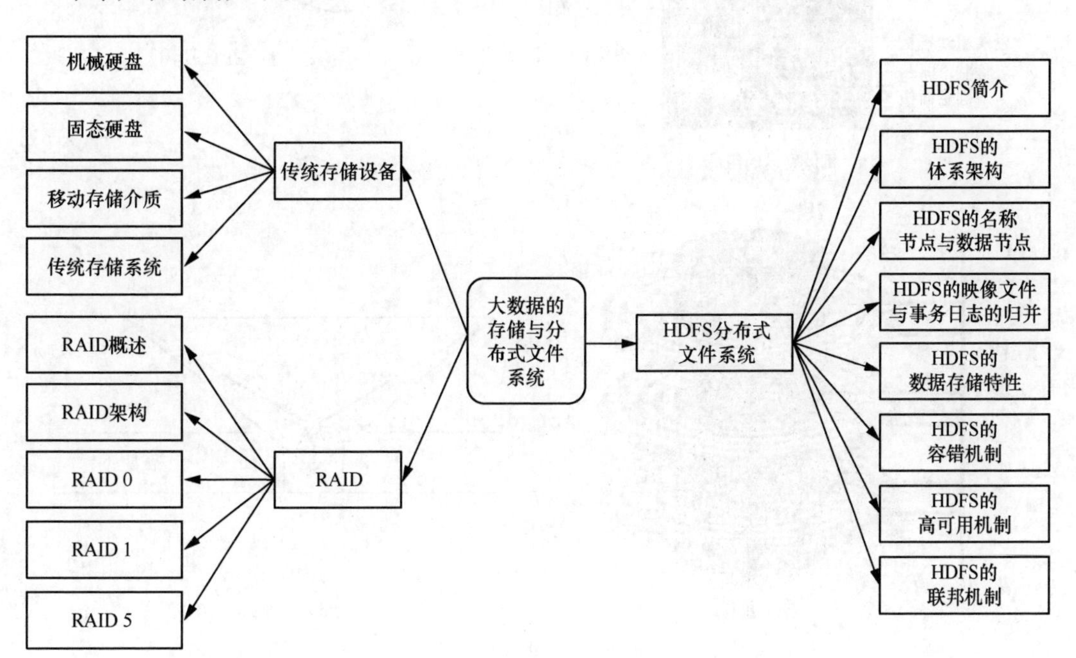

4.1 传统存储设备

4.1.1 机械硬盘

图 4-1（a）所示是一个拆开的机械硬盘，机械硬盘是一个集机、电、磁于一体的高精密系统。从物理结构上来说，机械硬盘主要由浮动磁头、磁头臂、磁头停泊区、磁头驱动机构、盘片、主轴、空气过滤片、控制电路与固定面板等构成，其中磁头与盘片是构成机械硬盘的核心，封装在机械硬盘的净化封闭壳体内。硬盘作为精密设备，空气中的尘埃是其“大敌”，进入硬盘的空气必须经过空气过滤片过滤。图 4-1（b）所示是一个机械硬盘的盘面，盘面中同心圆构成磁道，一片磁盘分为若干个磁道。从圆心向外画直线，可以将磁道划分为若干个弧段，每个磁道上一个弧段被称为一个扇区，如图 4-1（b）中加粗的弧段所示，扇区是机械硬盘存储的最小数据块，一般可存放 512B 信息。

机械硬盘中一般会有多个盘片，每个盘片包含两个盘面，每个盘面都对应有一个读/写磁头。盘片编号自下向上从 0 开始，最下边的盘片编号为 0 面和 1 面，再上一个盘片就编号为 2 面和 3 面，每个盘片上相同的磁道形成柱面，如图 4-1（c）所示。数据通过离盘片磁性表面很近的浮动磁头进行读写，譬如写入数据时，距离盘面 3nm（距离比头发丝的直径还小）的浮动磁头利用电磁特性改变机械硬盘盘片上磁性材料的极性来记录数据，如图 4-1（d）所示。

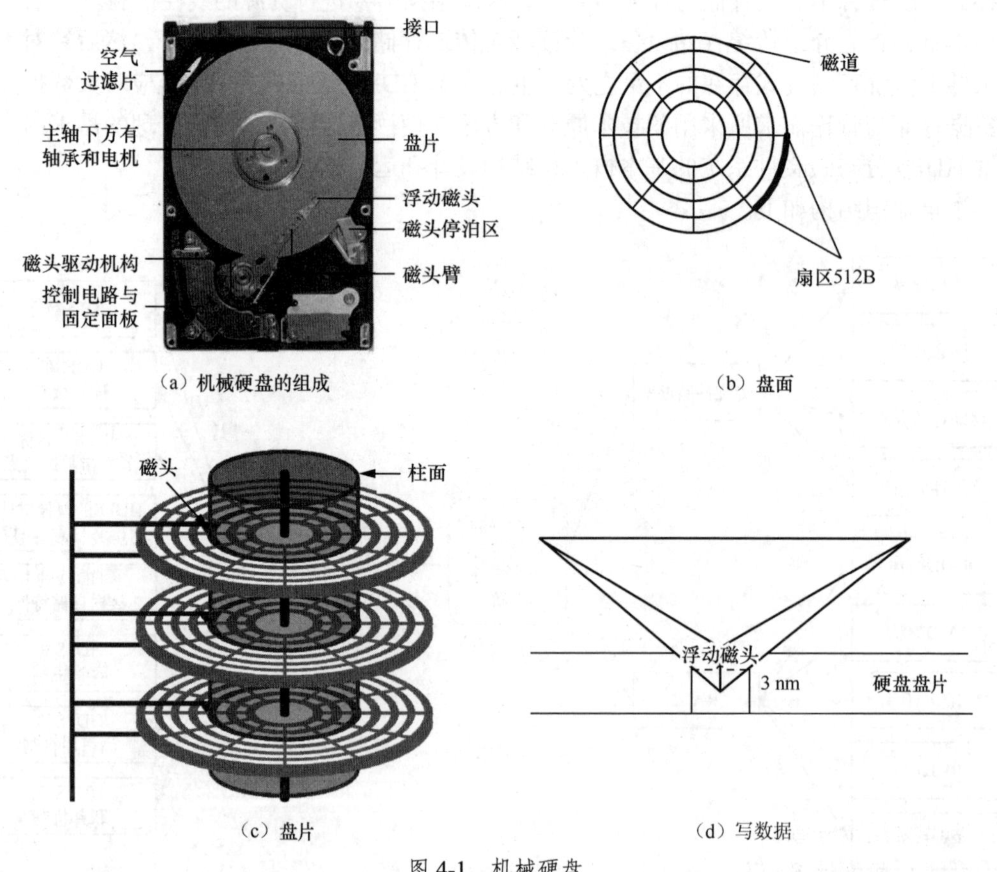

图 4-1　机械硬盘

浮动磁头读写某个文件是典型的随机读写操作，机械硬盘的盘片工作时执行每分钟几千转至上万转的高速旋转，浮动磁头需要定位到盘片的指定位置上进行指定数据的读写操作，包括 3 个步骤：首先，浮动磁头必须在电机驱动下，沿盘片半径方向运动，先找到对应的柱面和磁道，即移动浮动磁头到指定的磁道，也即磁头寻道，如图 4-2 所示；其次，浮动磁头等待要读写的数据块随盘片旋转过来，即等磁盘转到对应扇区才行，具有一定等待延迟，如图 4-3 所示；最后，浮动磁头读取数据。随机读写的数据块通常只有几 KB，对 I/O 传输速率已达数百 MB/s 的硬盘来说，也就百十微秒的时间，与毫秒级的磁头寻道和等待延迟时间相比，完全可以忽略不计。由于磁头寻道和等待延迟时间一般会有十几毫秒的延迟，这就让机械硬盘在读取分散于磁盘各处的数据时，速度将大幅降低。因此，文件数据在对应的柱面和磁道上按扇区顺序存放和写入时，读写效率最高。

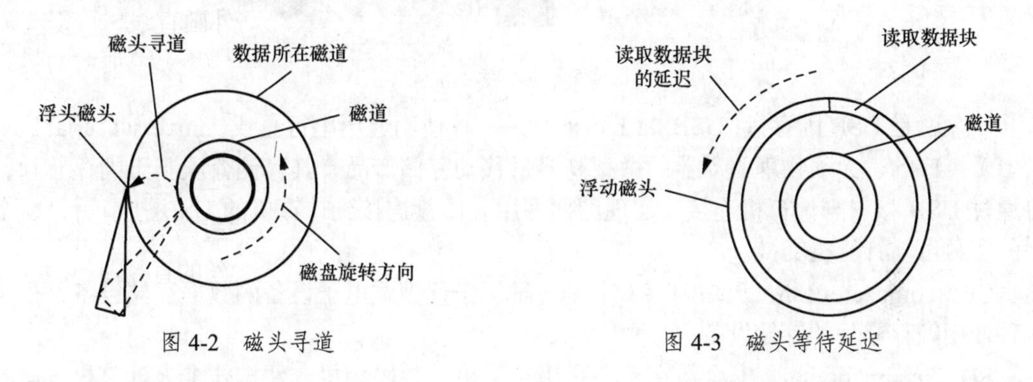

图 4-2　磁头寻道　　　　图 4-3　磁头等待延迟

4.1.2　固态硬盘

固态硬盘是用固态电子存储芯片阵列制成的硬盘，由控制单元和存储单元组成，如图 4-4 所示。固态硬盘的存储介质分为两种，一种是采用闪存（flash）芯片作为存储介质，另一种是采用内存作为存储介质。

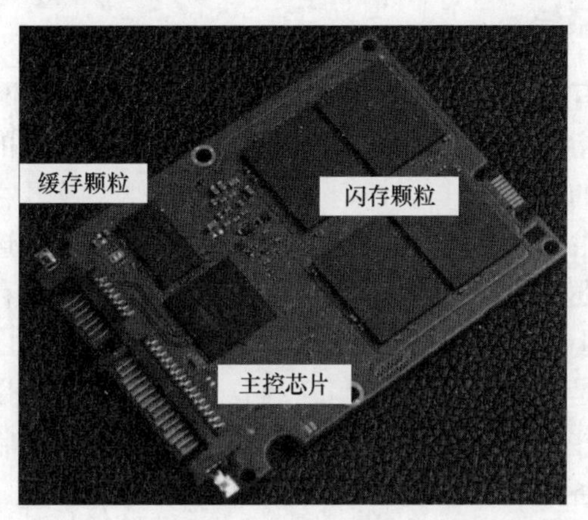

图 4-4　固态硬盘

串行先进技术总线附属（serial advanced technology attachment，SATA）接口固态硬盘在接口的规范和定义、功能及使用方法上与普通硬盘的完全相同，在产品外形和尺寸上也与普通硬盘完全一致。现阶段使用非常广泛的 M.2 NVMe 固态硬盘大小大概为两根手指宽度，其读写速度比 SATA 接口固态硬盘的读写速度高两倍以上，速度与性能更强。

4.1.3 移动存储介质

移动存储介质是指可随身携带的存储数据的载体，比如 U 盘、CF 卡、SD 卡等，如图 4-5 所示。

图 4-5　移动存储介质

U 盘就是 USB 闪存盘（USB flash disk），是一种使用通用串行总线（universal serial bus，USB）接口的、无须物理驱动器的微型高容量移动存储产品，其存储介质基于闪存芯片，可通过 USB 接口与计算机连接，实现即插即用。U 盘连接到计算机的 USB 接口后，U 盘中的资料可与计算机交换。

CF（compact flash，压缩闪存）卡是一种用于便携式电子设备的数据存储设备，也是一种使用闪存芯片的存储设备。

SD（secure digital，安全数字）卡是用于手机、数码相机、便携式个人计算机、MP3 和其他数码产品的独立存储介质，一般是卡片的形态，故称为数码存储卡。SD 卡具有体积小巧、携带方便、使用简单的优点。同时，大多数 SD 卡都具有良好的兼容性，便于在不同的数码产品之间交换数据。近年来，随着数码产品的不断发展，SD 卡的存储容量不断得到提升，应用也快速普及。

4.1.4 传统存储系统

传统存储系统主要有直连式存储、网络附属存储和存储区域网络等形式。

（1）直连式存储是指存储系统直接连接到计算机主机系统上的存储方式，常见的直连式存储实例就是计算机的硬盘。其他计算机无法直接获取直连式存储系统上的数据，需要通过直连式存储系统所隶属的主机文件系统进行数据 I/O 交互。直连式存储可以采用 RAID，将多个磁盘合并成一个逻辑盘以增大存储容量，满足大容量文件存储的需求。虽然直连式存储维护和实施简单，但也会产生数据备份烦琐、存储空间不能动态分配、I/O 瓶颈等问题。

（2）网络附属存储是指连接网络上具备存储功能的设备，可以简单将其理解成网盘。网络附属存储很适合那些需要将文件数据共享的场景。不过它面临进行数据传输时会占用网络带宽、扩展性受设备大小限制、成本较高等问题。

（3）存储区域网络是一种以专用存储网络为中心的存储结构，是为连接服务器、磁盘阵列、磁带库或光盘库等存储设备而建立的高性能专用存储网络，是企业级存储方案，采用光纤接口，因此带宽很高，不会受到存储结构布局的限制。但是其成本很高，只适用于存储量比较大的工作环境。

4.2 RAID

4.2.1 RAID 概述

RAID（redundant arrays of independent disks，独立磁盘冗余阵列），简称磁盘阵列。RAID 把多块独立的硬盘（物理盘）按不同方式组合起来形成一个硬盘组（逻辑盘），从而提供比单个硬盘更高的存储性能，如图 4-6 所示。

图 4-6　RAID

RAID 按照物理类型可以分为两种，如图 4-7 所示。一种是通过硬件板卡实现 RAID 功能，俗称硬件 RAID，一般采用阵列柜和阵列卡，通常由 I/O 处理器、硬盘控制器、硬盘连接器和缓存等构成。另一种是利用软件模拟 RAID，俗称软件 RAID，如家庭中使用的网络附接存储（network attached storage，NAS）盒就是使用软件来管理和实现硬盘组间的 RAID 功能的。

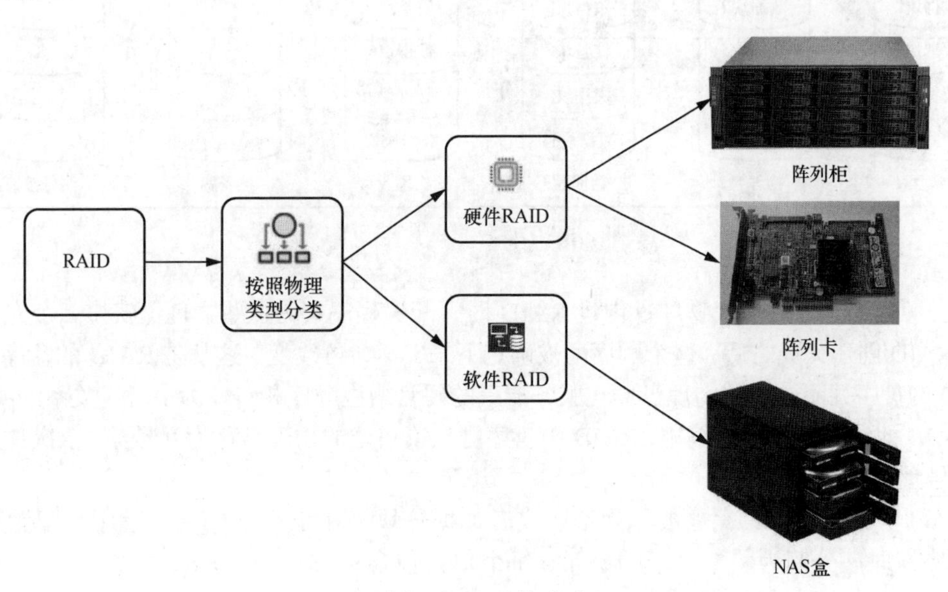

图 4-7　RAID 的分类

4.2.2 RAID 架构

RAID 的定义中包括以下几个主要参数。

（1）物理盘，是指创建 RAID 所用的每块独立的物理硬盘。创建为 RAID 之后，就称其为 RAID 的成员盘。图 4-8 所示是一个 RAID 5 级别磁盘阵列，其包括物理盘 1、2、3、4 和热备盘 1、2。

（2）逻辑盘，多块物理盘、热备盘经硬件 RAID 或者软件 RAID 配置为 RAID 之后，就组成了逻辑结构上的一个新硬盘，这个硬盘是由 RAID 控制器或 RAID 程序虚拟出来的，称为逻辑盘，也可称作虚拟盘。图 4-8 中物理盘 1、2、3、4 和热备盘 1、2 组成了逻辑盘 1。

（3）逻辑卷，RAID 中的逻辑卷是由逻辑盘形成的虚拟空间，也称为逻辑分区，如图 4-8 所示，逻辑盘 1 中数据块 1、2、3 和校验块 1 的空间构成逻辑卷 1。

（4）热备盘，是指 RAID 中空闲、加电并待机的硬盘。当 RAID 中某个成员盘发生故障后，RAID 控制器能够自动用热备盘代替故障磁盘，并通过算法把原来存储在故障磁盘上的数据重建到热备盘上，保证 RAID 及数据的完整性。同时，用户可以更换故障磁盘，并把更换后的磁盘指定为 RAID 中的新热备盘，如图 4-8 中的热备盘 1、2。

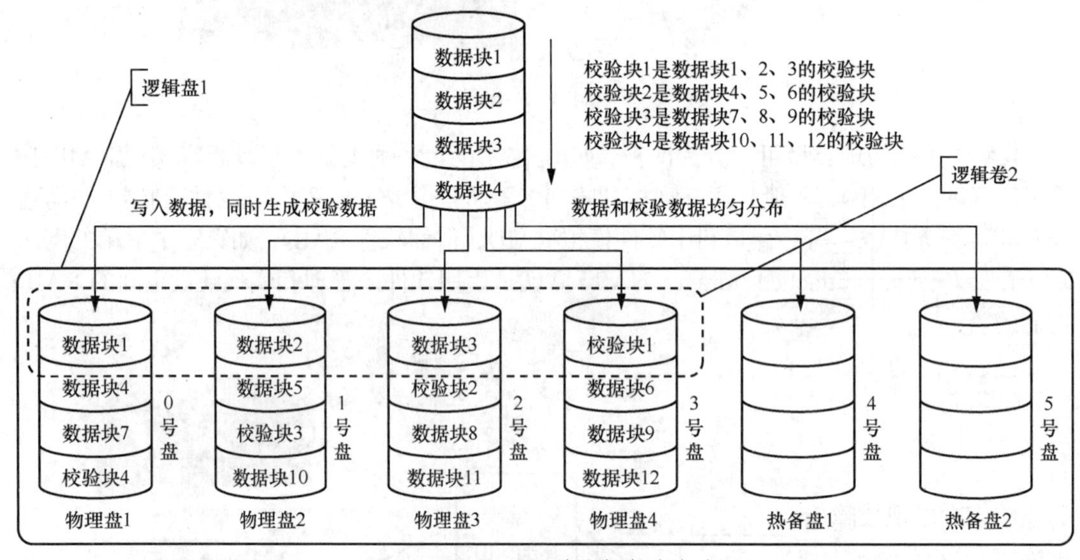

图 4-8　RAID 5 级别磁盘阵列（1）

（5）盘序，采用多块物理盘创建 RAID 时，配置程序会为这些物理盘安排一个先后顺序，RAID 创建完成之后，这个顺序就被确定下来，不会再改变，这就是 RAID 的盘序，但 RAID 的盘序并不一定跟物理盘插在服务器上的硬盘槽位顺序相符。为了对应关系的明确，把 RAID 的盘序从 0 开始编排，RAID 中盘序排在第一位的物理盘称为 0 号盘，依次往后就是 1 号盘、2 号盘等。

（6）分条（stripe），也被称为带区或者数据分块。在 RAID 创建过程中，配置程序把每块物理盘分割为一个一个的单元，每个单元包含 2^n 个扇区，n 取整数，是一个可变量，这个单元就是 RAID 的分条，它是 RAID 处理数据的基本单位。如图 4-9 所示，数据块 1 所占空间就是一个分条，假定数据块 1 大小为 128KB，那么分条值也为 128KB，每个分条包含 256 个扇区。在 RAID 配置时可以让配置程序选择默认分条大小，也可以手动选择分条大小，也就是选择每个分条包含的扇区数。每块物理盘的分条都有一个编号，为了对应关系的明确，把分条编号也定义为从 0 开始，每块物理盘的第一个分条都称为 0 号分条，或者 0 号块，然后按顺序往下编排，如图 4-9 所示，0 号盘的 0 号分条存储数据块 1。

（7）盘数，是指构成 RAID 的物理盘的个数，也称为分条数，图 4-9 所示的 RAID5 级别磁盘阵列由 4 块物理盘组成，那么其盘数（分条数）为 4。

（8）分条组，在一个 RAID 中，每块物理盘被划分成一个个的分条，每个分条都有一个编号，并且整个 RAID 中所有成员盘的分条大小都一样，那么所有 RAID 成员盘中编号相同的一组分条就称为分条组，图 4-9 所示的 RAID 5 级别磁盘阵列中，数据块 7、8、9 和校验块 3 都是每块成员盘中的 2 号分条，它们共同构成了分条组。

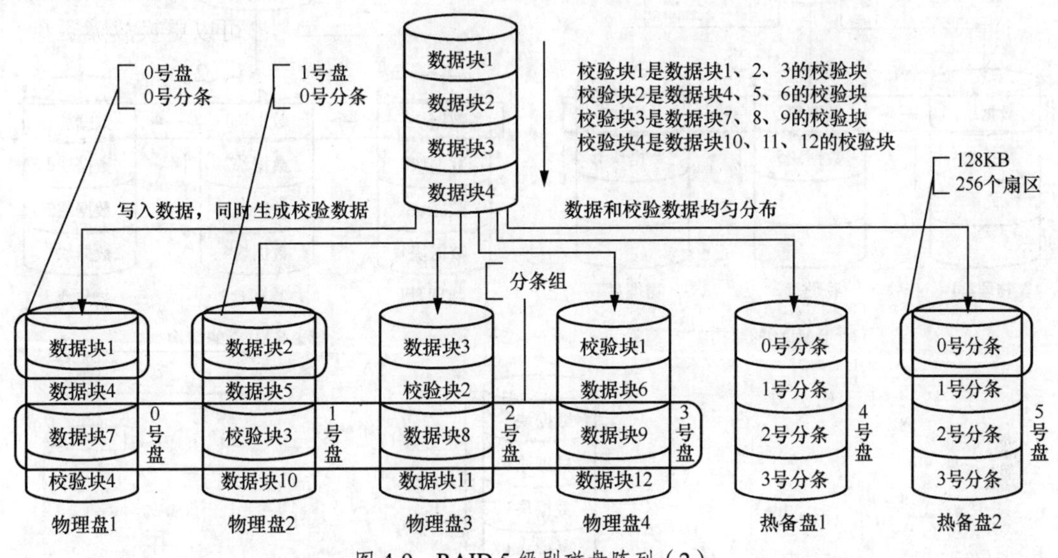

图 4-9　RAID 5 级别磁盘阵列（2）

RAID 出现故障后，逻辑盘就无法被系统识别，这个时候物理盘可能部分有故障，也可能完全没有故障，为了恢复 RAID 中的数据，需要把受损的物理盘从服务器槽位上取下来进行检测和分析，这被称为将物理盘去 RAID 化。

组成 RAID 的不同方式称为 RAID 级别（RAID levels），目前较为常用的 RAID 级别包括 RAID 0、RAID 1、RAID 5 等；还可以把不同级别进行组合形成新的 RAID 级别，如 RAID 10、RAID 01 等。

4.2.3　RAID 0

RAID 0 级别磁盘阵列是出现最早的 RAID 模式，即数据分条化（data stripping）技术，就是把 n 块同样的物理盘用硬件的形式通过智能磁盘控制器或操作系统中的磁盘驱动程序以软件的方式串联在一起创建一个大的卷集，如图 4-10（a）所示。RAID 0 是组建 RAID

时最简单的一种方式，只需要 2 块以上容量和速度性能完全相同的物理盘即可，可以整倍提高物理盘的容量、性能和吞吐量，实现成本低，如使用 3 块容量为 1TB 的物理盘组建成 RAID 0 级别磁盘阵列，那么逻辑盘的容量就是 3TB。RAID 0 级别磁盘阵列中对文件数据进行分段存取，文件数据会均衡分布在所有磁盘上。由于数据分布的并行性，读取速度和写入速度都会因为具有并行性而有所提高。但 RAID 0 级别磁盘阵列没有提供冗余或错误修复能力，任何一块物理盘出现故障，整个 RAID 0 级别磁盘阵列系统将会受到破坏，数据无法读取和写入，可靠性仅为单独一块物理盘的 $1/n$，因此一定不要用 RAID 0 级别磁盘阵列存放重要资料。

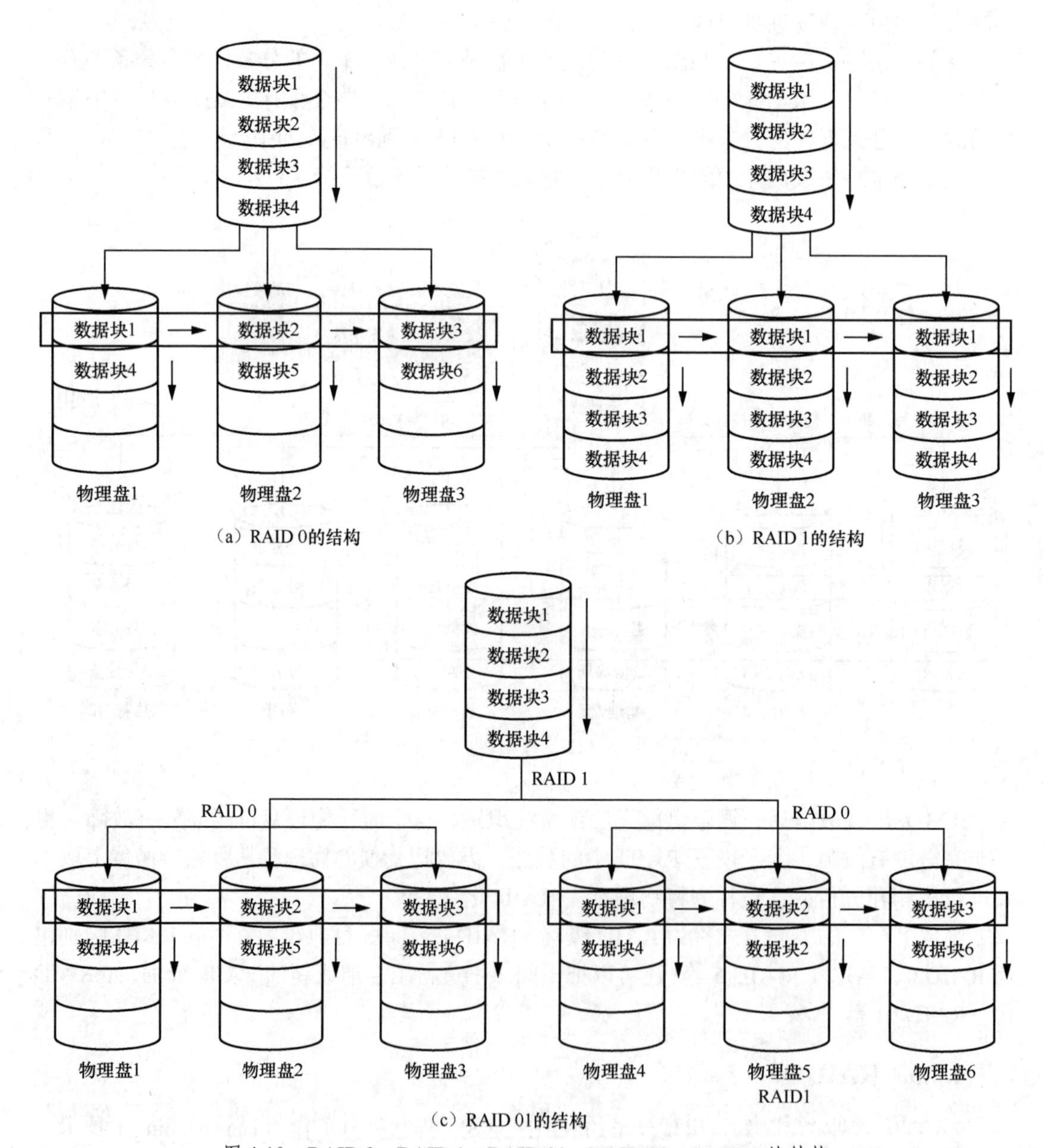

图 4-10　RAID 0、RAID 1、RAID 01、RAID 10、RAID 5 的结构

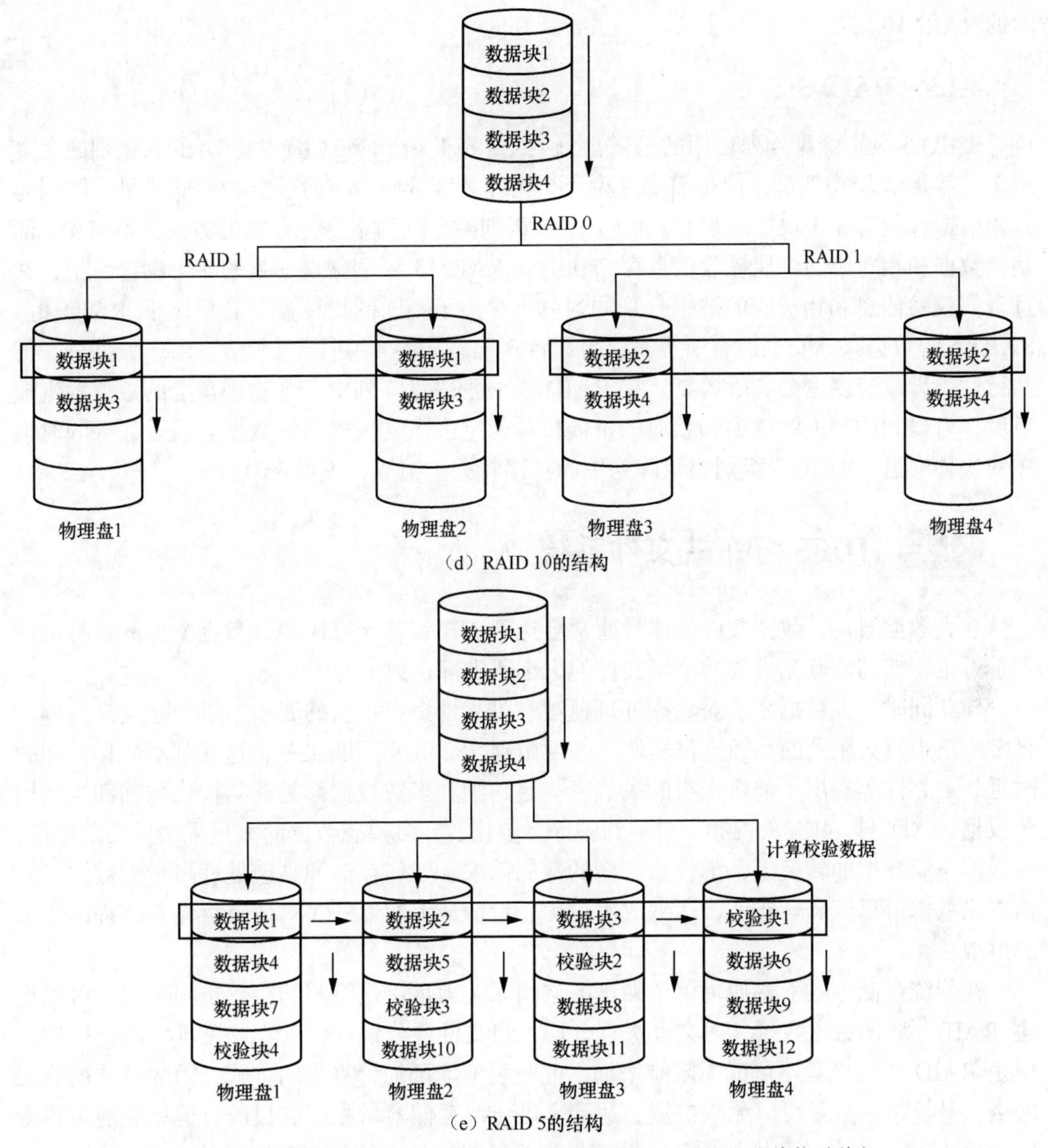

（d）RAID 10的结构

（e）RAID 5的结构

图 4-10 RAID 0、RAID 1、RAID 01、RAID 10、RAID 5 的结构（续）

4.2.4 RAID 1

RAID 1 级别磁盘阵列就是镜像，其原理为在主物理盘上存放数据的同时在镜像物理盘上写入一样的数据，系统的冗余性好，如图 4-10（b）所示。数据会同时写入所有物理盘，同样的数据分布在所有物理盘。由于数据的镜像性，读取速度会有所提高。当主物理盘损坏时，镜像物理盘则代替主物理盘进行工作，并可以进行热插拔操作。因为有镜像物理盘做数据备份，所以 RAID 1 级别磁盘阵列的数据安全性在所有 RAID 级别磁盘阵列中是最高的。但无论用多少块物理盘搭建成 RAID 1 级别磁盘阵列，RAID 1 级别磁盘阵列的容量仅等于一个物理盘的容量，是所有 RAID 级别磁盘阵列中物理盘利用率最低的。可以把 RAID 0、RAID 1 级别进行组合，形成新的级别，如图 4-10（c）所示的 RAID 01 和图 4-10（d）所示的 RAID 10。

4.2.5 RAID 5

RAID 5 级别磁盘阵列使用的是磁盘分条化（disk stripping）技术。RAID 5 级别磁盘阵列至少需要 3 块物理盘，但是需要减少一个物理盘容量作为校验数据的存储容量，阵列总有用数据容量为 n−1 块物理盘容量。RAID 5 级别磁盘阵列不是把存储的数据进行备份，而是把数据和相对应的奇偶校验信息存储到组成 RAID 5 级别磁盘阵列的各个物理盘上，并且奇偶校验信息和相对应的数据分别均匀分布存储于不同的物理盘上。相比于 RAID 0，RAID 5 的数据存储安全性有所提高，可靠性较强，如图 4-10（e）所示。由于数据分布的并行性，读取速度也会有所提高。在 RAID 5 级别磁盘阵列中一个物理盘上的数据发生损坏后，可以利用剩下的数据和相应的奇偶校验信息去恢复被损坏的数据。但是如果同时损坏两块物理盘，RAID 5 级别磁盘阵列中的数据将完全损坏，不可恢复。

4.3 HDFS 分布式文件系统

在大数据时代，数据文件的体量通常会达到 GB 级甚至 TB 级，数据文件的数量也达到千万级，如高清蓝光格式的电影文件的大小通常都在数十 GB 以上。

与此同时，大数据系统对数据处理速度、可靠性提出了新的要求。以金融交易为例，日常生活中每天用到的小额支付软件，必须做到 7×24h 不间断服务，这些都对数据处理的时延、可靠性等提出了前所未有的挑战。并且，绝大多数数据都是非结构化数据和半结构化数据，物联网、4K/8K 视频、自动驾驶等多数据源、多模态数据的大量采集、长期保存，冷数据与温数据的转换等，都带来了新的存储需求。如何存储和高速处理海量大数据，如何提供数据可靠性和容错性，达到成本最优、价值最大的目的，对传统存储系统提出了新的挑战。

在传统存储方式下，如果单个磁盘的空间无法满足文件所需的存储空间要求，可以构建 RAID，增加磁盘数量，对文件进行分块，将文件块分别存放到不同磁盘中进行处理。但是 RAID 中的磁盘不可能无限制增加，此时可考虑增加计算机的方式，因为只要能连接网络，计算机的数量可以无限扩展，达到突破传统存储容量限制的目的。但单纯通过构造 RAID、搭建网络存储和增加硬盘个数来扩展计算机文件系统的存储容量的方式，在容量大小、容量增长速度、数据备份、数据安全等方面的表现都不尽如人意。此外还需要考虑各个存储节点的负载均衡、数据可靠性与容错性、海量文件管理等所带来的诸多问题，看似简单的问题并不简单。

分布式文件系统把文件分布存储到多个计算机节点上，成千上万的计算机节点构成计算机集群。在使用分布式文件系统时，无须关心数据是存储在哪个节点上或者是从哪个节点获取的，只需要像使用本地文件系统一样管理和存储文件系统中的数据。与之前使用多个处理器和专用高级硬件的并行化处理装置不同，目前的分布式文件系统所适用的计算机集群系统大多都是由普通硬件构成的，这就大大降低了硬件上的开销。

4.3.1 HDFS 简介

随着大数据应用的出现和不断发展，人们需要针对海量数据进行快速处理，这对大规模数据处理检索的响应时间、数据的可靠性和可用性提出了很高要求，但是传统的集中式系统和分布式系统扩展性、节点规模有限，并且由于采用专用高级硬件，导致成本高昂。HDFS 分布式文件系统作为 Hadoop 项目的核心子项目，是分布式文件管理的基础，基于大量数据批处理模式和分析处理超大文件的需求而开发，能满足可扩展、低成本、快速响应的大数据文件存储和处理的目标。HDFS 分布式文件系统所具有的高容错性、高可靠性、高可扩展性、高可用性、高吞吐率等特征为大数据处理提供了一种较为廉价的存储方式，为大数据的应用处理带来了很多便利。HDFS 的特征如图 4-11 所示。

适合部署在廉价机器上，降低系统硬件开销，适用于大规模数据的流式批处理

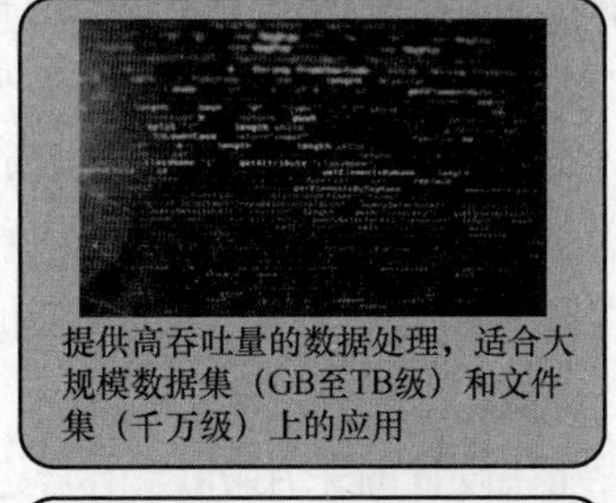

提供高吞吐量的数据处理，适合大规模数据集（GB至TB级）和文件集（千万级）上的应用

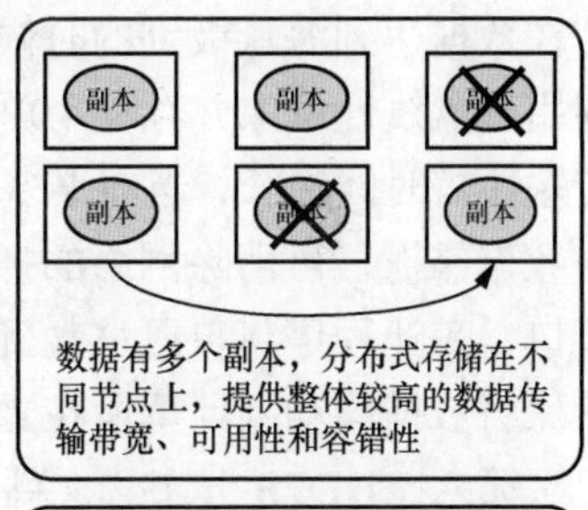

数据有多个副本，分布式存储在不同节点上，提供整体较高的数据传输带宽、可用性和容错性

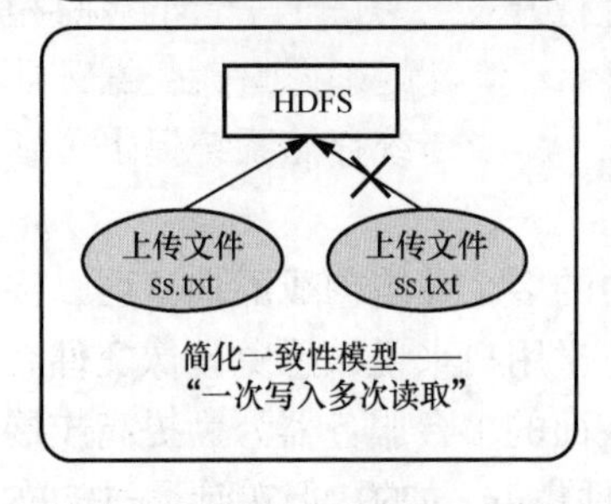

简化一致性模型——
“一次写入多次读取”

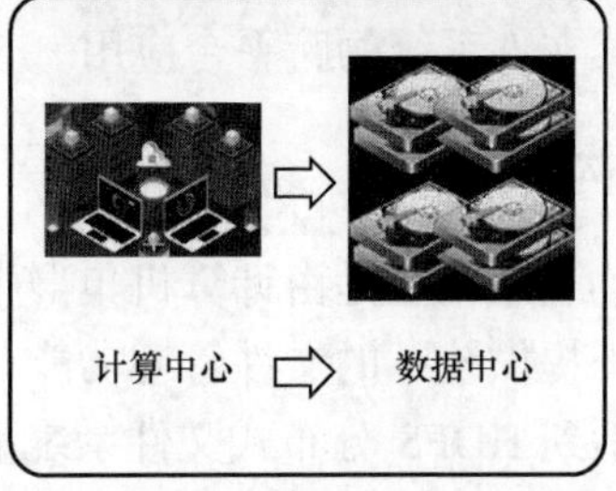

Java语言开发、跨平台应用

图 4-11　HDFS 的特征

第一，HDFS 分布式文件系统是一个高容错性的系统，兼容廉价的计算机硬件设备，适合部署在廉价的机器上，大大降低了系统硬件上的开销。但是廉价的硬件出现错误是常态，而非异常情况。HDFS 分布式文件系统可能由成百上千的服务器组成，每一个服务器都是价格实惠、通用的普通硬件，任何一个组件都有可能一直失效，因此，错误检测和快速、自动恢复是 HDFS 分布式文件系统的核心架构目标，同时要能够通过自身持续的状态监控快速检测冗余并恢复失效的组件。

第二，HDFS 分布式文件系统适合应用于具有很大规模的数据集上。HDFS 分布式文件系统能提供高吞吐量的数据处理，能在一个集群里扩展到数百个节点，非常适合大规模数据集上的应用。HDFS 分布式文件系统上存储的典型文件大小一般在 GB 至 TB 级，一个单一的 HDFS 分布式文件系统的实例能支撑千万级的文件。因此，HDFS 分布式文件系统可以通过调节数据块大小、分布的节点数目以支持大文件存储。

第三，HDFS 分布式文件系统中由于文件数据块在存储的过程中有多个副本且均匀分布，能提供整体较高的数据传输带宽，具有较好的可用性和容错性。但是需要注意 HDFS 分布式文件系统无法高效存储大量小文件，主要是因为 HDFS 分布式文件系统单个数据块的容量设置较大，存储单个小文件将会浪费大量的存储空间。此外，HDFS 分布式文件系统的元数据存储在名称节点的内存中，因此所能容纳的文件数受限于名称节点的内存容量，过多的小文件也将会大量消耗名称节点的内存，造成存储资源的浪费。

第四，HDFS 分布式文件系统采用简化一致性模型——一次写入多次读取的文件管理模型。一个文件经过创建、写入和关闭之后就不能改变了。这一模型简化了数据一致性问题，并且使高吞吐量的数据处理成为可能，不支持多用户写入及任意修改文件。

第五，HDFS 分布式文件系统将数据处理由计算中心模式转变为数据中心模式。一个假定是迁移计算到离数据更近的位置比将数据集中移动到离计算中心运行更近的位置要更好。在靠近数据所存储的位置来进行计算的分布是非常理想的状态，尤其是在数据集特别庞大的时候。一个大数据应用的大规模数据请求的计算，离它操作的数据越近就越高效，这在数据达到海量级别的时候更是如此。例如，当前较快硬盘的传输速率大概为 6Gbit/s，利用磁盘线性读取并存储 10PB 数据大约需要 19 天，而网络传输速率大概为 1Gbit/s，数据传输所需时间更长，当前很多互联网公司日均所需处理的数据量都超过 10PB。通过将计算向数据靠拢，可消除网络的拥堵，提高系统的整体吞吐量。HDFS 分布式文件系统提供了接口，来让程序将自己移动到离数据存储更近的位置。因此，将计算移动到数据附近，显然比将数据移动到计算所在之处更好。

第六，HDFS 分布式文件系统在设计时采用 Java 语言进行开发，考虑了平台的可移植性，这种特征方便 HDFS 分布式文件系统的跨平台应用。

4.3.2 HDFS 的体系架构

HDFS 分布式文件系统在物理结构上是由计算机集群中的多个节点构成的抽象层，底层依赖很多独立的服务器，对外提供统一的文件管理功能。对用户来说，感觉就像文件系统运行在单一服务器上，感受不到 HDFS 分布式文件系统下面的多台服务器。为提高扩展性，HDFS 采用了主/从（master/slave）架构来构建分布式文件集群，如图 4-12 所示。HDFS 中的节点分为两类，一类叫主节点（master node）或者名称节点（name node），负责维护文件系统的名字空间（namespace），协调客户端对文件的读取，记录名字空间内的任何改动或名字空间本身的属性改动；另一类叫从节点（slave node）或者数据节点（data node），其依据 HDFS 分布式文件系统的名字空间的规则，负责自身所在的物理节点上的存储管理。HDFS 使用这种主/从架构很容易向集群中任意添加或删除数据节点，增强系统扩展性。HDFS 客户端负责提供应用接口，便于用户对文件数据进行读写。

名称节点统一管理所有数据节点的存储空间，数据节点以块为单位存储实际的数据，如图 4-13 所示。真正进行文件 I/O 操作时，例如 HDFS 客户端要读取一个文件，需要先将读取的文件名提交给名称节点，名称节点根据文件名获得组成文件的数据块的位置列表（一个文件可能包括多个数据块），然后根据数据块的位置列表找到数据块对应的数据节点，并把数据节点位置返回给 HDFS 客户端。然后 HDFS 客户端直接和数据节点交互，读取文件数据。在整个数据读取过程中，名称节点不参与数据传输。同时，一个文件的数据可以从不同数据节点并发进行读取，这样既提高了读写性能，也提高了 HDFS 分布式文件系统的可扩展性，简化了架构设计。在优化存储粒度的同时，保证文件存储的高可靠性和高容错性。

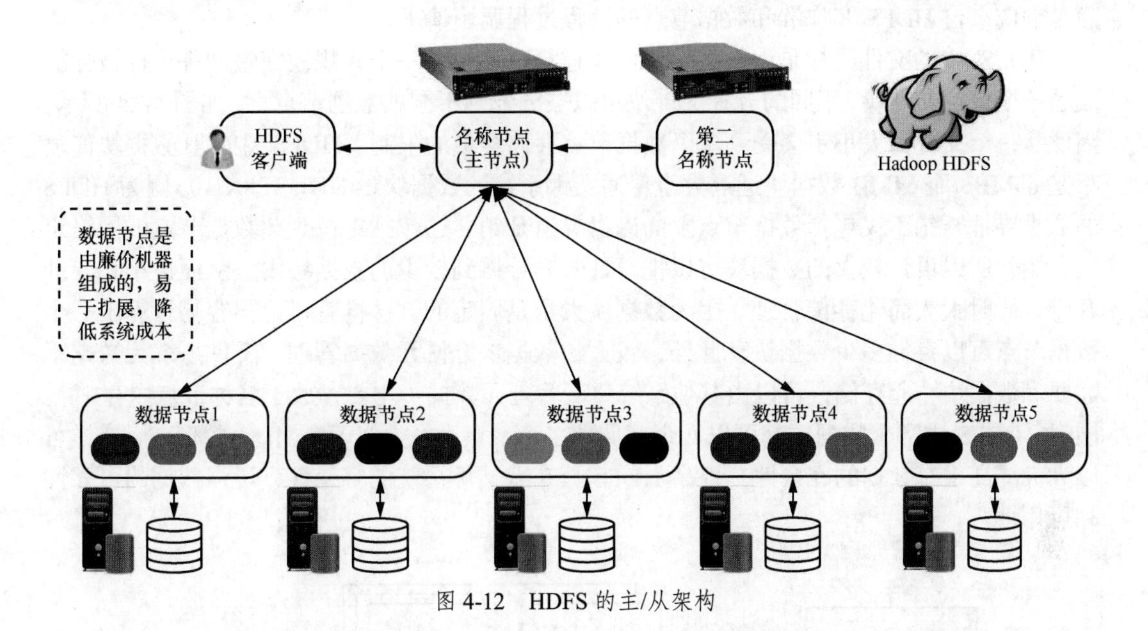

图 4-12　HDFS 的主/从架构

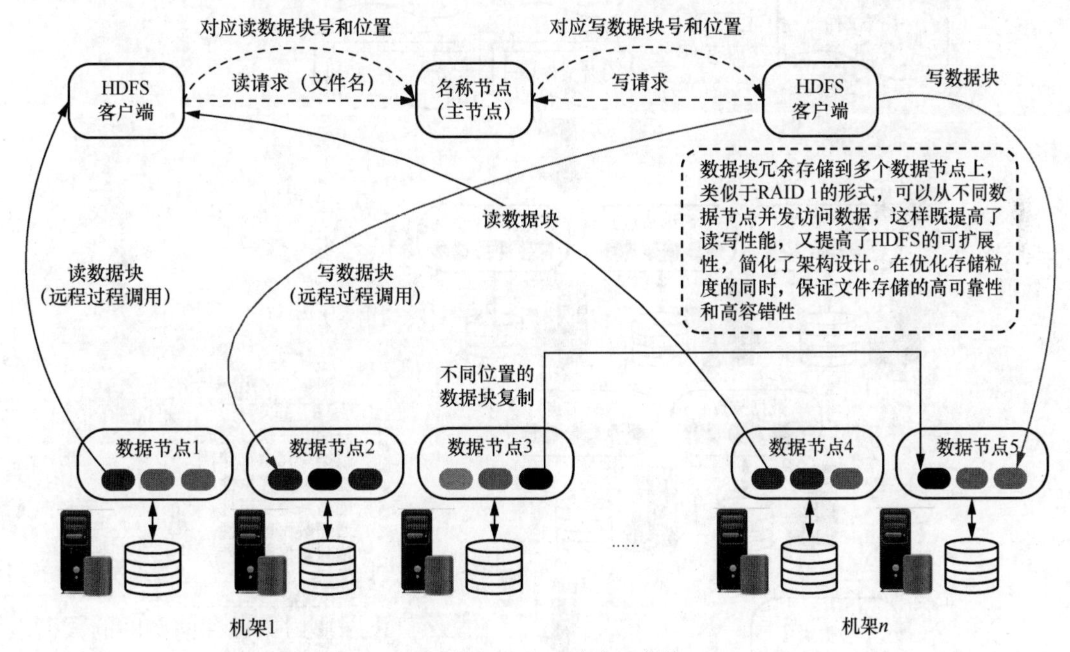

图 4-13　HDFS 的读写架构

名称节点、数据节点、HDFS 客户端间的数据通过网络进行传输与交换，采用构建在传输控制协议/互联网协议（transmission control protocol/internet protocol，TCP/IP）之上的通信协议。为了保证数据传输的可靠性，HDFS 客户端需要先通过一个可配置的端口向名称节点主动发起 TCP 连接，并使用客户端协议与名称节点进行交互；名称节点和数据节点之间则使用数据节点协议进行交互；HDFS 客户端与数据节点的交互是通过远程过程调用（remote procedure call，RPC）来实现的。在设计上，名称节点不会主动发起远程过程调用，而是响应来自 HDFS 客户端和数据节点的远程过程调用请求。

HDFS 中的文件同样是以数据块为单位进行存储的，一个大规模完整文件可以被分拆成若干个分片文件块，不同的分片文件块可以被分发到不同的数据节点上，如图 4-14 所示。因此，一个文件的大小不会受到单个数据节点存储容量的限制。HDFS 中默认数据块的大小是 64MB，而 64MB 数据块远远大于普通文件系统的数据块（4KB～128KB）。因为 HDFS 的数据寻址开销不仅包括数据节点上的磁盘寻道开销，还包括定位到此数据节点的网络定位开销，所以设计较大的数据块可以把寻址开销分摊到较少的数据块中，从而最小化寻址开销，同时大大简化存储管理。因为数据块大小是固定的，这样就可以很容易计算出一个数据节点可以存储多少数据块。此外，较大的数据块方便元数据管理，文件系统元数据不需要和数据块一起存储，可以由其他系统负责管理元数据（主要存放于名称节点内存中）。同时，HDFS 中每个数据块都可以冗余存储到多个节点上，类似于 RAID 1 的形式，这样可以大大提高系统数据的冗余性，提高 HDFS 分布式文件系统的容错性，增强数据的可靠性和可用性。

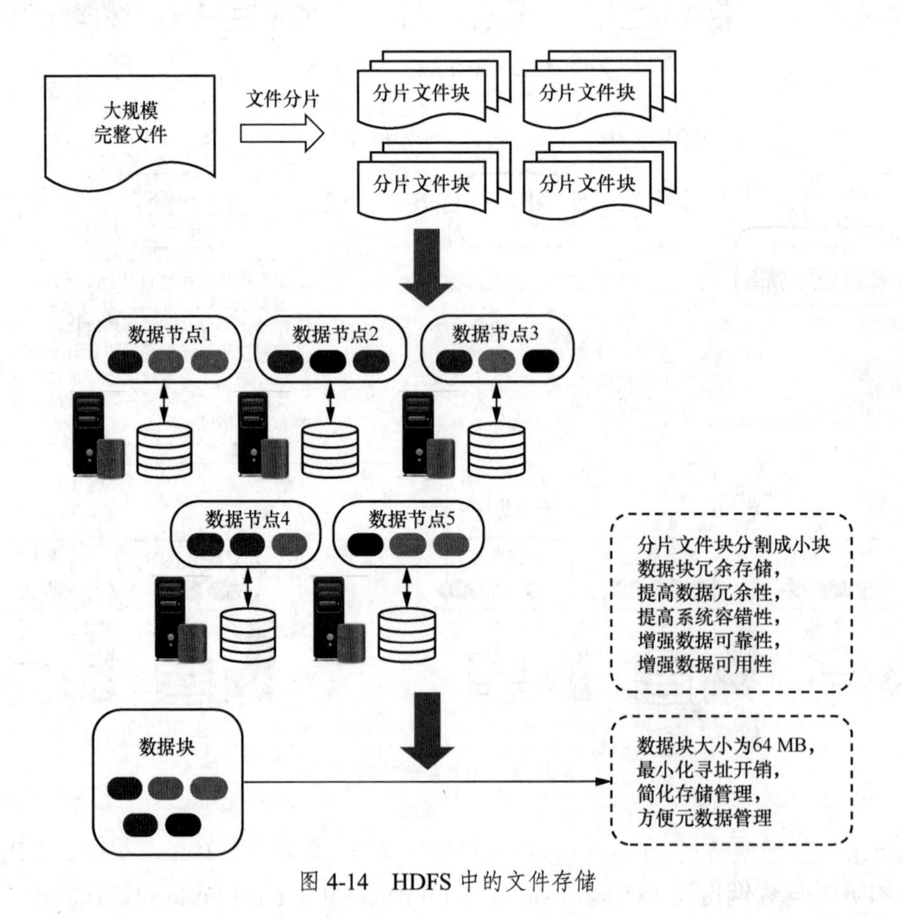

图 4-14　HDFS 中的文件存储

4.3.3 HDFS 的名称节点与数据节点

名称节点管理 HDFS 的名字空间，维护名字空间中的文件系统树以及其中所有的元数据信息，负责处理针对 HDFS 中元数据信息的操作以及处理客户端的请求，同时记录和维护 HDFS 中每个文件所包含的各个数据块对应的数据节点的位置信息、文件到数据块的对应关系和数据块到节点的对应关系等，如图 4-15 所示。但名称节点并不保存数据块的位置信息，因为这些信息在系统启动时由数据节点重建。因此，用户可以像使用普通文件系统一样，在 HDFS 中创建、删除目录和文件，在目录间转移文件，重命名文件，等等。通常在 HDFS 中选取一台性能较好的机器作为名称节点，也可以部署多个名称节点，但是为了确保数据一致性和方便数据管理，运行时只选取一个名称节点进行工作，确保整个 HDFS 中只有一个名字空间，并且只有一个名称节点负责对这个名字空间进行管理。HDFS 还有第二名称节点（secondary name node）或者备份节点（backup node），它辅助名称节点处理映像文件（fsimage）和事务日志（editlog）的归并操作。

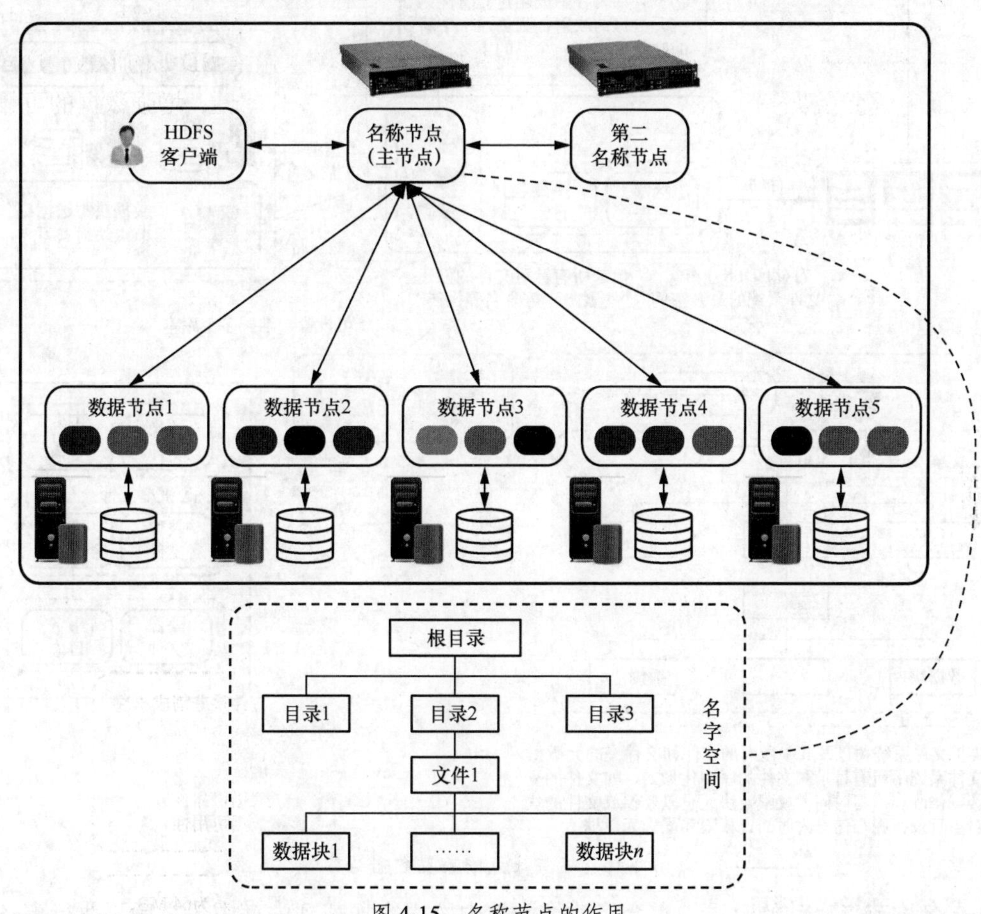

图 4-15　名称节点的作用

名称节点保存了两个重要的数据结构，即事务日志和映像文件，它们都存储在名称节点的本地文件系统中，如图 4-16 所示。事务日志记录 HDFS 分布式文件系统元数据的变化，记录所有针对文件的创建、删除、重命名等操作。映像文件存储 HDFS 分布式文件系统的名字空间，用于维护文件系统树以及其中所有的元数据信息，包含文件系统中所有目录和文件的序列化形式，如文件的复制等级、修改和读写时间、权限、块大小以及组成文件的块等。对于目录，则存储修改时间、权限和配额元数据。映像文件没有记录数据块存储在哪个数据节点，而是由名称节点把这些映射保留在内存中，当数据节点加入 HDFS 分布式文件系统时，数据节点会把自己所包含的数据块列表告知给名称节点，此后会定期执行这种告知操作，以确保名称节点的块映射是最新的。这些信息被缓存在内存中，当然事务日志和映像文件也会被同步在本地硬盘进行存储。名称节点可以配置为支持维护映像文件和事务日志的多个副本。任何对映像文件或事务日志的修改，都将同步到它们的副本上。

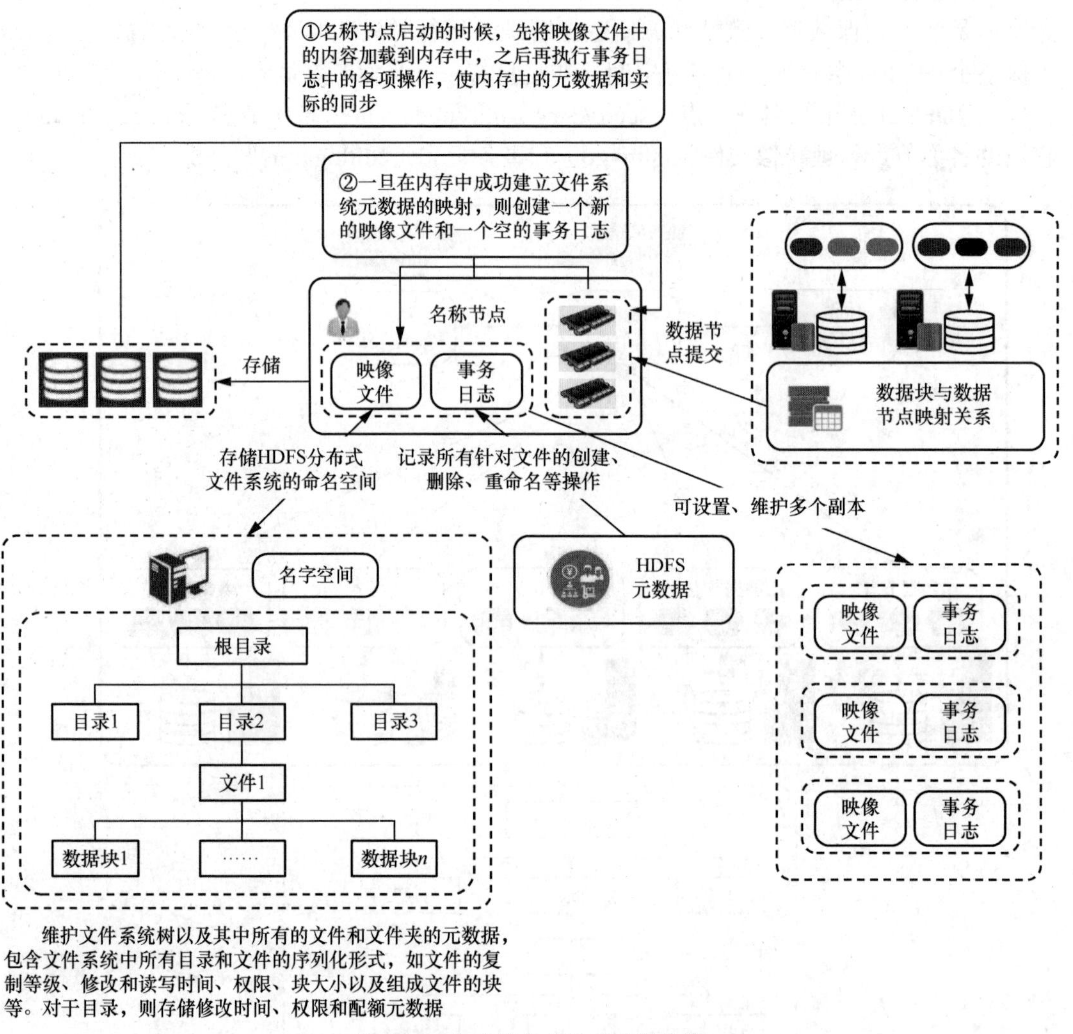

图 4-16　名称节点的重要数据结构

在名称节点启动的时候，它会将映像文件中的内容加载到内存中，之后再执行事务日志中的各项操作，使内存中的元数据和实际的同步，存在内存中的元数据支持客户端的读操作。一旦在内存中成功建立文件系统元数据的映射，则创建一个新的映像文件和一个空的事务日志。名称节点启动之后，HDFS 分布式文件系统中的更新操作会重新写到事务日志中。因为映像文件一般很大（GB 级别的很常见），如果所有的更新操作都往映像文件中添加，则会导致系统运行十分缓慢，但是，如果更新操作都往事务日志里面写就不会这样，因为事务日志要小很多。每次执行写操作之后，且在向客户端成功发送代码之前，事务日志都需要同步更新。

数据节点负责数据的存储和读取，会根据客户端或者名称节点的调度来进行数据的存储和检索，并且向名称节点定期发送自己所存储的数据块列表。每个数据节点中的数据会被保存在各自的本地文件系统中。

4.3.4 HDFS 的映像文件与事务日志的归并

在名称节点运行期间，HDFS 分布式文件系统的所有更新操作都是直接写到事务日志中的，事务日志将会变得很大。虽然这对名称节点运行时候是没有什么明显影响的，但是当名称节点重启的时候，名称节点需要先将映像文件里面的所有内容加载到内存中，然后一条一条地执行事务日志中的记录。当事务日志非常大的时候，会导致名称节点启动操作非常慢，而在这段时间内 HDFS 分布式文件系统处于安全模式，一直无法对外提供写操作，影响用户的使用。因此，名称节点会定期进行映像文件与事务日志的归并，更新映像文件并清理事务日志，使事务日志的大小始终控制在可配置的限度下。

第二名称节点是 HDFS 分布式文件系统架构中的一个组成部分，它用来保存名称节点中对 HDFS 分布式文件系统的元数据信息的备份，定期进行映像文件与事务日志的归并，减少名称节点重启的时间。第二名称节点一般单独运行在一台机器上。

利用第二名称节点进行映像文件与事务日志的归并，将新的元数据更新到本地磁盘的新的映像文件中，这样可以截去旧的事务日志，这个过程称为基于检查点的归并，其过程如下，如图 4-17 所示。

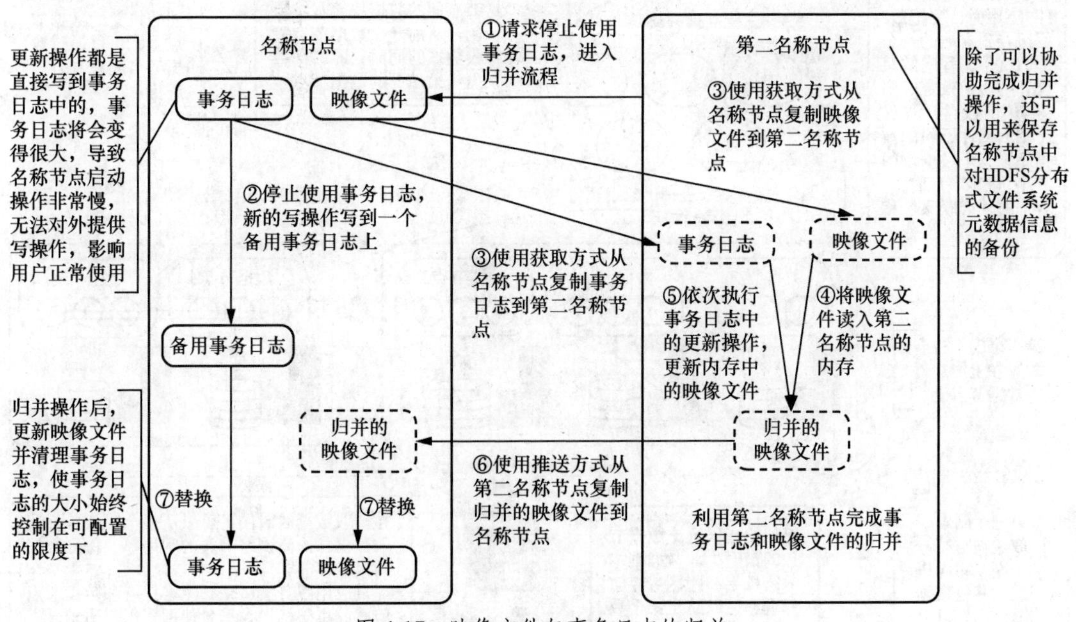

图 4-17　映像文件与事务日志的归并

（1）第二名称节点会定期和名称节点通信，请求其停止使用事务日志，暂时将新的写操作写到一个备用事务日志上，这个操作是瞬间完成的，上层写日志的函数完全感觉不到差别。

（2）第二名称节点使用获取方式从名称节点复制映像文件与事务日志，并将它们下载到本地的相应目录下。

（3）第二名称节点将下载下来的映像文件读入内存，然后依次执行事务日志中的各项更新操作，使内存中的映像文件保持最新，这个过程就是映像文件与事务日志的归并。

（4）第二名称节点执行完（3）中的操作之后，会使用推送方式将归并的映像文件复制到名称节点上。

（5）名称节点用从第二名称节点接收到的新的映像文件替换旧的映像文件，同时用备用事务日志替换事务日志，通过这个过程，事务日志就变小了。

4.3.5 HDFS 的数据存储特性

如图 4-18 所示，HDFS 分布式文件系统采用冗余备份方式，HDFS 分布式文件系统的文件都是一次性写入的，并且严格限制为任何时候都只有一个写用户。为了容错，其采用多副本方式进行冗余存储，文件的所有数据块都会有副本（副本数量即复制因子，可配置）。HDFS 分布式文件系统的服务器一般运行在多个机架上，不同机架上机器的通信通过交换机实现，HDFS 分布式文件系统采用机架感知（rack-aware）的策略来改进多数据副本存储，每个数据块的多个副本都会分布到不同数据节点、不同机架和不同区域中。

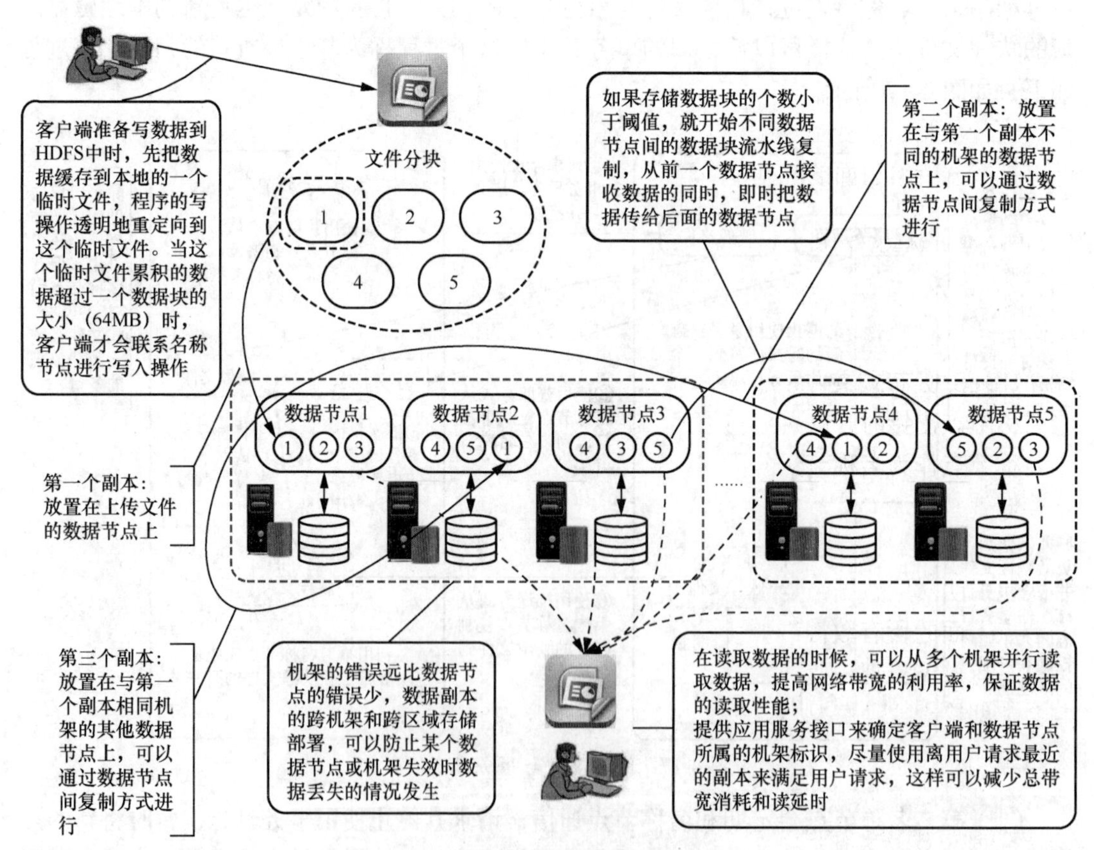

图 4-18 HDFS 的数据存储特性

HDFS分布式文件系统默认副本数量为3，每个数据块会被复制3份，保存在3个地方。第一个副本：放置在上传文件的数据节点上；如果是集群外提交，则随机挑选一个磁盘不太满、中央处理器不太忙的数据节点。第二个副本：放置在与第一个副本不同的机架的数据节点上。第三个副本：放置在与第一个副本相同机架的其他数据节点上。更多副本（如果有）：随机数据节点。机架的错误远比数据节点的错误少，数据副本的跨机架和跨区域存储部署，可以防止某个数据节点或机架失效时出现数据丢失的情况，还可以从其他数据节点或机架中读取数据，提高数据的可靠性和可用性。在读取数据的时候，可以从多个机架并行读取数据，提高网络带宽的利用率，保证数据的读取性能。

HDFS分布式文件系统会尽量使用离用户请求最近的副本来满足用户请求，这样可以减少总带宽消耗和读延时。HDFS分布式文件系统提供了一个应用服务接口用以确定一个数据节点所属的机架标识，客户端也可以调用应用服务接口获取自己所属的机架标识。当客户端读取数据时，从名称节点获得数据块不同副本的存放位置列表，列表中包含副本所在的数据节点。当发现某个数据块副本对应的机架标识和客户端对应的机架标识相同时，就优先选择该副本读取数据，如果没有发现相同标识，就随机选择一个副本读取数据。

当客户端准备写数据到HDFS分布式文件系统中时，创建文件的请求不会立即到达名称节点，HDFS客户端先把数据缓存到本地的一个临时文件，程序的写操作透明地重定向到这个临时文件。当这个临时文件累积的数据超过一个数据块的大小时，客户端才会联系名称节点进行写入操作。如果名称节点在文件关闭之前死机，那么文件将会丢失。而通过采用客户端缓存，可避免大容量数据传输对网络速度造成影响，引起网络拥塞。

进行数据副本复制时，数据节点采用流水线复制，从前一个数据节点接收数据的同时，即时把数据传给后面的数据节点。

4.3.6 HDFS的容错机制

如图4-19所示，名称节点保存了所有的元数据信息，两大核心数据结构是映像文件与事务日志，如果这两个文件发生损坏，那么整个HDFS分布式文件系统的实例将失效。因此，HDFS分布式文件系统设置了备份机制，把这些核心文件同步复制到第二名称节点。当名称节点出错时，就可以根据第二名称节点中的映像文件与事务日志进行恢复，并把第二名称节点作为名称节点使用。当然，HDFS分布式文件系统还可以把这两个文件通过网络存储到其他地方。

名称节点周期性地从集群中的每个数据节点接收心跳包和数据块报告，名称节点收到心跳包说明对应数据节点工作正常，名称节点会标记最近没有心跳的数据节点为宕机，数据节点上面的所有数据都会被标记为不可读，名称节点不会再给它们发送任何读写请求。这时，有可能出现一些数据节点不可用，导致一些数据块的副本数量小于设定值，名称节点会定期检查这种情况，一旦发现某个数据块的副本数量小于设定值，就会启动数据复制，为它生成新的副本，动态调整数据副本的位置。

有多种原因可能会造成从数据节点获取的数据块有损坏，包括网络传输和磁盘错误等，HDFS通过HDFS客户端软件实现对文件内容的校验和检查。在文件被创建时，客户端就会对每一个数据块进行信息摘录，并把这些信息写入同一个路径的隐藏文件。如果从数据节点获得的数据块对应的校验和隐藏文件中的不同，客户端就会判定数据块有损坏，将从其他数据节点获取该数据块的副本，并且向名称节点报告这个数据块有错误，名称节点会定期检查并且重新复制这个数据块。

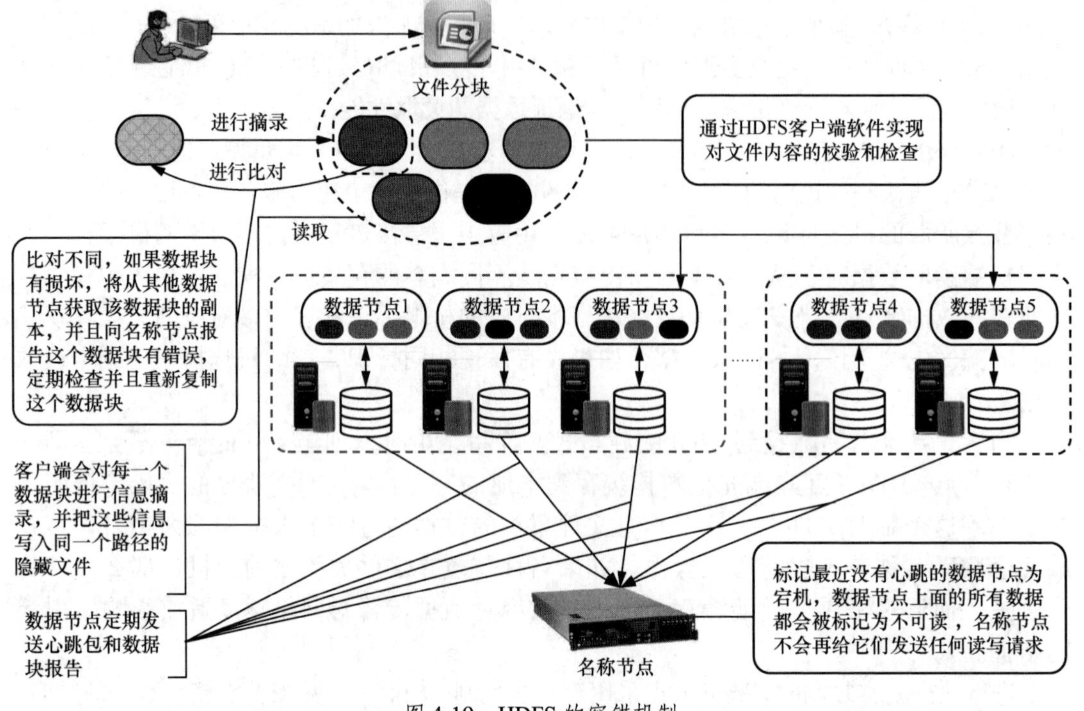

图 4-19 HDFS 的容错机制

4.3.7 HDFS 的高可用机制

在 Hadoop 1.0 架构中存在单点故障问题，其第二名称节点并不是热备份节点，其作用主要是防止事务日志过大，导致名称节点从失败恢复时消耗过多时间，仅附带起到一定的冷备份作用，无法从根本上解决 Hadoop 1.0 的单点故障问题。因此，Hadoop 2.0 提供了 HDFS 分布式文件系统的高可用（high availability，HA）机制，用以解决单点故障问题，如图 4-20 所示。

HDFS 分布式文件系统的高可用性集群设置两个名称节点，一个是活跃（active）名称节点，也是主名称节点；另一个是待命（standby）名称节点，也是热备份名称节点。两种名称节点的状态同步，可以借助于一个分布式应用的分布式协作服务（如 ZooKeeper）来实现，由 ZooKeeper 分布式协作服务确保一个名称节点在对外服务。一旦活跃名称节点出现故障，就可以立即切换到待命名称节点。ZooKeeper 分布式协作服务通过心跳信息监控两个名称节点的各项状态信息，了解其健康状况。而名称节点维护文件系统的映射信息，各个数据节点通过心跳信息同时向两个名称节点汇报各自的状态信息。

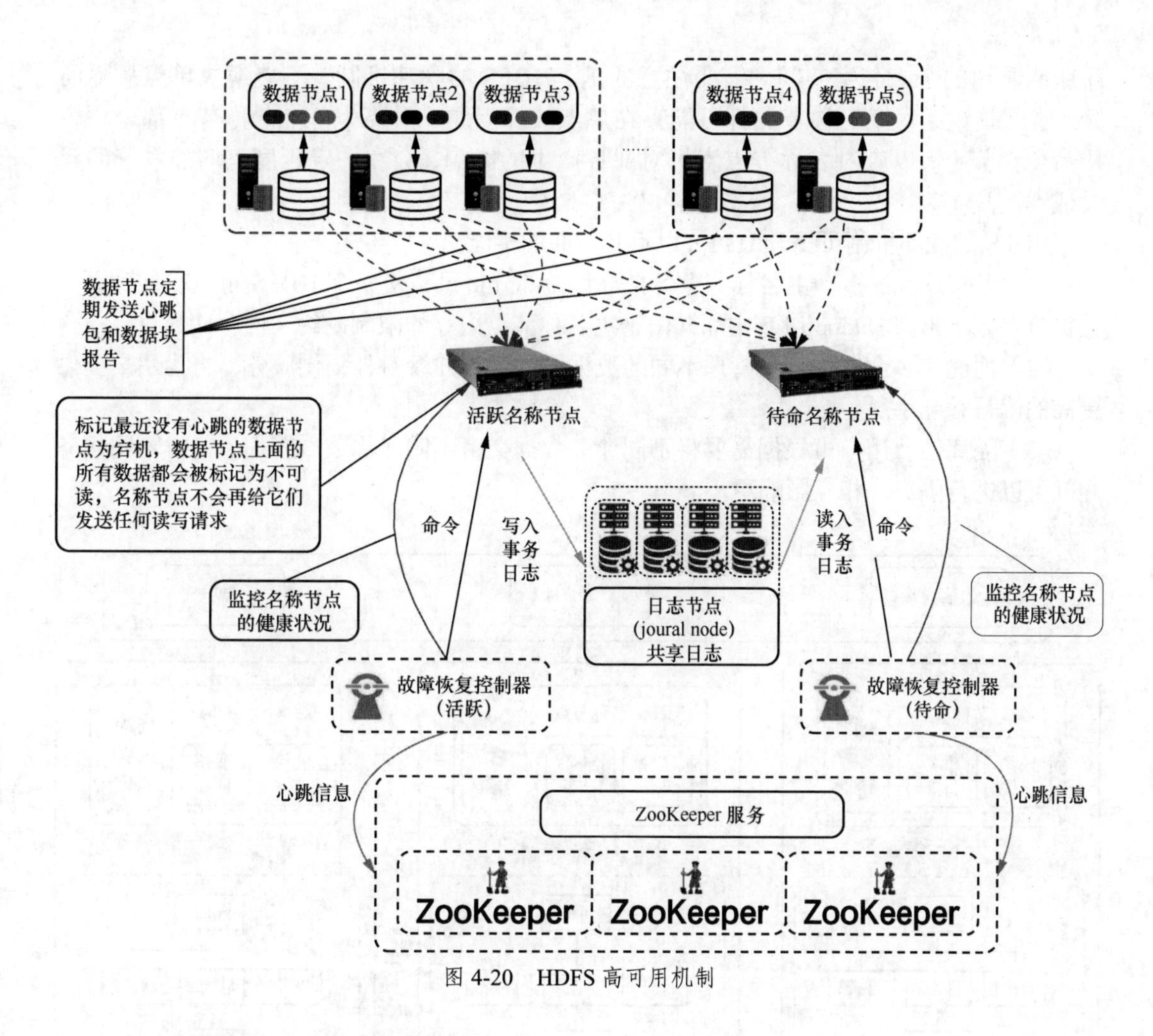

图 4-20　HDFS 高可用机制

4.3.8　HDFS 的联邦机制

Hadoop 1.0 中存在单点故障问题，HDFS 分布式文件系统整体性能受限于单个主名称节点的性能和吞吐量，无法进行横向扩展，并且单个主名称节点只能提供一个名字空间，难以实现不同应用需求之间的隔离。虽然 HDFS 的高可用机制实现了名称节点的热备份，但是其无法满足 HDFS 的可扩展性、高性能和隔离性需求。

HDFS 分布式文件系统的联邦机制提供了改进思路，如图 4-21 所示，设计多个相互独立的主名称节点，使 HDFS 分布式文件系统的名字空间能够横向扩展，这些主名称节点分别进行各自名字空间和数据块的管理，相互之间存在联邦关系，不需要彼此协调，并且向后兼容。在 HDFS 分布式文件系统的联邦机制中，所有名称节点会共享底层的数据节点上的数据块存储资源，数据节点向所有主名称节点汇报，而属于同一个名称节点的名字空间的数据块组成了对应名字空间的数据块池。

与 UNIX、Linux 等系统类似，对于 HDFS 分布式文件系统的联邦机制中的多个名字空间，可以采用客户端挂载表（client side mount table）方式进行数据共享和读写。用户可以进入不同的挂载点来获得不同的名字空间，也可以把各个名字空间挂载到全局挂载表中，实现数据全局共享。同样的名字空间还可以挂载到个人的挂载表中，成为应用程序所能看到的个人名字空间。需要注意的是，HDFS 的联邦机制并不能解决单点故障问题，也就是说，每个名称节点都可能存在单点故障问题，需要为每个名称节点部署一个待命名称节点，以应对名称节点宕机对业务产生的影响，会在一定程度上增加系统的建设成本。

HDFS 的联邦机制可提升 HDFS 以下几方面的性能。

（1）可扩展性。多个主名称节点各自分管一部分目录，使一个 HDFS 可以扩展到更多数据节点，不再像 Hadoop 1.0 中那样由于主名称节点内存的限制制约文件存储数目。

（2）性能。多个名称节点管理不同的数据，且同时并行对外提供服务，将为用户提供更高的读写吞吐率。

（3）隔离性。用户可根据需要将不同业务数据交由不同名称节点管理，这样不同业务之间可以进行隔离，相互影响更小。

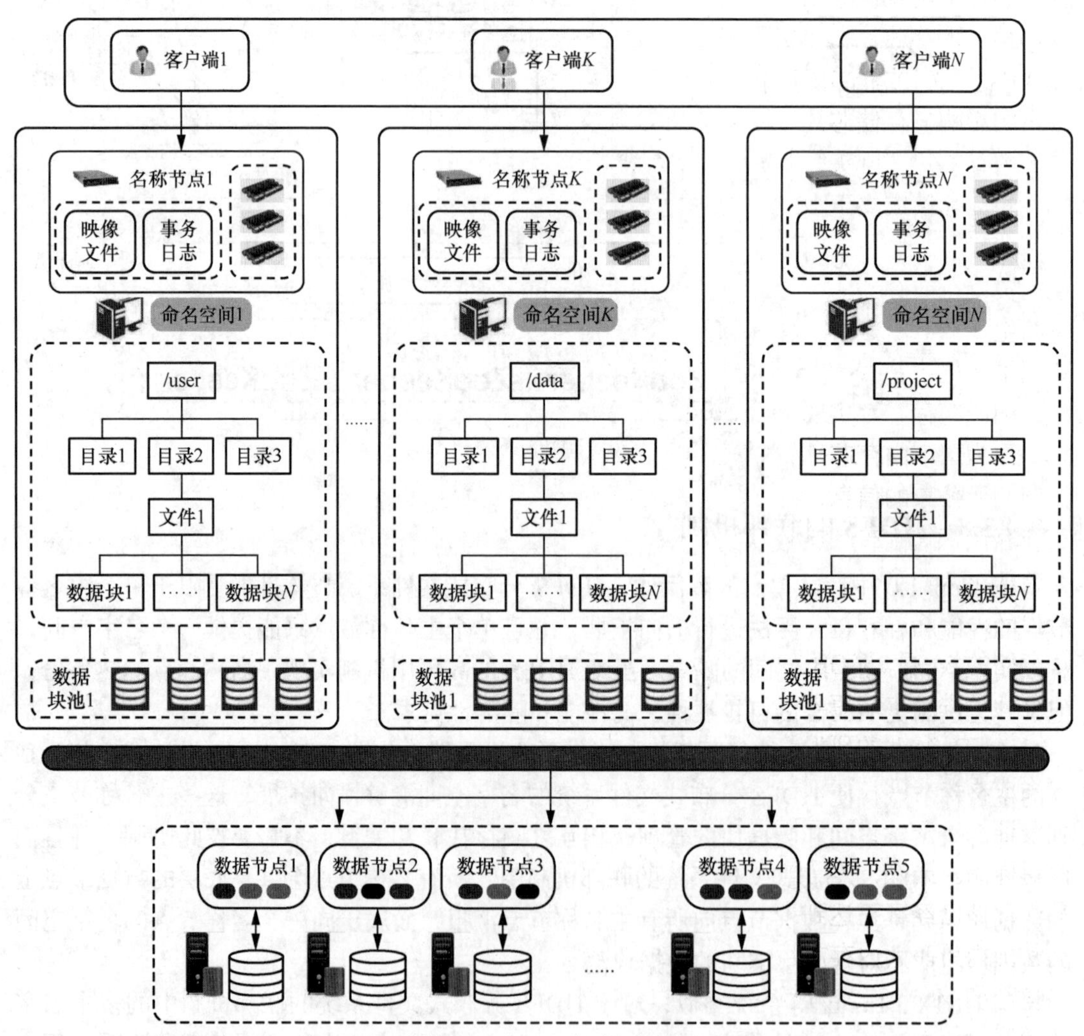

图 4-21 HDFS 的联邦机制

4.4 本章小结

本章对传统存储设备（包括移动存储介质、RAID 等）进行了介绍，重点针对 HDFS 的体系架构、数据存储特性、容错机制、高可用机制和联邦机制等的实现原理和技术方法进行了详细的分析说明。

拓展阅读

存储的重要性不言而喻，尤其对国内来说，我国海关统计数据显示，2021 年我国集成电路进口金额为 4325.5 亿美元，存储芯片进口金额占 1/3 左右，规模巨大。而 2021 年全球存储芯片市场规模达 1500 亿美元，其中动态随机存储器（dynamic random access memory，DRAM）内存芯片和与非型闪存（NAND flash）芯片市场规模较大，占比分别为 50%左右和 40%左右，或非型闪存（NOR flash）芯片市场规模达 30 亿美元，占比为 2%。由于相关因素的影响，存储芯片价格波动非常剧烈。在此影响之下，国内以长江存储、长鑫存储为首的内存芯片“巨头”正积极发展存储行业。

长江存储成立于 2016 年 7 月，由紫光集团、国家集成电路产业投资基金、湖北集成电路产业投资基金、湖北省科技投资集团在武汉新芯的基础上组建成立。据统计，长江存储总投资约 1600 亿元。依托武汉新芯已有的 12 英寸（1 英寸= 2.54cm）先进集成电路技术研发与生产制造能力，采取自主研发与国际合作双轮驱动的方式，长江存储已于 2017 年成功研制了我国第一颗 3D NAND 闪存芯片。而随着 2018 年长江存储的 32 层 NAND flash 的量产，国产闪存芯片实现了重大突破。

作为国产内存芯片的“巨头”，长江存储主要布局 NAND 闪存芯片技术研发，根据长江存储所公布的信息，目前其已经占据至少 7%的全球 NAND flash 市场份额。2019 年 9 月长江存储正式宣布，成功量产基于自研的 Xtacking 架构的 64 层 256GB TLC 3D NAND flash。据长江存储介绍，该闪存芯片可满足固态硬盘、嵌入式存储等主流市场应用需求，与目前业界已上市的 64/72 层 3D NAND flash 相比，其拥有同代产品中更高的存储密度。随后长江存储的 64 层 256GB TLC 3D NAND flash 还成功打入华为 Mate 40 系列的供应链。

为了进一步缩短与世界先进闪存芯片的差距，长江存储跳过了 96 层，直接进行 128 层 3D NAND flash 的研发。2020 年 4 月 13 日，长江存储宣布其 128 层 QLC 3D NAND flash 研发成功，并已在多家控制器厂商的固态盘（solid state disk，SSD）等终端存储产品上通过验证。后来，长江存储再传佳音，其新研发的 192 层堆叠的 NAND flash，已在 2022 年交付样品。据悉，目前国外闪存芯片前沿的水准就是 192 层堆叠的 NAND flash，这意味着长江存储已经真正达到了世界领先水平，为国内存储产业注入了新动能。

国内另一大内存芯片“巨头”长鑫存储则主要布局 DRAM 内存技术研发。长鑫存储成功量产出 19nm 工艺的 DDR4 和 LPDDR4，成为全球第四家 DRAM 产品采用 20nm 以下工艺的厂商，是目前我国能够自主生产 DRAM 的厂商。随着长鑫存储正式出售 DDR4 内存芯片、LPDDR4 内存芯片，以七彩虹、金泰克、威刚为首的内存厂商陆续推出了基于长鑫存储内存芯片的国产内存条。

事实上，除了传统的内存芯片产业链企业相继“发威”外，国内以康佳为代表的家电企业也在发力。目前，康佳在存储领域颇有建树，由其大量控股的合肥康芯威存储技术有限公司研发并实现量产的存储主控芯片 KS6581A，已在 2019 年 12 月实现首批 10 万颗的销售。此外，2020 年 3 月，康佳存储芯片封测产业园项目开工。该项目的建成投产，将弥补国内存储芯片封测产能的缺口，加速我国芯片国产化替代进程。

虽然，国内存储行业目前尚处于起步阶段，与国外技术相比，我国相关产业的整体水平仍然不够，短时间内想要扭转由国际巨头主导的产业格局依然很难，但国产替代空间非常大，相信随着国内“新基建”、支持信创产业等利好政策的不断落地，我国存储行业会迅速崛起，国内存储企业和技术将迎头赶上。

本章习题

（1）什么是机械硬盘？磁头读取某个文件的过程有哪些？

（2）什么是 RAID？常用的 RAID 类型有哪些？各有什么优点和不足？

（3）什么是 HDFS？其是如何应对大数据存储需求的？其设计理念包括哪些？不适合哪些场景？

（4）请描述 HDFS 的整体架构，并描述名称节点和数据节点的主要作用。HDFS 的主从架构是如何解决大量数据计算处理的性能问题的？

（5）映像文件与事务日志的作用是什么？HDFS 是如何实现它们的归并的？

（6）请描述 HDFS 的数据复制策略与容错机制。HDFS 的复制策略与容错机制是如何提高数据可靠性的？

（7）请具体描述 HDFS 的高可用机制与联邦机制的作用。

第5章 大数据的数据库系统

本章导读

随着大数据、互联网 2.0、移动互联网等技术的兴起，对数据的管理、查询及分析的需求变化催生了一些新的技术。需求的变化主要集中在数据规模的增长、吞吐量的上升、数据类型及应用多样性的变化等方面。数据规模的增长需求对传统关系数据库管理系统在并行处理、事务保证、互联实现、资源管理以及数据容错处理等方面带来了很多挑战。传统关系数据库已经很难满足大数据的需求，NoSQL 数据库应运而生，其凭借易扩展、海量数据规模、高性能、灵活的数据模型，在大数据的数据库领域获得了广泛的应用。

本章将针对大数据的 NoSQL 数据库进行说明和介绍，使读者能够从大数据的数据库存储与管理需求出发，了解 NoSQL 数据库的相关理论，初步掌握 HBase 数据库的基本概念、结构设计和运行方法。

本章知识结构如下。

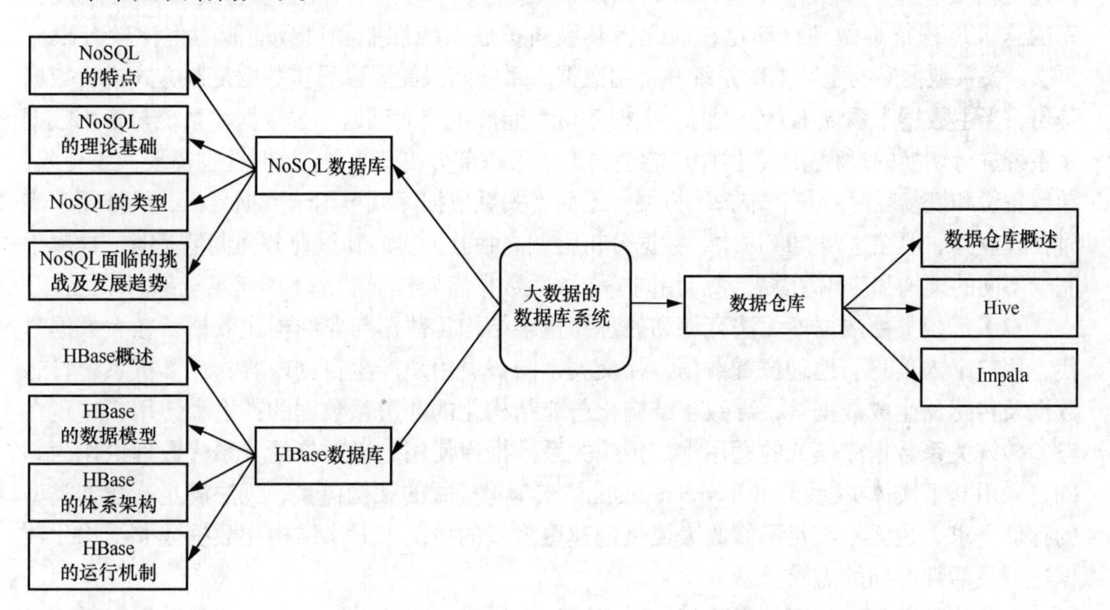

5.1 NoSQL 数据库

5.1.1 NoSQL 的特点

传统关系数据库无法适应超大规模、高并发、快速增长的大数据处理特征和日渐复杂的数据模型，无法满足大数据时代的数据存储和处理要求，暴露出很多难以克服的问题。

（1）传统关系数据库无法满足对海量数据进行高效存储管理和高并发访问的需求。目前，互联网应用需要根据用户的海量个性化信息来实时生成动态页面，提供动态信息，基本上不使用静态页面。因此，数据库的并发负载非常高，通常需要处理每秒上万次的读写请求。由于硬盘性能的限制，传统关系数据库已经很难处理每秒上万次的 SQL 读请求（查询），处理每秒上万次的 SQL 写请求（更新）就更加困难。另外，在移动互联网时代和传感器网络时代，每天会自动产生海量数据，传统关系数据库却难以存储众多的半结构化数据和非结构化数据。并且，表的记录容量也非常巨大，可以达到亿级水平。而在一个包含上亿条记录的表里面进行普通 SQL 查询，效率非常低。如果涉及多表的联合查询，效率甚至不可忍受。

（2）传统关系数据库无法满足对数据库的高可扩展性和高可用性的需求。首先，关系数据库是很难进行设备和容量的在线扩展的。当用户量和访问量增大的时候，如果数据库系统压力过大，就需要增加新的资源。这个过程涉及在线扩充软硬件和服务器资源，以及对关系数据库中的数据进行重新拆分，整个过程将会比较复杂，且容易出错。但是关系数据库不具备在线横向扩展系统性能和负载的能力。其次，如果某个关系数据库集群压力过大，其性能会随着数据规模的增大而降低，需要将其中部分数据进行迁移，迁移过程需要主管理节点进行整体协调，以及从数据库节点进行配合。但是传统关系数据库的这个过程很难做到自动化，因此，其纵向扩展系统性能和负载的能力也比较有限。再次，关系数据库的主数据库系统和备用数据库系统间只能采取异步数据复制方式进行数据备份，当主数据库系统压力较大时，数据备份可能产生较大延迟。主数据库系统与备用数据库系统进行切换的过程中，数据库可能会丢失最后一部分更新事务。这时往往需要人工介入，导致备份和恢复耗时较长，维护不方便。最后，关系数据库既被用于数据分析，又被用于实时在线业务。但在这两类应用中，数据分析强调高吞吐，实时在线业务强调低延时，这属于完全不同的架构和应用场景需求，用同一个关系数据库架构显然是不能满足全部需求的。

（3）传统关系数据库无法存储和处理海量半结构化数据与非结构化数据。在大数据时代，用户个人信息、地理位置数据、社交关系图谱、用户产生自创内容、计算机系统日志数据及传感器生成数据等，导致半结构化与非结构化的非关系数据的产生和使用，这正在考验传统关系数据库模式的适用性。传统关系数据库使用定义严格的关系代数理论作为基础，采用基于实体-联系（entify-relationship，E-R）模式的架构体系，无法满足新数据类型的存储需求，也无法满足不修改表或是创建更多列的情况下对半结构化数据或非结构化数据进行灵活性存储的需求。

（4）传统关系数据库的事务特性对于网络应用是不必要的。首先，关系数据库需要满足数据库事务一致性要求，用户插入或更新数据之后立刻查询，肯定可以读出更新后的数据。但是很多网络应用并不要求严格的数据库事务一致性。其次，网络应用也不需要读写的实时性，对读一致性的要求很低，有些实时性场合对写一致性要求也不高。所以，对于网络应用，没有必要像关系数据库那样提供复杂的事务机制，从而降低系统读写开销，提高系统性能。最后，网络应用也不需要 SQL 复杂查询，SQL 复杂查询通常包含多表连接操作，而该类操作代价高昂。但是，网络应用往往更多进行面向单表的主键查询，以及单表的简单分页查询，SQL 复杂查询功能被极大地弱化了。

因此，大数据的数据库存储与管理需求已经与传统关系数据库的大不相同。NoSQL 泛指一类非关系数据库，最初是非 SQL（No SQL），用非关系数据库替代关系数据库，后来慢慢演变成关系数据库和非关系数据库各有应用场景（Not Only SQL），相互补充，彼此无法取代，如图 5-1 所示。

图 5-1　SQL 与 NoSQL

关系数据库基本都采用存储数据表，数据表基本都是二维表结构的，主要存储结构化数据。表中每个元组的字段组成都一样，即使不是每个元组都需要用到所有字段，但数据库还是会为每个元组分配所有字段，没有用到的字段值空缺或为默认值。这样便于表与表之间进行连接等操作，为 SQL 复杂查询提供支持。但从另一个角度来说，这种多表连接的 SQL 复杂查询是关系数据库的性能瓶颈。

NoSQL 是一种不同于关系数据库的数据库系统设计方式，是对非关系数据库的一种统称。NoSQL 数据库所采用的数据模型并非关系模型，而是由类似键值、列族、文档等组成的非关系模型。NoSQL 数据库的数据存储不需要固定的表结构，每一个元组可以有不一样的字段。每个元组还可以根据需要增加一些自己特有的字段，这样数据元组就不会局限于固定结构，可以适用于半结构化或非结构化的数据类型，还可以减少数据库存储所需的时间和空间开销。因此，NoSQL 数据库在大数据存储上具备关系数据库无法比拟的性能优势。

（1）良好的可扩展性。在数据库负载需要增加时，一般考虑进行纵向扩展，也就是扩充更好、更强的服务器；也可以考虑横向扩展，将数据库分布在多台主机上。而 NoSQL 数据库在数据库结构设计上就是要能够利用新节点进行纵向扩展和横向扩展。NoSQL 数据库去掉了关系数据库的事务特性，数据之间无关系，因此容易扩展。

（2）大数据量和高性能。大数据时代的数据规模极快地增加，尽管关系数据库系统能力也在为适应这种增长而提高，但是其实际能管理的数据规模已经无法满足需求。由于 NoSQL 数据库的非关系特性和无事务特性，其在存储大规模数据的情况下还能提供较高的读写性能，满足大数据分析处理的需求。

（3）灵活的数据模型。关系数据库变更数据模型是一件很困难的事情。即使只对数据模型做很小改动，也需要停机或降低服务水平。而 NoSQL 数据库在数据模型约束方面更加宽松，无须事先为要存储的数据建立字段，也可以随时存储自定义的数据格式，更便于处理半结构化和非结构化的大数据。并且，NoSQL 数据库还可以在一个数据元素里存储任意结构的数据，包括半结构化或非结构化数据，具有很强的灵活性。

5.1.2 NoSQL 的理论基础

关系数据库具备原子性（atomicity）、一致性（consistency）、隔离性（isolation）和持久性（durability）等事务的 ACID 特性，如图 5-2 所示。

（1）原子性是指事务必须是原子工作单元，对于其数据修改，要么全都执行，要么全都不执行。

（2）一致性是指事务在完成时，必须使所有的数据都保持一致状态。

（3）隔离性是指由并发事务所做的修改必须与其他并发事务所做的修改隔离。

（4）持久性是指事务完成之后，它对系统的影响是确定性的，该修改即使导致出现致命的系统故障也将一直保持。

NoSQL 数据库往往通过放松对事务 ACID 特性的要求，增强系统的可扩展性和存储的灵活性，其理论基础为 CAP 理论、BASE 理论和最终一致性，如图 5-2 所示。

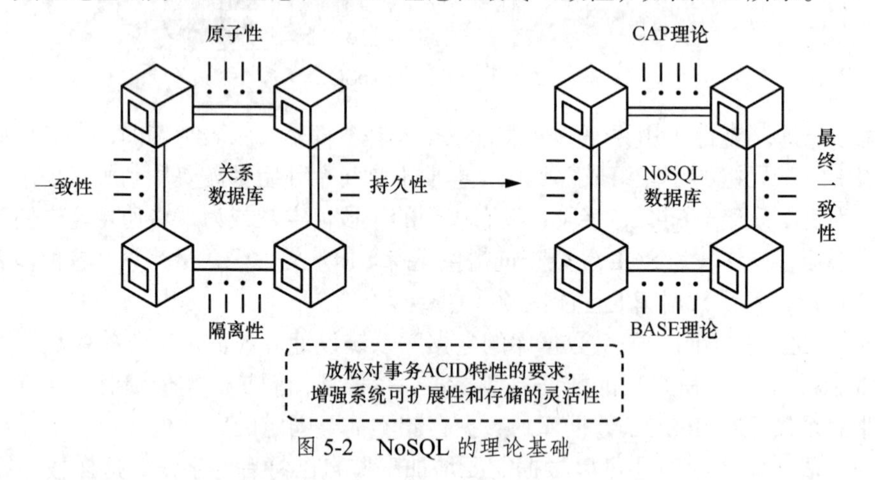

图 5-2　NoSQL 的理论基础

1. CAP 理论

所谓 CAP 理论，是指系统满足一致性（consistency，C）、可用性（availability，A）和分区容错性（tolerance of network partition，P）等特性需求。

（1）一致性是指任何一个读操作总是能够读到之前完成的写操作的结果，也就是在分布式环境中，多点的数据是一致的，或者说所有节点在同一时间具有相同的数据。

（2）可用性是指能够快速获取数据，可以在确定的时间内返回操作结果，保证每个请求不管成功或者失败都有响应。

（3）分区容错性是指当出现网络分区断开的情况（即系统中的一部分节点无法和其他节点进行通信）时，分离的系统也能够正常运行。也就是说，系统中任意信息的丢失或通信失败不会影响系统的继续运作。

但是，一个分布式系统不可能同时满足 CAP 理论的一致性、可用性和分区容错性等特性需求。当处理系统的 CAP 理论问题时，有一些明显的设计原则供选择，但最多只能同时满足其中两个特性需求，如图 5-3 所示，主要设计原则如下。

（1）CA 设计原则就是强调一致性（C）和可用性（A），放弃分区容错性（P）。最简单的做法是把所有与事务相关的内容都放到同一台计算机上，这显然会严重影响系统的横向扩展性与纵向扩展性。传统关系数据库都采用这种设计原则，如 MySQL、SQL Server 和 PostgreSQL 等，因此，它们的扩展性都比较差。

（2）CP 设计原则就是强调一致性（C）和分区容错性（P），放弃可用性（A）。当出现网络分区断开的情况时，系统服务会受到影响，需要等待数据一致，因此在等待期间无法对外提供服务。一些 NoSQL 数据库采用这种设计原则，如 MongoDB、Redis、Bigtable、Neo4j 等。

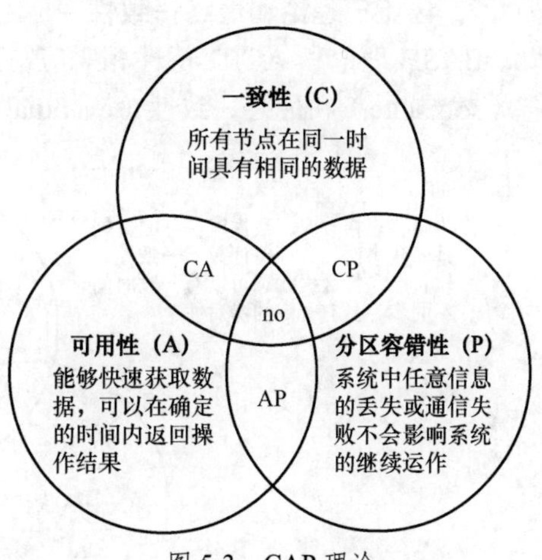

图 5-3　CAP 理论

（3）AP 设计原则就是强调可用性（A）和分区容错性（P），放弃一致性（C），允许系统返回不一致的数据。一些 NoSQL 数据库采用这种设计原则，如 Dynamo、Cassandra 等。

如图 5-4 所示，网络上有两台机器 M_1 和 M_2，分别保存相同的副本 V_1 和 V_2，当 M_1 出现 P_1 进程更新了副本 V_1 时，为了保证一致性，新副本 V_1 应传给 V_2，这样之后 M_2 上出现读操作，进程 P_2 就能获得和 M1 上一致的数据了。但是，如果副本更新从 V_1 传到 V_2 的过程失败，就需要考虑：是允许进程 P_2 依旧可以读取 M_2 节点的旧副本 V_2，即放弃一致性来保证可用性；还是优先保证 V_2 刷新成功再开放数据读取，即放弃可用性来保证一致性。

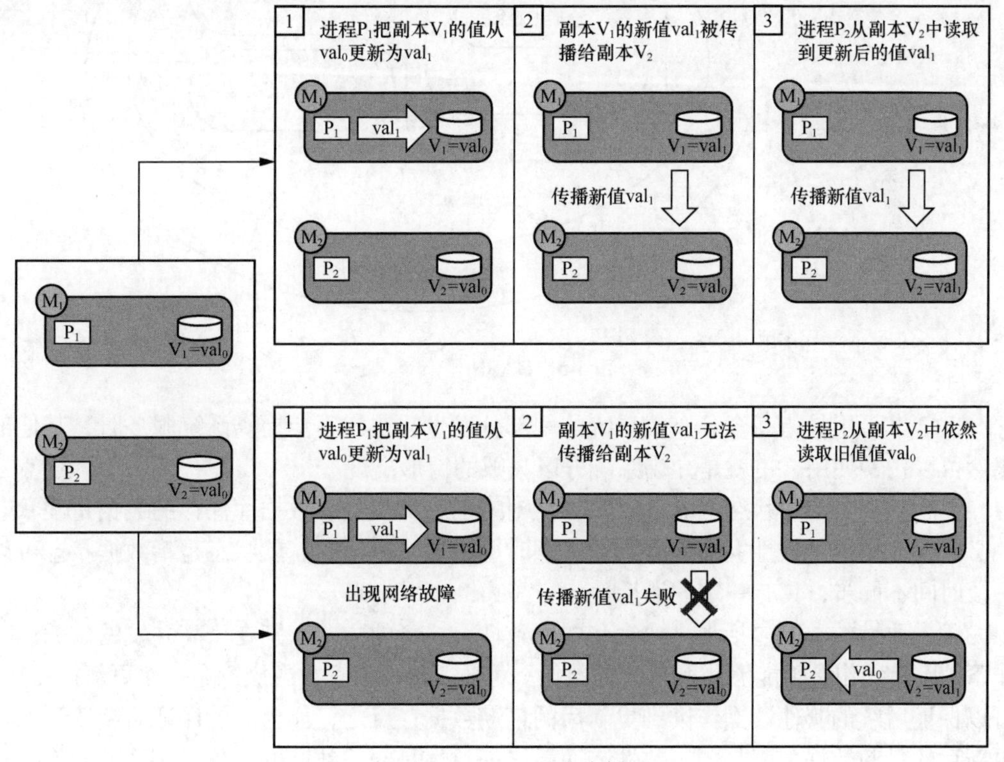

图 5-4　CAP 理论的例子

2. BASE 理论和最终一致性

BASE 理论和 ACID 特性相对应，其基本含义是基本可用（basically available）、软状态（soft state）和最终一致性（eventual consistency），如图 5-5 所示。

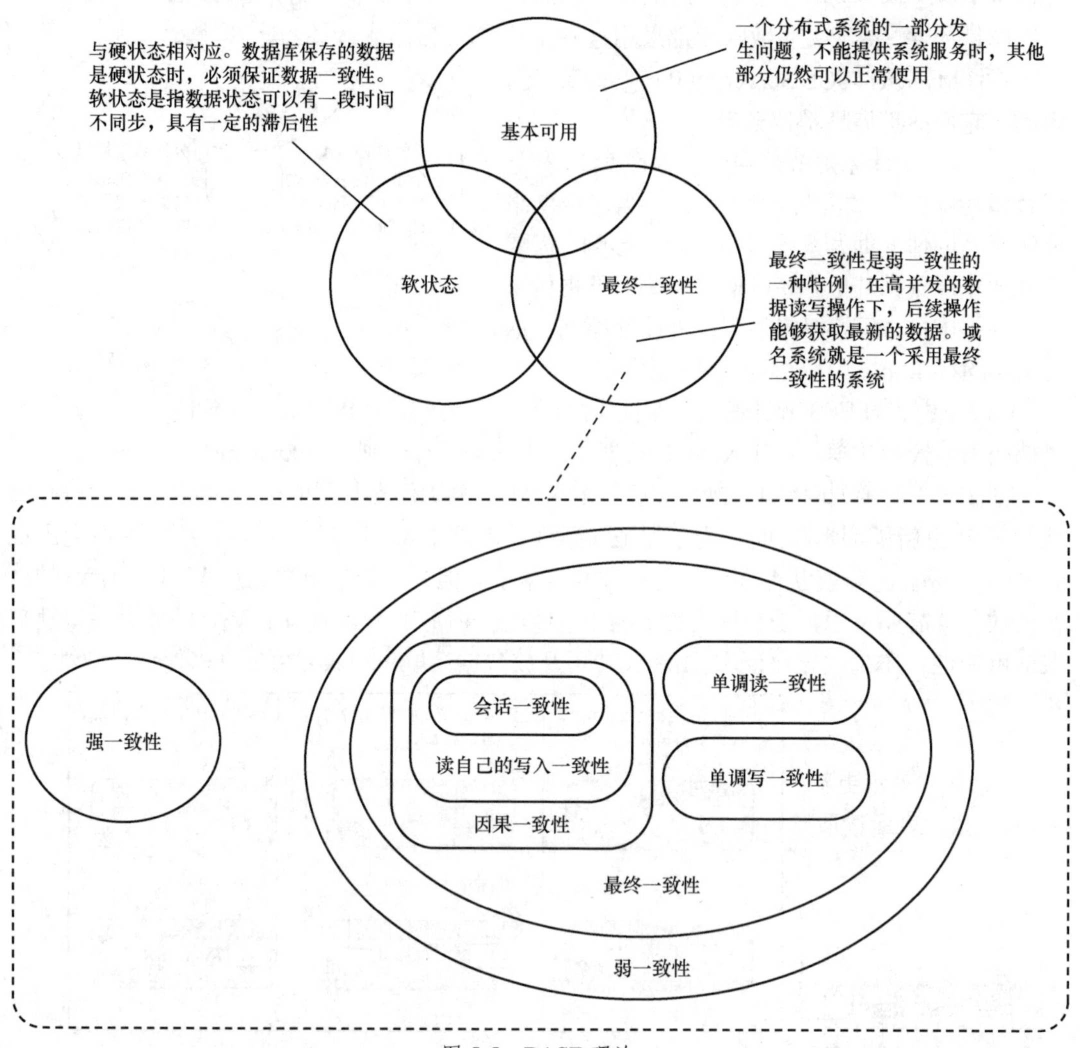

图 5-5　BASE 理论

（1）基本可用是指一个分布式系统的一部分发生问题，不能提供系统服务时，其他部分仍然可以正常使用，也就是允许系统分区失败的情形出现。

（2）软状态是与硬状态（hard state）相对应的一种提法。数据库保存的数据是硬状态时，必须保证数据一致性，即保证数据任意时刻一直是正确的。软状态是指数据状态可以有一段时间不同步，具有一定的滞后性。

（3）一致性的类型包括强一致性和弱一致性，二者的主要区别在于高并发的数据读写操作下，后续操作是否能够获取最新的数据。对强一致性而言，当执行完一次更新操作后，就可以保证后续的其他读操作读到更新后的最新数据；反之，如果不能保证后续读到的都是更新后的最新数据，就是弱一致性。而最终一致性是弱一致性的一种特例，其允许后续的数据读操作可以暂时读不到更新后的数据，但是经过一段时间之后，最终必须读到更新后的数据。互联网的域名系统就是一个采用最终一致性的系统。一个域名更新操作被分发出去，并不一定所有的域名配置都被立即更新，但是结合域名缓存过期机制，最终所有客户端可以读取到最新的域名地址。

最终一致性根据更新数据后各进程读取到数据的时间和方式的不同，又可以区分为因果一致性、读自己的写入一致性、单调读一致性和单调写一致性，而读自己的写入一致性还包含会话一致性不同一致性类型的相互关系如图 5-5 所示。

（1）因果一致性。如果进程 a 与进程 b 具有因果关系，与进程 c 不具有因果关系，进程 a 通知进程 b 它已更新了一个数据项，那么进程 b 的后续数据读取将获得进程 a 写入的最新值。进程 a 通知进程 c 它已更新了一个数据项，那么进程 c 的后续数据读取仍然遵守最终一致性规则。

（2）读自己的写入一致性。其可以视为因果一致性的一个特例。当进程 a 自己执行一个更新操作之后，它自己总是可以读取到自己更新过的值，绝不会读取到旧值。

（3）单调读一致性。如果进程已经看到数据对象的某个数据值，那么任何后续数据读取都不会返回那个数据对象之前的数据值。

（4）会话一致性。把读取数据库系统的进程放到会话（session）的上下文中，只要会话还存在，系统就保证读自己的写入一致性。如果由于某些失败情形令会话终止，就要建立新的会话，而且系统保证旧的会话不会延续到新的会话。

（5）单调写一致性。系统必须保证来自同一个进程的写操作顺序执行，否则就会非常难以编程。

NoSQL 实现各种类型的一致性和以下几个因素有关，如图 5-6 所示。

- N，表示数据复制的份数。
- W，表示更新数据的时候需要保证写操作完成的节点数。
- R，表示读取数据的时候需要读取的节点数。

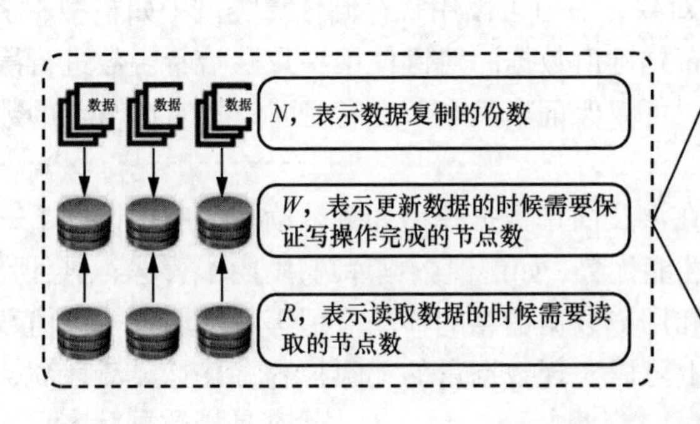

图 5-6　NoSQL 的一致性实现

如果 $W+R>N$，表示写操作的节点和读操作的节点重叠，是强一致性。例如，采用一主一备同步复制机制的关系数据库，其中数据复制 2 份（$N=2$）、主备节点采取同步写操作（$W=2$）、从一个节点上读数据（$R=1$），不管读的是主数据库还是备份数据库的数据，都是一致的。一般设定 $R+W=N+1$，这是保证强一致性的最小设定。

如果 $W+R \leqslant N$，则表示是弱一致性。例如，一主一备异步复制机制的关系数据库，其中数据复制 2 份（$N=2$）、主备节点采取异步写操作（$W=1$）、从一个节点上读数据（$R=1$），如果读的是备份数据库，就可能无法读取主数据库已经更新过的数据，所以是弱一致性。

对于分布式数据库系统，为了保证数据的高一致性和高可用性，一般设置 $N \geqslant 3$。不同的 N、W、R 组合，是在数据可用性和一致性之间取一个平衡，以适应不同的应用场景。

例如，如果 $N=W$、$R=1$，任何一个写节点失效，都会导致写操作失败，因此数据可用性会降低，但是由于分布在 N 个节点上的数据是同步写入的，所以可以保证数据强一致性。HDFS 分布式文件系统就是保证数据强一致性的，HBase 数据库借助其底层的 HDFS 分布式文件系统来实现其数据冗余备份。在数据没有完全同步写入 N 个节点前，写操作是不会返回成功的。也就是说，它的 $W=N$，而读操作只需要读到一个节点上的数据值即可，也就是说它的 $R=1$。而对于 Dynamo、Cassandra 这些 NoSQL 数据库系统，通常都允许用户按需要设置 N、R、W 这 3 个值，即使是设置成 $W+R \leqslant N$ 也是可以的，也就是说，它们允许用户在强一致性和最终一致性之间选择。而在用户选择了最终一致性或者是 $W<N$ 的强一致性时，则可能会出现一段时间各个节点数据因为未同步而出现不一致的情况，有可能导致系统处理不一致的数据。为了提供最终一致性的支持，这些系统会提供一些工具来使数据及时更新，最终将其同步到所有相关节点。

5.1.3 NoSQL 的类型

大数据带来了数据类型以及应用的多样性，为了能支持不同数据类型及应用，可以将典型的 NoSQL 数据库划分为四大类型，分别是键值数据库（key-value database）、列数据库（column database）、文档数据库（document database）、图数据库（graph database）等。

1. 键值数据库

键值数据库可以理解为一个基于哈希函数的散列表（hash table），支持设置和获取（set/get）元操作。键值数据库使用哈希表，通过表中的键（key）来定位值（value），形成一个键值对（key-value），键是一个字符串对象，而值可以用来存储任意类型（如整型、字符型、数组、列表、集合等）的数据。分布式键值数据库对键使用一致性哈希函数进行散列，使值尽量均匀地散列在不同的节点上，可以保证当某个节点宕机时，只有该节点的数据需要重新散列和恢复。

键值数据库相关说明如表 5-1 所示。在涉及简单数据模型和频繁读写的应用情况下，键值数据库相比关系数据库有较为明显的性能优势，如键值数据库可用于内容缓存、会话、配置文件、系统参数、购物车、存储配置和用户数据信息的移动应用等应用场景。键值数据库还具有良好的伸缩性和扩展性，理论上可以实现数据量的无限扩容，并且灵活性高，完成大量写操作时性能高。

表 5-1　键值数据库相关说明

项目	描述
相关产品	Redis、Riak、SimpleDB、Memcached
数据模型	键值对
典型应用场景	内容缓存、会话、配置文件、系统参数、购物车、存储配置、用户数据信息的移动应用等

续表

项目	描述
优点	伸缩性好、扩展性好、灵活性高、大量写操作性能高
缺点	无法存储结构化信息，条件查询效率较低

键值数据库可以进一步划分为内存键值数据库和通用键值数据库。内存键值数据库把数据保存在内存中，支持持久化、数据恢复、更多数据类型，如 Memcached 数据库和 Redis 数据库。如图 5-7 所示，由于关系数据库中的数据初始存储在磁盘上，因此内存键值数据库第一次获取关系数据库的数据时需要从磁盘中读取，并把数据存储于内存键值数据库中，以后就可以直接从内存键值数据库得到数据。内存键值数据库通过采用内存作为高速缓存，提供应用的快速响应。通用键值数据库则是一直把数据保存在磁盘中，如 Berkeley DB 数据库、Voldmort 数据库等，每次都从磁盘上读取数据。内存缓存可以用来提高系统性能和降低响应延迟，也不会占用数据库服务器的额外流量，最终可以降低数据库成本。将请求流量从数据库服务器迁移到内存缓存中，还可以减轻后端负载。与此同时，内存缓存的响应比数据库服务器响应快得多，这可以增加系统读吞吐量。

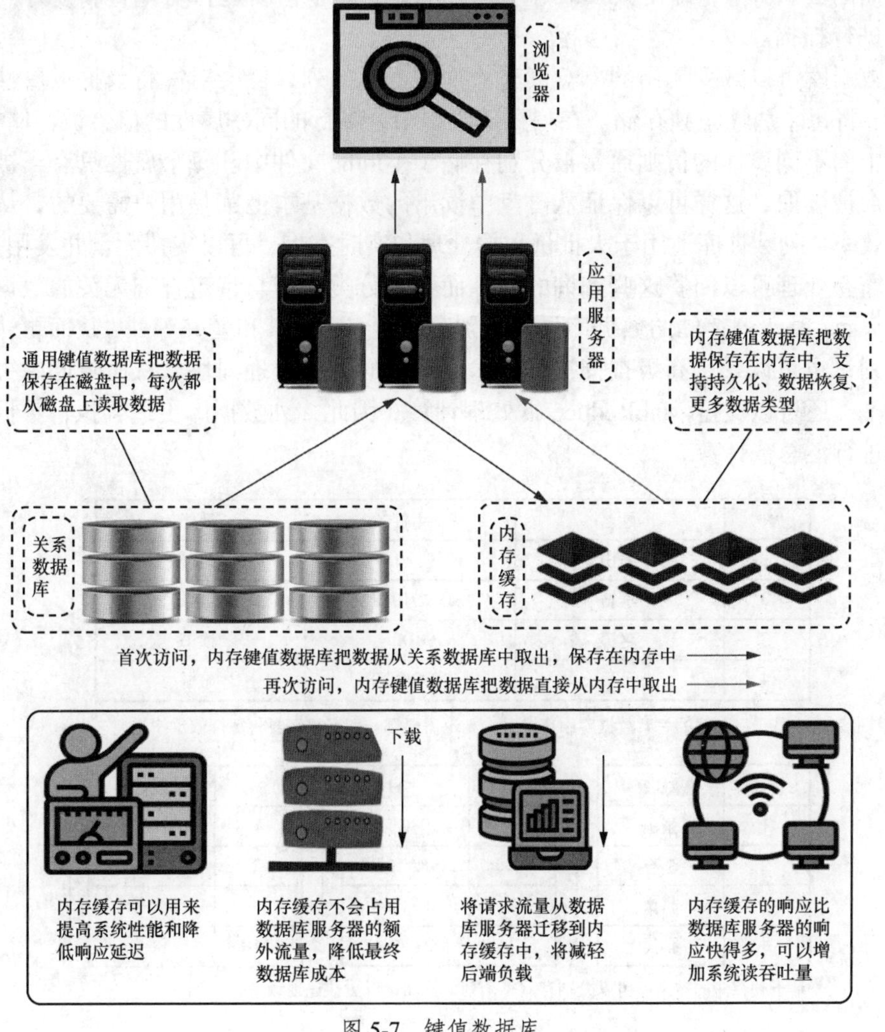

图 5-7　键值数据库

当然，键值数据库也有自身的局限性，其结构导致其无法存储结构化信息。另外，在进行条件查询时，它不是通过键而是通过值来查询的，也不能通过两个或两个以上的键来关联数据，如果只对部分值进行查询或更新，效率会比较低下。此外，键值数据库在发生故障时不支持进行数据回滚，也无法支持事务。

2. 列数据库

列数据库采用列存储模式，能够在其他列不受影响的情况下，任意增减列的数目。其数据模型可以看作一个行列数可变的数据表，适用于进行海量分布式数据存储与管理、数据分布于多个数据中心的应用程序、采用最终一致性的应用程序、拥有动态字段的应用程序等。列数据库可以进行快速查找，系统的可扩展性强、复杂性低。

关系数据库一般基于行存储，被称为行数据库。在行数据库的存储模型中，一行的数据会被连续地存储在内存或磁盘中。也就是说，数据是一行行存储到内存或磁盘中的，第一行数据记录写入内存或磁盘后，再写入第二行数据记录，以此类推。行数据库读取数据时，需要顺序扫描每行的完整内容，然后从每行中筛选出查询所需要的属性。如果每行查询只有少量属性值有用，那么行存储就会浪费磁盘读取性能和内存带宽。如图 5-8 所示，即使只读取姓名列中的数据，也需要逐行对生日和爱好列中的数据依次进行扫描。

列数据库可以减少无用的磁盘读写，列数据库的列存储会对一行数据按属性进行垂直分解，将每个属性单独存储。在列存储模型中，多行的同一属性的值会被存储在一起，而一行中的不同属性的值则通常被分别存储于不同的文件中。每个属性只有当被请求的时候才会被读取，这样可以保证从磁盘中读出的数据基本上都是用户需要的，从而提高了读写效率。列数据库适用于大批量数据处理和实时查询，可以支持大量并发用户查询，因为仅需要处理可以回答这些查询的列，而不是分类整理与特定查询无关的数据行。如图 5-8 所示，基于列存储的数据库可以分别存储姓名、生日和爱好等列，从而更快速地读取指定列；也可以采用高级查询执行技术以简化的方法处理列块，从而降低中央处理器的使用率，还可以支持 MapReduce 批处理计算。因此，列数据库更适合执行数据分析操作，如进行汇总或计数。

序号	姓名	生日	爱好
1	张山	1980/1/5	听音乐
2	李石	1982/10/20	看电影
3	赵谦	1981/2/4	读书
4	孙吴	1992/9/20	旅游

在基于行存储的关系数据库中查询时，无论需要哪一列，都需要将每行依次扫描完

序号	姓名
1	张山
2	李石
3	赵谦
4	孙吴

序号	生日
1	1980/1/5
2	1982/10/20
3	1981/2/4
4	1992/9/20

序号	爱好
1	听音乐
2	看电影
3	读书
4	旅游

基于列存储的数据库可以分别存储每个列，从而可以更快速地读取指定列

图 5-8　列数据库

列数据库也无法存储结构化信息，条件查询效率也较低，不支持强事务一致性。此外，列数据库如果要添加一条记录，需要操作所有列。列数据库相关说明如表5-2所示。

表5-2　列数据库相关说明

项目	描述
相关产品	Bigtable、HBase、Cassandra、HadoopDB、Greenplum、PNUTS
数据模型	列族式
典型应用场景	执行分析操作，如进行汇总或计数；存储半结构化数据；批处理
优点	查找速度快、可扩展性强
缺点	无法存储结构化信息，条件查询效率较低

3. 文档数据库

文档数据库主要用于存储、索引并管理面向文档的数据或类似的半结构化数据，如具有大量读写操作的网站页面、各种网络页面的超文本标记语言文档、使用JavaScript对象表示法格式的应用数据和可扩展标记语言格式的文件、使用嵌套结构等非规范化数据的应用程序、把输入数据表示成文档的应用程序等。如果要将报纸或杂志中的文章存储到关系数据库中，首先要对存储的信息进行分类，将文章放在一个表中，作者和相关信息放在一个表中，文章评论放在一个表中，读者信息放在一个表中，然后将这4个表连接起来进行查询。但是文档数据库可以将文章存储为单个实体，这样可以省去对文章数据的处理。从关系数据库角度来看，每一个事物都应该存储一次，并且通过列的键进行连接。而文档数据库不关心数据的规范化存储，只要数据存储在一个有意义的结构中就可以，表示一个能对包含的数据类型和内容进行自我描述的数据记录。每一条数据记录具备自包含特性，这使数据记录很容易完全迁移到其他服务器上，因为这条记录包含所有信息，而不需要考虑是否还有相关信息在其他表中没有被一起迁移。同时，因为在数据迁移过程中，文档数据库中只有被移动的那一条数据记录需要相关操作，而关系数据库中每个有关联的表都需要锁定来保证事务一致性，相比之下系统读写速度也会有很大的提升。

文档数据库也是通过键来定位一个文档的，所以可以认为其是键值数据库的一种衍生品。在文档数据库中，文档是数据库的最小单位。尽管每一种文档数据库的部署各有不同，但是大都假定文档以某种标准化格式封装并对数据进行加密，也可以使用二进制格式，如PDF文件、Office文档等。文档数据库可以根据键来构建索引，也可以基于文档内容来构建索引，可将经常查询的数据存储在同一个文档中。在键值数据库中，值对数据库是透明不可见的，不能基于值构建索引，文档数据库与键值数据库的不同之处主要在于文档数据库提供基于文档内容的索引和查询能力。但是文档数据库的缺点在于缺乏统一的查询语法，也不支持文档间的事务。文档数据库相关说明如表5-3所示。

表5-3　文档数据库相关说明

项目	描述
相关产品	CouchDB、MongoDB、Terrastore、ThruDB、RavenDB、SisoDb、RaptorDB、CloudKit、perservere、jackrabbit
数据模型	文档模式
典型应用场景	存储、索引并管理面向文档的数据或类似的半结构化数据

续表

项目	描述
优点	性能好、灵活性高、复杂性低、数据结构灵活
缺点	缺乏统一的查询语法，不支持文档间的事务

4. 图数据库

图数据库以图论为基础，用图来表示一个对象集合，包括顶点以及连接顶点的边。顶点代表实体，边代表两个实体之间的关系，并具有属性。另外，边还可以有方向，如果箭头指向谁，谁就是关系的主导方，从而形成复杂的关系图谱。图数据库可以高效地存储不同顶点以及连接顶点的边，适用于高度关联的数据集；可以高效地处理实体间的关系，尤其适用于社交网络、知识图谱、依赖分析、模式识别、推荐系统、路径寻找、论文引用等应用场景。图数据库的灵活性高，支持复杂的图形算法，可构建复杂的关系图谱。但是图的顶点数越多，连接顶点的边就越多，图的复杂性更高，数据规模也更大，图数据库的处理性能将受到很大的影响。图数据库相关说明如表 5-4 所示。

表 5-4　图数据库相关说明

项目	描述
相关产品	Neo4j、OrientDB、infogrid、InfiniteGraph、GraphDB
数据模型	图结构
典型应用场景	复杂、互联、低结构化的图结构场合，如社交网络、推荐系统等
优点	灵活性高，支持复杂的图形算法，可构建复杂的关系图谱
缺点	复杂性高、支持的数据规模有限

5.1.4　NoSQL 面临的挑战及发展趋势

NoSQL 数据库要得到更广泛的应用，还有许多困难和问题需要克服与解决。

（1）系统成熟度。关系数据库系统历史悠久，性能稳定且功能丰富。相较而言，大多数 NoSQL 数据库性能的稳定性还比较欠缺，还有较多功能有待实现。

（2）技术支持。使用者需要数据库系统安全可靠，如果系统出现了故障，希望能获得及时支持。但是大多数 NoSQL 数据库系统都基于开源项目，虽然有一些公司可提供技术支持，但大多无法做到及时响应。

（3）分析工具与商务智能应用。NoSQL 数据库的大多数特性都是面向网络应用的需求开发的，缺少智能查询和数据分析工具，即便是一个简单的查询都需要专业的编程技能，并且传统商务智能（business intelligence，BI）工具缺少对 NoSQL 数据库的支持。

（4）系统管理和开发的易用性。虽然 NoSQL 数据库的设计目标是提供简易的数据管理，不过现在 NoSQL 数据库需要很多专门技巧才能用好，也需要不少人力、物力来维护。而且 NoSQL 不支持 SQL 语句，与传统数据库应用存在兼容性问题，不同 NoSQL 数据库使用专用接口操作数据，编程也比较复杂。

传统关系数据库以完善的关系代数理论作为基础，具有严格的标准，支持事务特性，借助索引机制可以实现高效的查询，技术成熟度高，有商业公司提供技术支持，适用于传统的事务处理。但是在大数据时代，传统关系数据库也面临无法较好支持海量数据存储，数据模型过于死板而无法较好支持网络应用，事务机制影响系统整体性能等问题，仅用关系数据库架构来支持事务应用、网络应用与数据分析应用等还面临很多问题，具有很大的局限性。

数据库体系结构发展如图 5-9 所示，NoSQL 数据库虽然可以支持超大规模数据存储，可以采用灵活的数据模型很好地支持网络应用，具有强大的扩展能力等优点，但是 NoSQL 数据库面临缺乏严格的数学理论基础、复杂查询性能不高、不能实现事务强一致性和数据完整性、技术尚不成熟、缺乏专业团队的技术支持导致维护较困难等问题。NoSQL 数据库通过对事务语义的放松以提升系统的可扩展性，但是把数据一致性的维护交由使用者来管理，这对很多对一致性要求不高的网络应用来说是足够的。但是如果应用需要保证一致性，这对使用者来说就有些困难了。

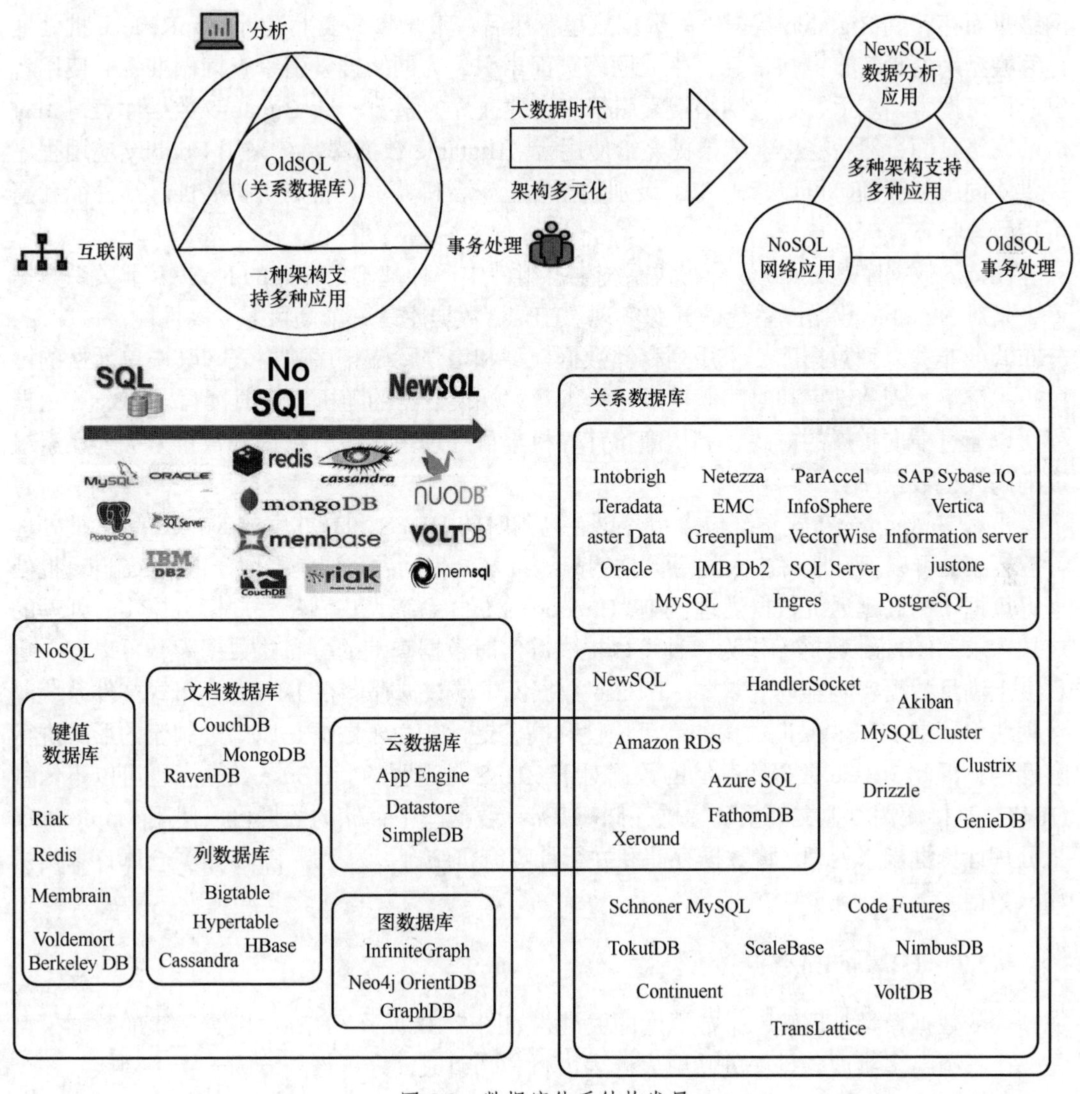

图 5-9　数据库体系结构发展

NewSQL 数据库就是在这样的背景下诞生的，它是对各种新的可扩展、高性能数据库的简称，这类数据库不仅具有 NoSQL 数据库对海量数据的存储管理能力，还具有传统数据库支持事务处理和通过 SQL 进行交互查询等特性。这样可以形成多种架构，支持多种应用，关系数据库应用于传统的事务处理，NoSQL 数据库应用于网络应用，NewSQL 数据库应用于新型的数据分析应用，达到物尽其用的效果。

5.2 HBase 数据库

5.2.1 HBase 概述

Bigtable 数据库系统是一个分布式数据库系统，利用 GFS 分布式文件系统作为底层数据存储，用于解决典型的互联网搜索问题。网络爬虫持续不断地抓取新网络页面，将这些网络页面存储到 Bigtable 数据库的数据表里，然后在整张数据表上运行 MapReduce 批处理计算模型来处理海量链接信息，生成网络页面索引，为网络搜索引擎查询做准备。使用者发起网络搜索请求后，通过网络搜索引擎查询建立好的索引，从 Bigtable 数据库表得到对应的网络页面，然后将搜索结果提交给使用者。Bigtable 数据库系统采用 Chubby 应用程序提供协同服务管理，可以管理 PB 级别数据和上千台机器，具备高可扩展性、高性能和高可用性等特点。

HBase 数据库是 Hadoop 分布式系统生态组件中一种基于列存储的 NoSQL 非关系数据库，是对 Bigtable 数据库系统的开源实现。HBase 数据库是一个高可靠、高性能、可伸缩、分布式的非关系列数据库，采用列存储数据模型和增强稀疏排序映射表，其中单元格的键由行关键字、列关键字和时间戳构成，提供对大规模数据的随机、实时读写。HBase 数据库可以通过横向扩展的方式，利用廉价计算机集群处理由亿级行数据和数百万级列元素组成的超大型数据库。

虽然 Hadoop 分布式系统包含高容错、高延时的 HDFS 和高并发的 MapReduce 批处理计算框架，可以很好地解决大规模数据的离线批量处理问题，但是受限于 MapReduce 批处理计算框架的高延迟批数据处理机制，Hadoop 分布式系统无法满足大规模数据实时处理的应用需求。HBase 数据库作为一种可以提供准实时数据查询的分布式数据库，可以在一定程度上满足数据实时查询的需要。HBase 数据库中的数据存储在 HDFS 分布式文件系统的数据块中，由 HDFS 保证数据的高可用性和高容错性。由于数据是以二进制流的形式进行存储的，因此 HBase 数据库存储的数据对于 HDFS 是透明的。HBase 数据库也可以不依赖 HDFS，直接使用本地文件系统提供存储。HBase 数据库中存储的数据可以使用 MapReduce 批处理计算框架来处理，将数据存储和并行计算有机结合，为上层 Hive 数据仓库计算提供输入数据。

5.2.2 HBase 的数据模型

表的数据模型是理解一个数据库的关键，如图 5-10 所示，HBase 数据库表的数据模型是一个稀疏、多维度、排序的映射表。表由行和列组成，列可被划分为若干个列族。每个 HBase 数据库表都由若干行和任意多的列组成，用户在表中存储数据，用一个可排序的行键（row key）来标识表的每一行。

一个或者多个列族（column family）构成了表的水平方向，列族是表的基本操作单元。一个列族中可以包含任意多个列（也称为列限定符），同一个列族里面的数据是存储在一起的。在同一个表的逻辑模式下，每行数据记录所包含的列族的个数与名称都是相同的。但是，每行数据记录中每个列族中列的个数可以是不同的。如图 5-11 所示，每一行都包含列族 1、列族 2 和列族 3，但是列族 1 第 row0 行包含 3 列，第 row1 行包含 2 列，第 row3 行包含 4 列。HBase 数据库的列族支持动态扩展，可以很轻松地添加一个列族或列，无须预先定义列的数量以及类型。

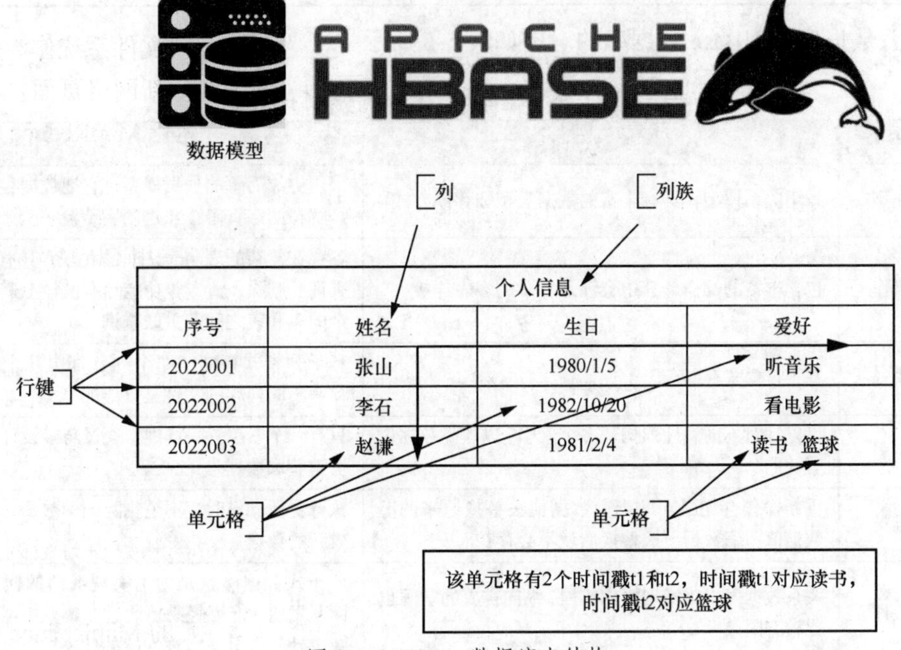

图 5-10　HBase 数据库表结构

行	列族 1				列族 2			列族 3	
row0	列 1	列 2	列 3		列 1	列 2	列 3	列 1	列 2
row1	列 1	列 3			列 1	列 2	列 3	列 1	列 3
row2	列	列 2	列 3		列 1			列 1	列 2
row3	列 1	列 2	列 3	列 4	列 1	列 2	列 3	列 1	列 4
……	列 1	列 2	列 4		列 2	列 3		列 1	列 2

图 5-11　HBase 数据库列结构

在 HBase 数据库表中，通过行、列族和列确定一个单元格（cell），单元格中存储的数据没有数据类型，总被视为字节数组（byte[]），是一个未经解释的字符串（二进制字节流），用户使用时需要自行进行数据类型转换。HBase 数据库执行更新操作时，并不是删除旧的数据，而是生成新的数据，这是因为 HDFS 分布式文件系统只允许追加数据，不允许修改数据。因此，HBase 数据库表中每个单元格都保存同一份数据的多个版本，这些不同数据版本采用时间戳进行索引。HBase 数据库表可以采用两种保存数据方式，一种是保存数据的最后 *n* 个版本；另一种是保存最近一段时间内的版本，比如说最近一个月。

因此，HBase 数据库表根据行键、列族、列和时间戳来确定一个单元格中的数据，单元格中的数据可以视为一个四维坐标点，即[行键，列族，列，时间戳]，示例如表 5-5 所示。

表 5-5 HBase 数据库表中单元格数据示例

键	值
[2022003,个人信息,爱好,t1(1174184619081)]	读书
[2022003,个人信息,爱好,t2(1174184619081)]	篮球

关系数据库与 HBase 数据库的对比如表 5-6 所示。

表 5-6 关系数据库与 HBase 数据库的对比

特性	关系数据库	HBase 数据库
数据模型	采用关系模型，具有丰富的数据类型和存储方式	采用更加简单的数据模型，它把数据存储为未经解释的字符串（二进制字节流）
数据操作	包含丰富的操作，其中会涉及复杂的多表连接	不存在复杂的表与表之间的关联，只有插入、查询、删除、清空等功能，在设计上避免了复杂的表和表之间的关联查询
存储模式	基于行模式存储	基于列模式存储，每个列族都由几个文件保存，不同列族的文件是分离的
数据索引	可以针对不同属性列构建多个索引，以提高数据读写性能	只有一个索引——行键，通过巧妙设计，使用行键获取数据
数据维护	更新操作会用最新的当前数据值去替换原来的旧数据值，旧数据值被替换后就不会存在	执行更新操作时，不是删除旧的数据，而是生成新的数据
可扩展性	关系数据库很难实现横向扩展，纵向扩展的空间也比较有限	分布式数据库就是为了实现灵活的横向扩展而开发的，能够轻易地通过在集群中增加或者减少硬件数量来实现性能的伸缩

在 HBase 数据库表的概念视图中，每个行都包含相同的列族。因为表是稀疏的，并不是每行都需要在每个列族里都存储数据，所以某些单元格中可以是空白的。HBase 数据库表的行键是行的标识，以二进制字节流来存储，并按字母顺序排序。如图 5-12 所示，以网络页面存储为例，行键按反向网络地址的字典顺序排序，易于使相同网址前缀的网络页面存放在一起，便于数据处理，如 www.wbu.edu.cn 和 www.hust.edu.cn 网址下的网页都放在一起。网页内容（列族 1）用来存储网络页面的内容，网页链接（列族 1）存储引用了这个网络页面的链接，网页类型（列族 1）存储了该网络页面的媒体类型。网络页面（www.wbu.edu.cn）的内容一共有 3 个版本，对应的时间戳分别为 t3、t5 和 t6；网络页面被两个页面引用，分别是 my.look.cn 和 cnnsi.edu.cn，被引用的时间分别是 t8 和 t9；网络页面的媒体类型从 t6 开始为 text/html，键[cn.edu.wbu.www,列族 1,网页链接,t9]对应的单元格中的数据为 wbu。

在概念视图中，可以看到许多单元格是空的，也就是说这些单元格上面没有对应值。但在物理视图中，这些空的单元格并不会存储为空值，而是根本不会被存储。由于属于同一个列族的数据保存在一起，可以将列族 1 中的网页内容、网页链接和网页类型 3 个列中的数据存放在一起。同时，行键、时间戳和每个列族一起存放。当请求这些空白的单元格数据时，查询不到就会返回空值，从而节省大量的存储空间。

列存储模型不适合做连接操作，因为一行的不同列被分散到不同存储文件中存储，当需要一个完整的行时，就需要从多个存储文件中读取相应字段的值来重新组合得到原来的一行。而 HBase 数据库通过把经常需要一起处理的列构成列族一起存放，可以避免需要对这些列进行重构操作。因此，HBase 数据库在充分利用列存储优势的同时，通过列族减少列连接的性能需求。

概念视图

	行键	时间戳	网页内容（列族1）	网页链接（列族1）	网页类型（列族1）
行键按二进制字节流来存储，并按字母顺序排序		t9		anchor:cnnsi.edu.cn=wbu	
	cn.edu.wbu.www	t8		anchor:my.look.cn= www.wbu.edu	
		t6	content:html="<html>..."		mime:type="text/html"
		t5	content:html="<html>..."		
		t3	content:html="<html>..."		
	cn.edu.hust.www	t1	content:html="<html>..."		
		t2			mime:type="text/html"

物理视图

行键	时间戳	网页内容（列族1）
cn.edu.wbu.www	t6	content:html="<html>..."
	t5	content:html="<html>..."
	t3	content:html="<html>..."
cn.edu.hust.www	t1	content:html="<html>..."

行键	时间戳	网页链接（列族1）
cn.edu.wbu.www	t9	anchor:cnnsi.edu.cn=wbu
	t8	anchor:my.look.cn=www.wbu.edu

行键	时间戳	网页类型（列族1）
cn.edu.wbu.www	t6	mime:type="text/html"
cn.edu.hust.www	t2	mime:type="text/html"

图 5-12　HBase 数据库模式

5.2.3　HBase 的体系架构

如图 5-13 所示，HBase 的体系架构主要由客户端、一个活跃主服务器（active master server）、多个备用主服务器、多个分区服务器（region server）以及 ZooKeeper 组成。HBase 数据库需要运行在 HDFS 之上，以 HDFS 作为其基础的存储设施。HBase 数据库提供了读写数据的 Java 应用服务接口，供客户端读写存储在 HBase 数据库中的数据。客户端读写数据时需要进行数据分区（region）的三级映射定位，而为了加速分区映射定位，客户端一般会缓存分区位置信息，在缓存失效时需要再次进行分区映射定位。在分区映射定位过程中，客户端只需要询问 ZooKeeper，获得根数据表的位置，不需要连接主服务器。分区映射定位完成后就由客户端直接与分区服务器进行联系，进行读写数据操作。

ZooKeeper 是一个很好的集群管理工具，被广泛用于分布式系统，提供配置维护、域名服务、分布式同步、组服务等。由于 HBase 数据库允许多个主服务器节点共存，ZooKeeper 可以帮助选出一个主服务器节点作为集群的活跃节点，并保证在任何时刻只有一个主服务器节点在运行，从而避免主服务器节点的单点失效问题。ZooKeeper 同时负责分区和分区服务器的注册。HBase 数据库包含多个分区服务器，主服务器必须知道每个分区服务器的状态，HBase 就是使用 ZooKeeper 来管理分区服务器状态的。每个分区服务器都向 ZooKeeper 注册，由 ZooKeeper 实时监控每个分区服务器的状态，并通知主服务器。

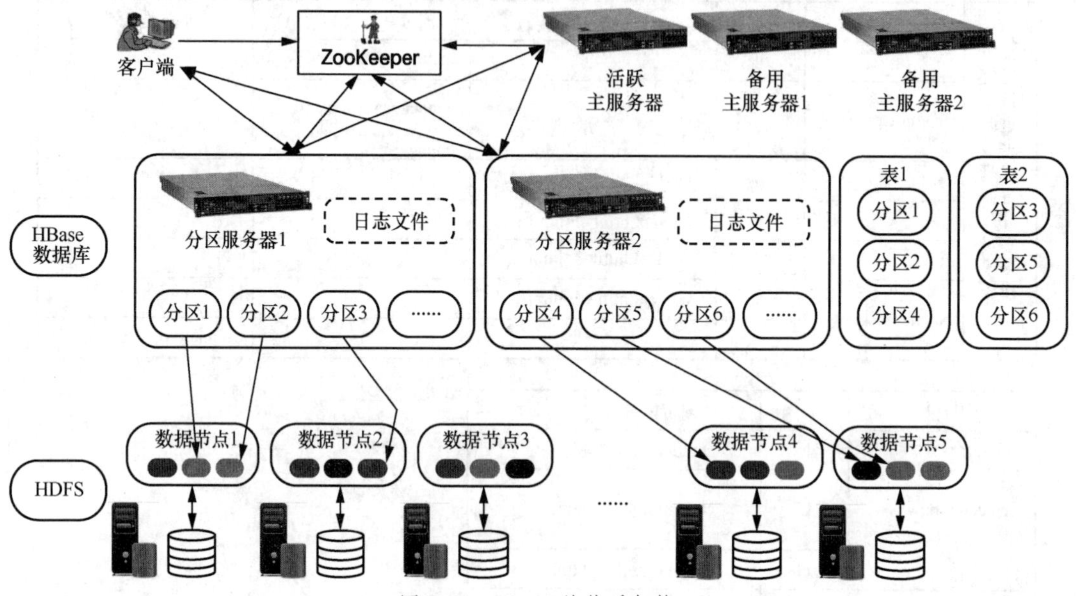

图 5-13 HBase 的体系架构

主服务器负责管理和维护 HBase 数据库表和分区信息，管理用户对数据库表的增加、删除、修改、查询等操作。主服务器还负责维护分区服务器列表，分配分区给分区服务器，协调多个分区服务器，检测各个分区服务器的状态，平衡分区服务器之间的负载，实现不同分区服务器之间的负载均衡，等等。在数据库表的分区分裂或合并后，主服务器负责重新调整分区的分布，对发生故障失效的分区服务器上的分区进行迁移。

分区服务器是 HBase 数据库的核心模块，HBase 数据库包含许多个分区服务器，每个分区服务器又包含多个分区。分区服务器负责存储和维护分配给自己的分区，处理来自客户端的读写请求。分区是 HBase 数据库中数据分发和负载均衡的最小单元，默认大小是 100MB～200MB。不同的分区可以分布在不同的分区服务器上，但一个分区不会拆分到多个分区服务器上。每个分区服务器负责管理一个分区集合。每个分区服务器存储 10～1000 个分区。客户端直接与分区服务器连接，并通过网络通信获取 HBase 数据库中的数据。分区服务器向 HDFS 分布式文件系统写入数据，并利用 HDFS 分布式文件系统提供可靠稳定的数据存储，保证数据的可用性、容错性。

如图 5-14 所示，HBase 数据库表中的所有行按照行键的字典顺序排列。因为一张表中包含的行的数量非常多，有时候会高达几亿行，所以需要将它们分布存储到多个分区服务器上。因此，HBase 数据库就会根据行键值对表中的行进行分区，每个行区间构成一个分区，包含位于某个值域区间内的所有数据。分区是按数据容量大小分割的，每个表一开始只有一个分区。但是随着数据不断插入表中，分区不断增大，当增大到一个阈值的时候，分区就会等分为两个新的分区。当表中的行不断增多时，就会分裂出越来越多的分区。分区分裂操作非常快，瞬间完成，因为分裂之后的分区读取的仍然是原存储文件。分区还有合并操作，合并不是为了性能，而是出于维护的目的。如果数据库删除了大量的数据，这个时候每个分区都变得很小，存储多个分区就存在浪费，这个时候把分区合并起来，可以减少一些分区服务器节点。HBase 数据库备份分区存储文件主要采用异步方式将分区数据写到独立文件中。

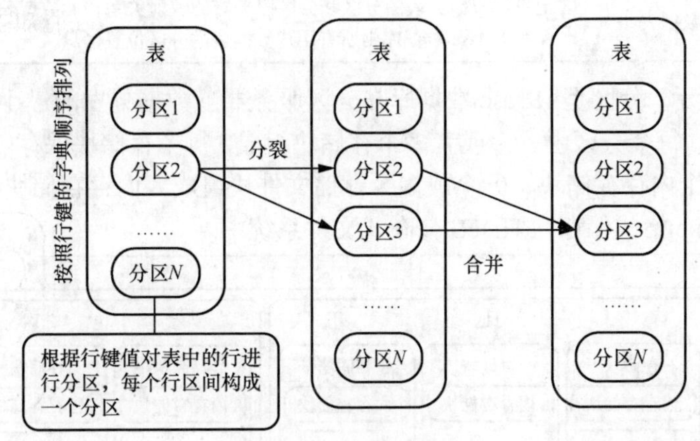

图 5-14　HBase 的分区

HBase 数据库的分区采用三层映射架构进行定位，如图 5-15 及表 5-7 所示，第一层是 ZooKeeper 文件，记录根数据表的位置信息；第二层是根数据表，记录所有元数据表的分区位置信息，根数据表只有一个分区，名字是在程序中被固定的；第三层是元数据表，记录用户数据表的分区和分区服务器的映射关系。当 HBase 数据库表越来越大时，元数据表也会被分裂成许多个分区。为了加快用户数据表的分区定位速度，元数据表的全部分区都会被保存在内存。HBase 数据库的分区定位的三层映射架构可以保存的用户数据表的分区数目的计算方法是：根数据表能够寻址的元数据表的分区个数×每个元数据表的分区可以寻址的用户数据表的分区个数。一般客户端获取分区信息后会进行缓存，用户下次查询不必从 ZooKeeper 文件开始进行分区定位。

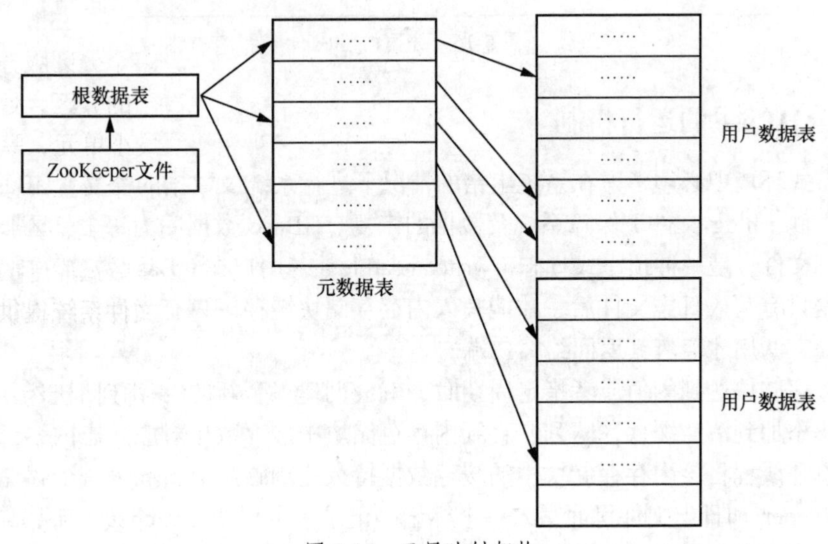

图 5-15　三层映射架构

表 5-7　三层映射关系

层次	名称	作用
第一层	ZooKeeper 文件	记录根数据表的位置信息
第二层	根数据表	记录所有元数据表的分区位置信息，根数据表只有一个分区。通过根数据表，就可以读取元数据表中的数据
第三层	元数据表	记录用户数据表的分区和分区服务器的映射关系，元数据表可以有多个分区，保存 HBase 数据库中所有用户数据表的分区位置信息

如图 5-16 所示，分区是 HBase 数据库在分区服务器上数据分发的最小单元，但并不是存储的最小单元。每个分区由一个或者多个存储块组成，每个存储块保存一个列族的数据。每个存储块由一个内存存储块、0 个或多个存储文件块组成。内存存储块存储在内存中，存储文件块以 hfile 格式保存在 HDFS 分布式文件系统中。

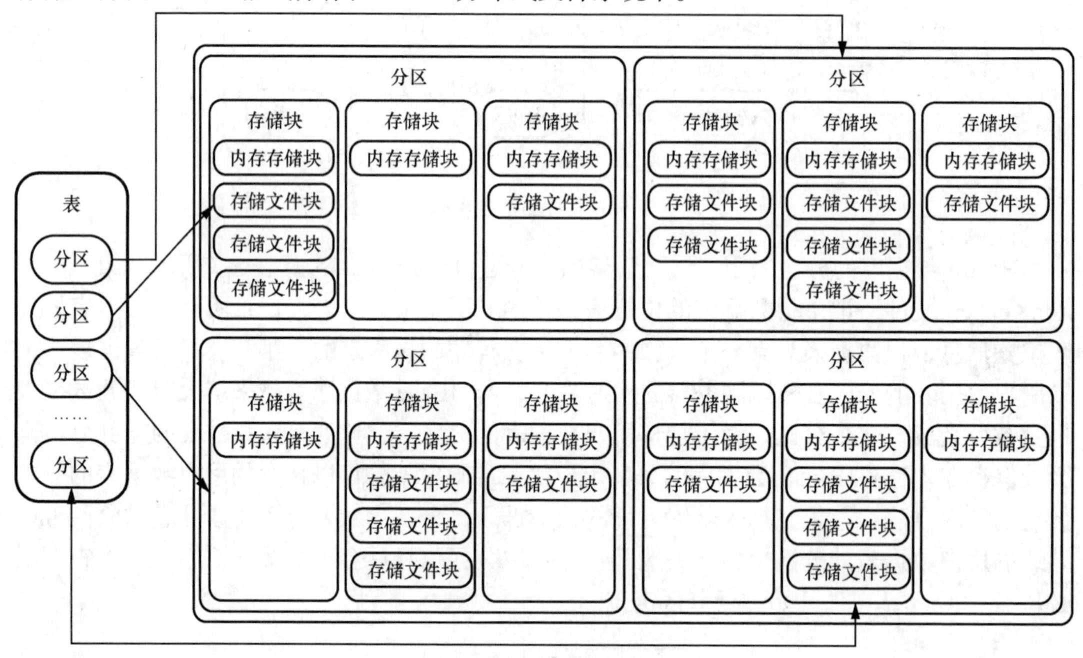

图 5-16　分区的组成

5.2.4　HBase 的运行机制

在分布式环境中必须考虑在系统出错的情况下进行系统及数据的恢复，HBase 数据库采用日志文件（hlog 文件）保障系统及数据的恢复。HBase 数据库为每个分区服务器配置了一个日志文件，是一种预写式日志（write ahead log）。用户在 HBase 数据库中更新表时，更新的数据只有写入日志文件后，才能写入内存存储块缓存。只有当操作写入日志文件之后，事务提交调用才会将其返回给客户端。

当内存存储块达到阈值或者指定周期时，就会创建一个新的内存存储块，并且将旧的内存存储块添加到清空缓存区队列。直到内存存储块中缓存数据对应日志内容已经写入磁盘，再由单独线程将该内存存储块中的缓存数据持久化到磁盘上，成为一个存储文件块。可在 ZooKeeper 和日志文件里面写入一个标记，记录一个检查点（checkpoint），表示这个时刻之前的数据变更已经持久化到磁盘上。当系统出现意外时，可能导致内存存储块中的数据丢失，此时可以使用日志文件来恢复检查点之后的数据。由于每次写都生成一个新的存储文件块，因此每个分区中包含多个存储文件块。存储文件块是只读的，创建后就不能再修改。因此，HBase 数据库的更新其实是不断追加的操作。当用户读取数据时，分区服务器会首先读取内存存储块，如果找不到数据，再去磁盘上面的存储文件块中寻找。

每次内存存储块里的缓存数据写入磁盘时都会生成一个新的存储文件块，导致存储文件块数量越来越多，甚至可能会影响分区数据的查询速度。可以采取合并操作把多个存储文件块合并成一个新的存储文件块。由于存储文件块的合并操作比较耗费磁盘读写资源，只有存储文件块的数量达到一定阈值才启动合并。但是如果单个存储文件块的容量过大，也就是存储文件块的大小达到一定阈值后，又会触发分裂操作，1 个存储文件块被分裂成 2 个存储文件块。如图 5-17 所示，4 个大小为 64MB 的存储文件块合并成一个 256MB 的新存储文件块。但是由于新存储文件块的容量超出了单个存储文件块的容量阈值，所以其又被分裂成 2 个 128MB 的新存储文件块。

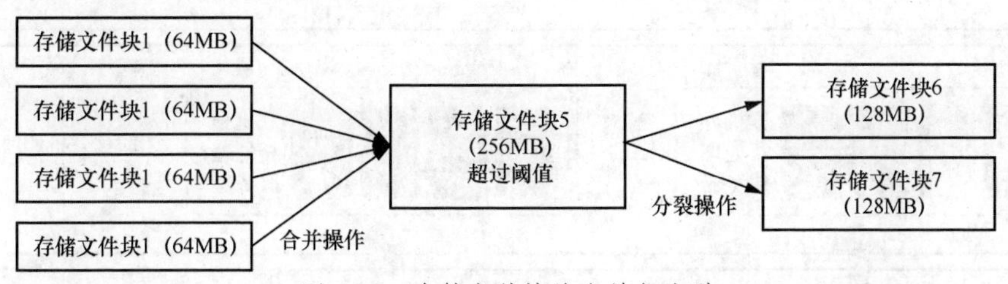

图 5-17　存储文件块的合并与分裂

ZooKeeper 会实时监测每个分区服务器的状态，当某个分区服务器发生故障时，ZooKeeper 会通知主服务器。主服务器首先会处理该故障分区服务器上面遗留的日志文件，该日志文件中包含来自多个分区对象的日志记录。系统会根据每条日志记录所属的分区对象对日志数据进行拆分，将其分别放到相应分区对象的目录下。然后将失效的分区重新分配到可用的分区服务器中，并把与该分区对象相关的日志记录也发送给相应的分区服务器。分区服务器领取到分配给自己的分区对象以及与之相关的日志记录以后，会重新做一遍日志记录中的各种操作，把日志记录中的数据写入内存存储块进行缓存。最后，将内存存储块中的数据刷新到磁盘的存储文件块中，完成数据恢复。分区服务器采用共用日志可以提高对表的写操作性能，但是系统恢复时需要拆分和传递分区对应日志。同时，每个分区服务器每次启动都检查日志文件，确认最近一次执行缓存刷新操作之后是否发生新的写入操作；如果发现更新，则文件先写入内存存储块，再刷新到存储文件块，最后删除旧的日志文件，开始为用户提供服务。

5.3 数据仓库

5.3.1 数据仓库概述

数据仓库用来存储面向主题的、集成的、相对稳定的和不随时间而变化的历史静态数据，用于支持决策管理。因此，数据仓库是在数据库已经大量存在的情况下，为了进一步分析挖掘历史大数据资源，为决策提供支持而产生的。由于历史数据有较大冗余，所以数据仓库需要较大存储容量。

数据仓库架构主要由 4 层组成，如图 5-18 所示，包括数据源层、数据仓库层、联机分析处理服务器、前端应用服务。数据源是数据仓库的基础，是整个系统的数据源泉，通常包括企业内部信息和外部信息。联机分析处理服务器是整个数据仓库的核心。数据仓库真正的关键是数据的存储和管理。联机分析处理服务器对需要分析的数据进行有效集成，按多维模型予以组织，以便进行多角度、多层次、多粒度的多维分析，发现趋势，为决策提供服务。前端应用服务主要包括各种报表工具、查询工具、数据分析工具、数据挖掘工具，以及各种基于数据仓库或数据集市的应用开发工具。

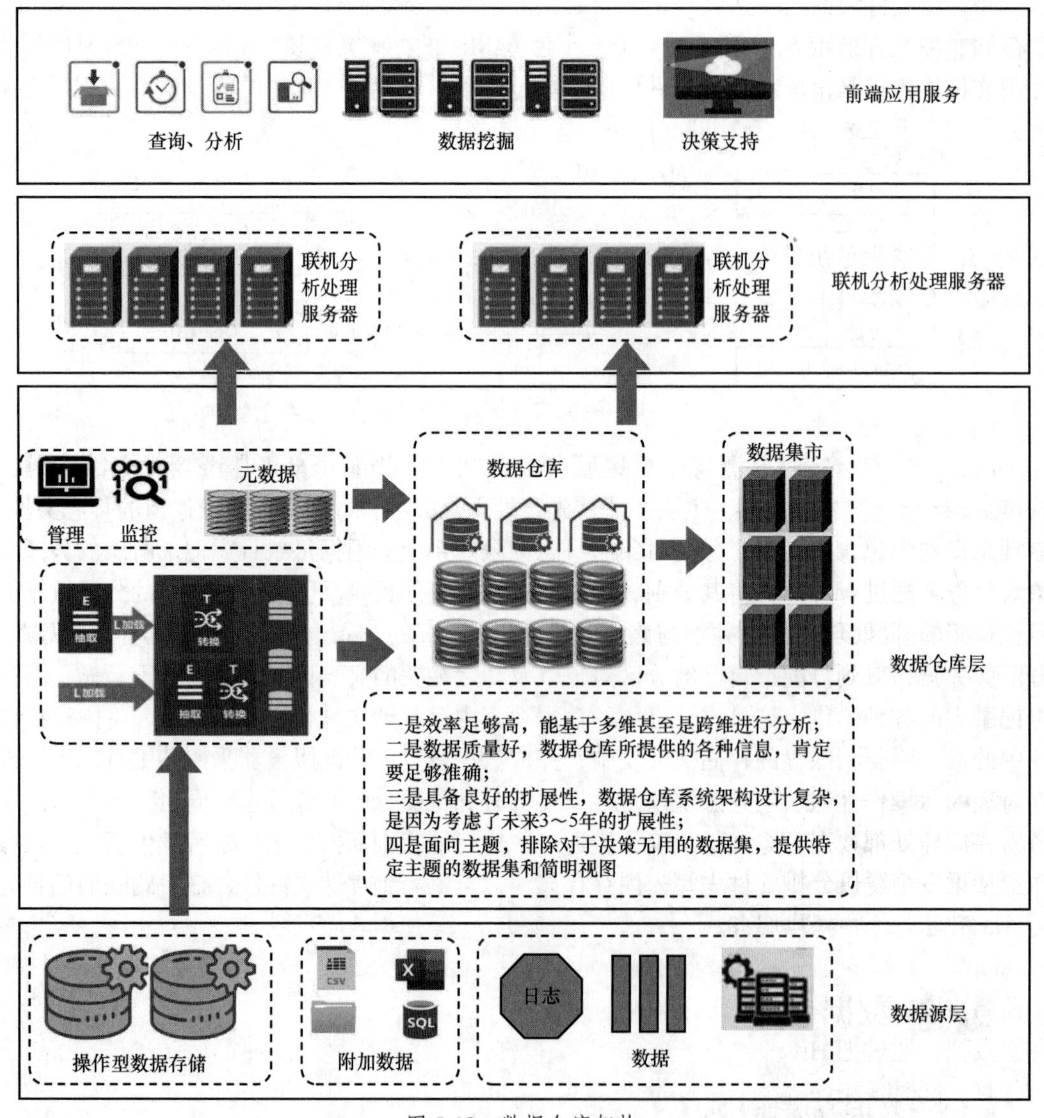

图 5-18　数据仓库架构

数据源层中的操作型数据存储具备数据仓库的部分特征和在线联机事务系统的部分特征，它用来存储面向主题的、集成的、当前或接近当前的、不断变化的数据，存放大数据系统需要频繁用到的实时业务明细数据。操作型数据存储可在业务数据库系统和数据仓库之间形成一个隔离层，存放从业务数据库系统直接抽取出来的数据，这些数据在数据结构、数据之间的逻辑关系上都与业务数据库系统中的基本保持一致，在抽取过程中极大降低了数据转化的复杂性。操作型数据存储转移一部分业务数据库系统细节查询的功能，原来由业务数据库系统产生的报表、细节数据的查询自然能够在操作型数据存储中进行，从而降低业务数据库系统的查询压力。并且，操作型数据存储完成在数据仓库中不能完成的一些功能，把细节数据查询的功能转移到操作型数据存储来实现，而且操作型数据存储的数据模型按照面向主题的方式进行存储，可以方便地支持多维分析等查询功能。

很多为了支持决策分析而构建的数据仓库系统，存放的大量历史数据是静态数据，可以利用数据挖掘和联机分析处理工具从静态数据中找到有价值的信息。由于多维数据转换、集成和建模都在数据仓库中完成，为了更好地为数据分析挖掘、前端分析展示应用服务，要求数据仓库效率足够高，能基于多维甚至是跨维进行分析。

5.3.2 Hive

数据仓库在大数据系统中占据较为核心的地位，但是传统数据仓库建立在关系数据仓库之上，无法满足快速增长的海量数据存储需求，也不能处理多种不同结构类型的数据。传统数据仓库本身的计算和处理能力也不强，缺乏对海量数据的快速查询和分析挖掘的能力。随着 MapReduce 批处理计算框架被提出以及 Hadoop 分布式系统的流行，出现了多个针对 Hadoop 分布式系统的数据仓库系统，典型代表系统包括 Hive、Impala 等。

Hive 是 Hadoop 分布式系统生态中的数据仓库系统，采用基于 MapReduce 批处理计算框架的 SQL 分析查询引擎，可以对存储在 HDFS 分布式文件系统上的数据集进行数据整理、特殊查询和分析处理。Hive 提供类似于 SQL 的查询语言 HiveQL，如图 5-19 所示，其基本原理是接收 SQL 语句，解析 SQL 语句，然后把 SQL 语句翻译成许多个 MapReduce 批处理计算任务，通过 MapReduce 批处理计算框架来实现基本的 SQL 查询操作。因为 Hive 基于 MapReduce 批处理计算框架，所以它把系统容错、执行以及资源管理的工作都交给了 MapReduce 批处理计算框架，其特点是简单与易于实现。但是 Hive 也存在一些不足，存在对标准 SQL 以及实时查询的支持不够、计算优化困难、很难充分利用整个集群的资源从而导致并发吞吐量较低等问题。

Hive 不是一个纯粹的数据仓库系统，其在某种程度上可以看成用户编程接口。Hive 本身不存储和处理数据，数据存放在 HDFS 中。Hive 不支持联机事务处理所需的关键功能，而更接近一个联机分析处理工具。如图 5-19 所示，用户可以通过编写的 HiveQL 语句来运行 MapReduce 批处理计算任务，可将原来构建在关系数据库上的数据仓库应用程序移植到 Hadoop 平台上。由于数据仓库存储的是静态数据，对静态数据的分析适合采用批处理方式，不需要快速给出结果响应，而且数据本身也不会频繁变化，因此 Hive 采用批处理方式处理海量数据，通过把 HiveQL 语句转换成 MapReduce 批处理计算任务进行海量静态数据的分析计算。同时，Hive 本身提供了一系列对数据进行抽取、转换、加载的工具，可以存储、查询和分析存储在 HDFS 中的大规模数据，这些工具能够很好地适应数据仓库的各种应用场景。Hive 体系架构的组件可以分为两大类：一类是服务端组件，包括驱动类（hive driver）组件、元数据存储（meta data store）组件、Thrift 服务；另一类是客户端组件，包括命令行接口（command-line interface，CLI）、Thrift 客户端、网页图形用户界面（Web GUI）。

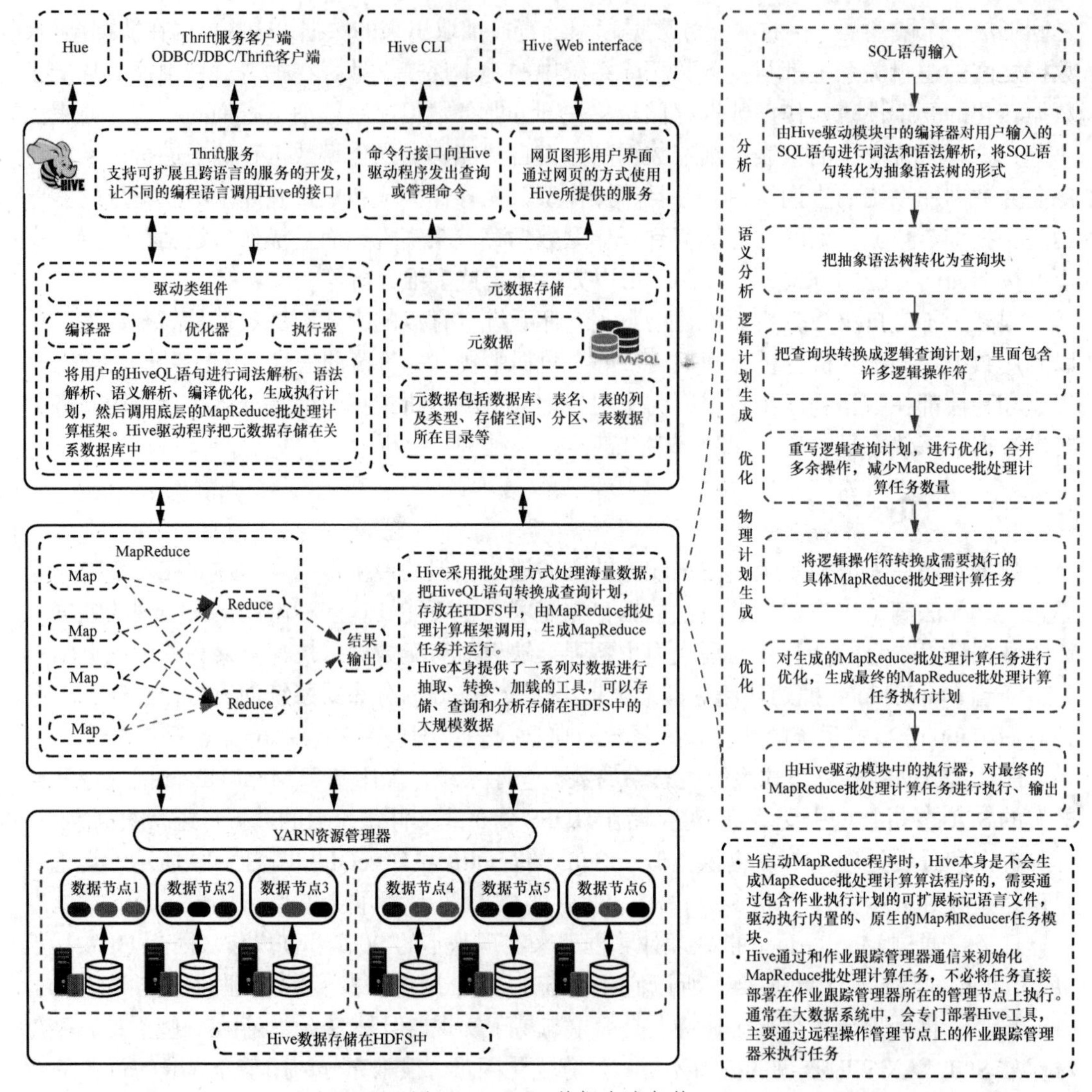

图 5-19　Hive 数据仓库架构

（1）驱动类组件将用户的 HiveQL 语句进行解析、编译优化等，生成执行计划，然后调用底层的 MapReduce 批处理计算框架。Hive 驱动程序把元数据存储在关系数据库中，如 MySQL。

（2）元数据存储用于存储 Hive 的元数据。Hive 支持把元数据存储服务独立出来，安装到远程的服务器集群里，从而解耦 Hive 查询服务和元数据存储服务，保证 Hive 运行的可靠性。

（3）Thrift 服务用来支持可扩展且跨语言的服务的开发，让不同的编程语言调用 Hive 的接口。

（4）命令行接口。可在 Linux 终端窗口向 Hive 驱动程序直接发出查询或管理命令。

（5）Thrift 服务客户端。Hive 架构的许多客户端接口是建立在 Thrift 服务客户端之上的，包括 JDBC、ODBC 和 Thrift 客户端。

（6）网页图形用户界面提供通过网络页面的方式使用 Hive 所提供的服务。这个接口对应 Hive 的网络页面界面（Hive Web interface，HWI）组件。

当用户向 Hive 输入一个 HiveQL 命令或查询时，Hive 需要与 MapReduce 批处理计算框架交互工作来完成该操作。Hive 的驱动模块接收命令或查询，编译器对该命令或查询进行解析编译，由优化器对该命令或查询进行优化计算，该命令或查询通过执行器进行执行。具体流程如下：

（1）由 Hive 驱动模块中的编译器对用户输入的 SQL 语句进行词法和语法解析，将 SQL 语句转化为抽象语法树的形式；

（2）抽象语法树的结构仍很复杂，不方便直接翻译为 MapReduce 批处理计算的算法程序，因此，把抽象语法树转化为查询块；

（3）把查询块转换成逻辑查询计划，里面包含许多逻辑操作符；

（4）重写逻辑查询计划，驱动模块进行优化，合并多余操作，减少 MapReduce 批处理计算任务数量；

（5）将逻辑操作符转换成需要执行的具体 MapReduce 批处理计算任务；

（6）对生成的 MapReduce 批处理计算任务进行优化，生成最终的 MapReduce 批处理计算任务执行计划；

（7）由 Hive 驱动模块中的执行器，对最终的 MapReduce 批处理计算任务进行执行、输出。

当启动 MapReduce 批处理计算程序时，Hive 本身是不会生成 MapReduce 批处理计算算法程序的，需要通过包含作业（job）执行计划的可扩展标记语言文件，驱动执行 MapReduce 批处理计算框架内置的原生的 Map 和 Reduce 任务模块。Hive 通过和作业跟踪管理器（jobtracker）通信来初始化 MapReduce 批处理计算任务，不必将任务直接部署在作业跟踪管理器所在的管理节点上执行。通常在大数据系统中，会有专门的网关来部署 Hive 工具，主要通过远程操作管理节点上的作业跟踪管理器来执行任务。

5.3.3 Impala

Impala 也是 Hadoop 分布式系统生态中的数据仓库系统，其基本出发点是把大规模并行处理技术引入 Hadoop 分布式系统，提供 SQL 语义，能查询存储在 HDFS 分布式文件系统和 HBase 数据库系统上的 PB 级大数据，在性能上比 Hive 的性能高出 3～30 倍。Impala 与 Hive 都是构建在 Hadoop 分布式系统之上的数据查询工具，各有不同的侧重适应面。但从客户端使用来看，Impala 与 Hive 有很多的共同之处，如数据表的元数据、开放式数据库互连（open database connectivity，ODBC）驱动程序、Java 数据库互连（Java database connectivity，JDBC）驱动程序、SQL 语法、灵活的文件格式、存储资源池等。Impala 与 Hive 在 Hadoop 中的关系如图 5-20 所示。

Hive 与 Impala 可以使用相同的数据存储池，都支持把数据存储于 HDFS 分布式文件系统和 HBase 数据库系统中，都使用相同的元数据，并且两者对 SQL 语句的解释处理比较相似，都是通过词法分析生成执行计划。但是 Hive 适用于长时间的批处理查询分析，而 Impala 适用于实时交互式 SQL 查询。Hive 依赖于 MapReduce 批处理计算框架，而 Impala 把执行计划表现为一棵完整的执行计划树，直接分发执行计划到各个 Impalad 守护进程执行查询。Hive 在执行过程中，如果内存放不下所有数据，则会使用外存，以保证批处理的分析查询能顺序执行完成，而 Impala 在遇到内存放不下数据时，不会利用外存，所以 Impala 在处理查询时会受到一定限制。Impala 的目的不在于替换现有的 MapReduce 批处理计算框架，把 Hive 与 Impala 配合使用效果较好，可以先使用 Hive 进行数据转换处理，再使用 Impala 在 Hive 处理后的结果数据集上进行快速的数据分析。

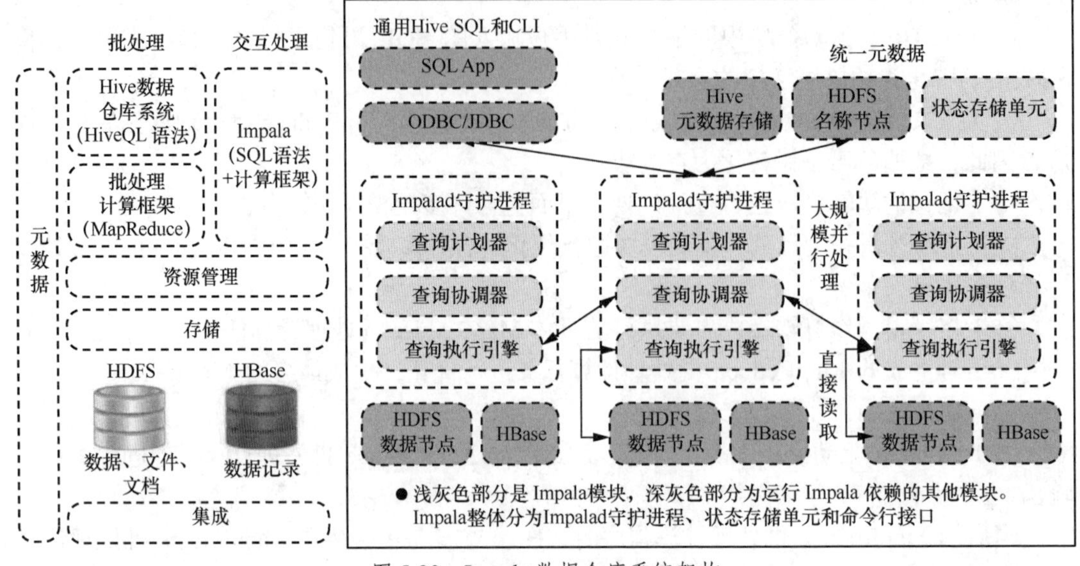

图 5-20　Impala 数据仓库系统架构

Impala 的运行需要依赖 Hive 的元数据，元数据直接存储在 Hive 中。Impala 采用了与并行关系数据库类似的分布式查询引擎，可以直接与 HDFS 分布式文件系统和 HBase 数据库系统进行交互查询。Impala 采用与 Hive 相同的元数据、SQL 语法、开放式数据库互连驱动程序、Java 数据库互连驱动程序和用户接口，从而可以在一个 Hadoop 分布式系统中同时部署 Hive 和 Impala 等分析工具，支持批处理和实时查询。Impala 主要由 Impalad 守护进程、状态存储单元和命令行接口 3 部分组成，如图 5-20 所示。

（1）Impalad 守护进程负责协调客户端提交的查询的执行，包含查询计划器（query planner）、查询协调器（query coordinator）和查询执行引擎（query exec engine）3 个模块，它们与 HDFS 分布式文件系统的数据节点运行在同一节点上，给其他 Impalad 守护进程分配任务以及汇总其他 Impalad 守护进程的执行结果。Impalad 守护进程也会执行其他 Impalad 守护进程为其分配的任务，主要是对本地 HDFS 分布式文件系统和 HBase 数据库系统里的部分数据进行操作。

（2）状态存储单元会创建一个状态存储守护进程，负责收集分布在集群中的各个 Impalad 守护进程的资源信息，用于查询调度。

（3）命令行接口给用户提供查询使用的命令行工具，还提供 Hue 驱动、开放式数据库互连驱动程序和 Java 数据库互连驱动程序的使用接口。

如图 5-21 所示，在用户提交查询前，Impala 先创建一个负责协调客户端提交查询的 Impalad 守护进程，该进程会向 Impala 的状态存储单元提交注册信息，状态存储单元会创建一个状态存储守护进程，状态存储守护进程通过创建多个线程来处理 Impalad 守护进程的注册信息。用户通过客户端提交一个查询到 Impalad 守护进程，Impalad 的查询计划器对

SQL 语句进行解析，生成解析树。查询计划器接着把这个查询请求的解析树变成若干计划片段（plan fragment），发送到查询协调器。查询协调器通过从 MySQL 元数据库中获取元数据，从 HDFS 的名称节点中获取数据地址，以得到存储这个查询相关数据的所有数据节点。接着，查询协调器初始化相应数据节点上 Impalad 守护进程上的任务执行，即把查询任务分发给所有存储这个查询相关数据的数据节点上的 Impalad 守护进程。查询执行引擎采用流式交换中间输出，并由查询协调器汇总来自各个 Impalad 守护进程的结果。最后，查询协调器把汇总后的结果返回给客户端。

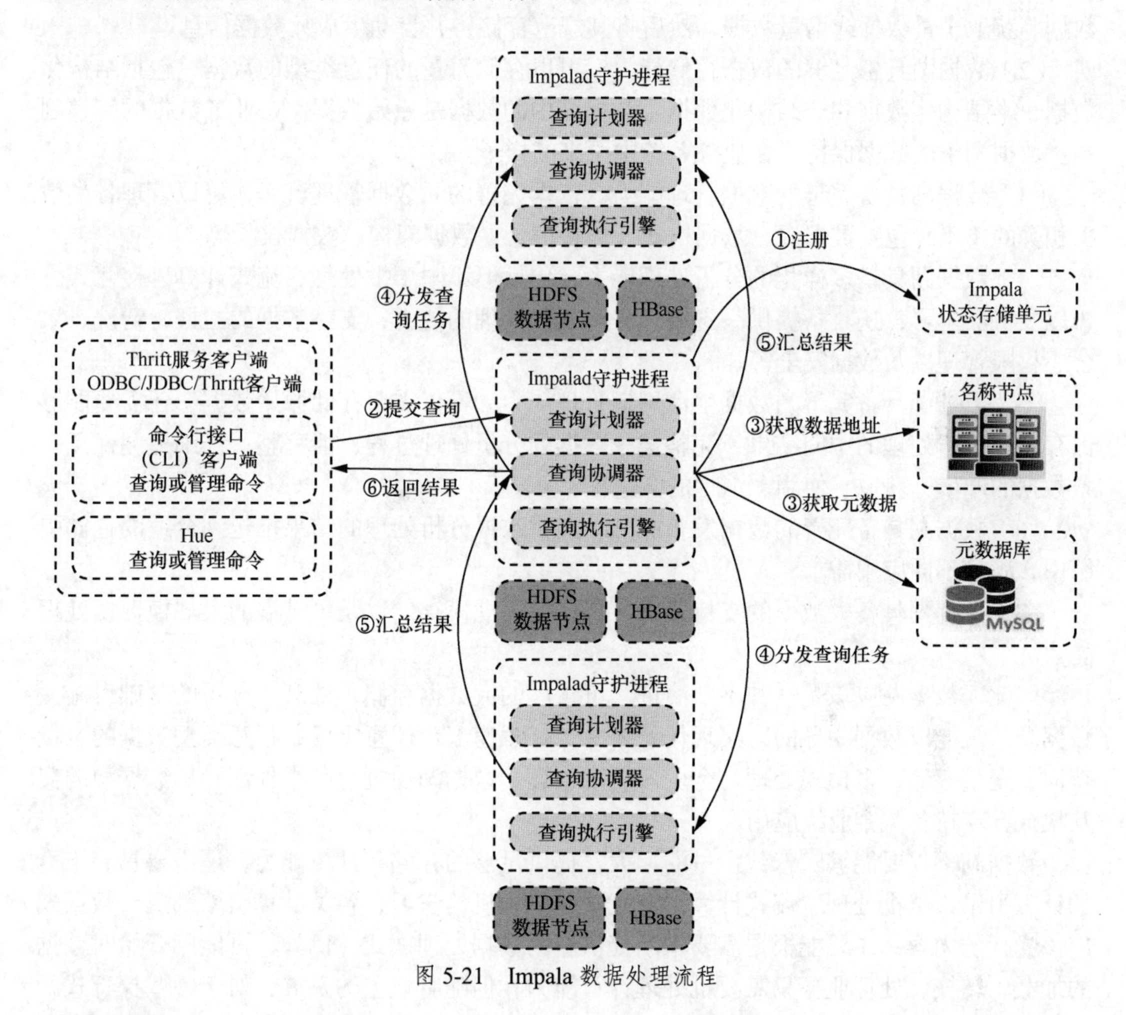

图 5-21 Impala 数据处理流程

5.4 本章小结

本章针对 NoSQL 非关系数据库的特点、理论基础、类型及发展趋势等进行了重点介绍，对 Hadoop 分布式系统中的 HBase 数据库进行了较为详细的分析说明，包括其数据模型、体系架构和运行机制等内容，最后对大数据系统中的数据仓库系统 Hive 和 Impala 的相关技术进行了简要说明。

拓展阅读

数据湖是目前比较火热的一个概念，许多企业都在构建或者计划构建自己的数据湖。数据湖所具备的能力其实很多，但是基本上都围绕以下几个能力特性展开。

（1）数据湖具备各种类型数据的接入能力，能从各种各样的数据源，包括数据库中的表、各种格式的文件、数据流、抽取-转换-加载工具转换后的数据、应用服务接口获取的数据等获取全量数据或增量数据，然后将其规范存储，并自动生成元数据信息。

（2）数据湖具备足够的数据存储能力，可以存储海量的任意类型的数据，包括结构化数据、半结构化数据和非结构化数据。数据湖中的数据是原始数据，是业务数据的完整副本。数据湖中的数据保持了在业务系统中原来的样子。

（3）数据湖具备完善的数据管理能力，依据完善的元数据管理流程，可以管理各类数据相关的要素，包括数据源、数据格式、连接信息、数据架构、数据权限等。

（4）数据湖具备多样化的分析处理能力，包括但不限于批处理、流式计算、交互式分析以及机器学习；还具备提供一定的任务调度和管理的能力，支持数据的验证、清洗、聚合、权限管理以及数据安全等。

（5）数据湖具备完善的数据生命周期管理能力，不仅需要存储原始数据，还需要能够保存各类分析处理的中间结果，完整记录数据的分析处理过程，能完整、详细追溯任意一条数据的产生、获取、使用、消亡的全过程。

（6）数据湖具备完善的数据发布能力，能将数据分析处理的结果推送到合适的存储引擎中，满足不同应用需求。

（7）数据湖具备大数据的支持能力，包括超大规模存储以及可扩展的大规模数据处理能力。

因此，数据湖应该是一种不断演进、可扩展的大数据存储、处理、分析的基础设施。数据湖系统能以数据为导向，实现任意来源、任意速度、任意规模、任意类型数据的全量获取、全量存储、多模式处理与全生命周期管理。数据湖通过与各类外部异构数据源的交互集成，支持各类企业级应用。

数据湖不仅要能够随着数据量的增大，提供足够的存储和计算能力，还需要具有丰富的计算引擎，从批处理、流式计算、交互式分析到机器学习，各类计算引擎都属于数据湖应该囊括的内容，还要能根据需要不断提供新的数据处理模式。例如，可能刚开始时数据的加载、转换、处理业务只需要批处理计算能力，但随着业务的发展，对于一些探索式的分析场景，可能需要引入交互式分析引擎，提供交互式的即席分析能力。随着业务的实效性要求不断提升，可能还需要实时计算的部分，要求数据湖会使用流式计算引擎，支持实时分析和机器学习等丰富的功能。随着大数据技术与人工智能技术的结合越来越紧密，各类机器学习/深度学习算法也被不断引入。数据湖还应内置多模态的存储引擎，综合考虑响应时间、并发数目、读取频次、系统成本等因素，以满足不同的应用对于数据的读取需求。因此，对一个成熟的数据湖而言，计算引擎和存储引擎的可扩展与可插拔，应该是其基础能力特征。

相比数据仓库，数据湖的构建和应用应以数据为导向，更加强调数据使用和分析的灵活性。对用户来说，数据湖要足够简单、易用，能帮助用户从复杂的信息系统基础设施运维工作中解脱出来，关注业务、关注模型、关注算法、关注数据，面向数据科学分析应用。

数据湖更强调业务数据的保真性，数据湖中会将业务系统中的数据存储一份完整副本。与数据仓库不同的地方在于，数据湖中必须保存一份原始数据，数据格式、数据模式、数据内容都不应该被修改。在这方面，数据湖更强调的是对于业务数据的原始保存。同时，数据湖应该能够存储任意类型与格式的数据。数据湖和数据仓库对比如表 5-8 所示。

表 5-8　数据湖与数据仓库对比

特征	数据仓库	数据湖
数据	来自事务系统、运营系统数据库和业务线应用程序的关系数据库	来自物联网（IoT）信息设备、网站、移动互联网应用程序、社交媒体和企业应用程序的非关系型和关系型数据
模式	设计在数据仓库实施之前（写入型模式）	写入在分析时（读取型模式）
性价比	更快地获取查询结果需要较高的存储和处理成本，重量级构建，时间成本高，投资规模大	更快地获取查询结果需要较低的存储和处理成本，灵活构建成本低、可复用的数据资产
数据类型	可作为重要事实依据的高度监管数据	任何可以或无法进行监管的数据（如原始数据、元数据等）
用户	业务分析师	数据科学家、数据开发人员和业务分析师（使用监管数据）
应用场景	批处理报告、BI 和可视化系统	机器学习、预测分析、数据发现和分析，支持数据集成和编程框架

数据湖之所以称为湖，主要基于以下考虑。

（1）河强调的是流动性，河终究是要流入大海的，而企业级数据是需要长期沉淀的，因此叫湖比叫河要贴切。同时，湖水天然是分层的，满足不同的生态系统要求，这与企业建设统一数据中心，存放管理数据的需求是一致的，热数据在上层，方便应用随时使用。温数据、冷数据位于数据中心不同的存储介质中，达到数据存储容量与成本的平衡。

（2）不叫海的原因在于，海是无边无界的，而湖是有边界的，这个边界就是企业的业务边界，因此数据湖需要更多的数据管理和权限管理能力。

（3）叫湖的另一个重要原因是数据湖是需要精细治理的，一个缺乏管控、缺乏治理的数据湖最终会退化为数据沼泽，从而使应用无法有效获取数据，使存于其中的数据失去价值。

因此，数据湖应该提供完善的数据管理能力。既然数据要求保真性和灵活性，那么至少数据湖中会存在两类数据：原始数据和处理后的数据。数据湖中的数据会不断积累、演化。因此，数据湖对于数据管理能力也会要求很高。数据湖是一个组织/企业中全量数据的存储场所，需要对数据的全生命周期进行管理，包括数据的定义、接入、存储、处理、分析、应用的全过程。一个强大的数据湖实现，需要能做到对其间的任意一条数据的接入、存储、处理、消费过程是可追溯的，能够清楚重现数据完整的产生过程和流动过程。

本章习题

（1）关系数据库的事务 ACID 特性是什么？

（2）NoSQL 数据库主要有哪些类型？各有什么特点？

（3）NoSQL 数据库的理论基础有哪些？

（4）CAP 理论是什么？有哪些设计原则？

（5）BASE 理论是什么？最终一致性有哪些？NoSQL 如何实现最终一致性？

（6）NoSQL 的发展趋势及挑战有哪些？

（7）HBase 数据库的特点有哪些？

（8）HBase 数据库表的模型结构是什么样的？列存储与行存储各有什么优缺点？

（9）请描述 HBase 数据库的体系架构和主要模块的功能。

（10）请描述 HBase 数据库的运行机制，描述其是如何实现系统的恢复流程的。

（11）简述数据仓库的作用和架构。

（12）请说明 Hive 数据仓库的架构和主要运行原理。

（13）请说明 Impala 数据仓库的架构和主要运行原理。

第6章 大数据的计算模式

本章导读

确定简单数据计算问题的计算模式并不简单，例如，大规模海量数据如何进行分布式并行计算？如何分发待处理数据？如何处理分布式并行计算中的错误？如何设计架构简单、可扩展、低成本、响应快速的分布式并行计算架构？这些都是人们面临的新问题，需要重新考虑。大数据时代面临的大数据处理问题更加复杂多样，单纯将计算模式从串行模式过渡到并行模式，从集中模式过渡到分布模式，并不能很好地满足规模不断扩大的大数据计算需求。与此同时，难以有一种单一的计算模式能涵盖所有不同的大数据计算需求。人们在研究和实际应用中发现，通过增加计算机资源，提高分布式并行计算机集群的计算能力，形成密集计算，能满足大数据离线批处理需求。但由于计算系统与数据存储系统是分离的，在进行计算前需要收集、汇聚和提前加载数据，而这面临大规模元数据管理和海量数据传输的瓶颈，对于实时性、低延迟、具有复杂数据关系和复杂计算需求的大数据计算问题表现很大的不适应性。因此，学术界和业界都在不断研究并推出多种不同的大数据计算模式，以适应实际应用的需求。

本章梳理大数据计算模式的特征和分类，重点针对 MapReduce 批处理计算框架、YARN 资源管理调度框架、Spark 内存批处理计算框架进行介绍和说明，使读者熟悉大数据计算模式的发展，掌握大数据计算模式的构建思想、体系架构、工作流程。

本章知识结构如下。

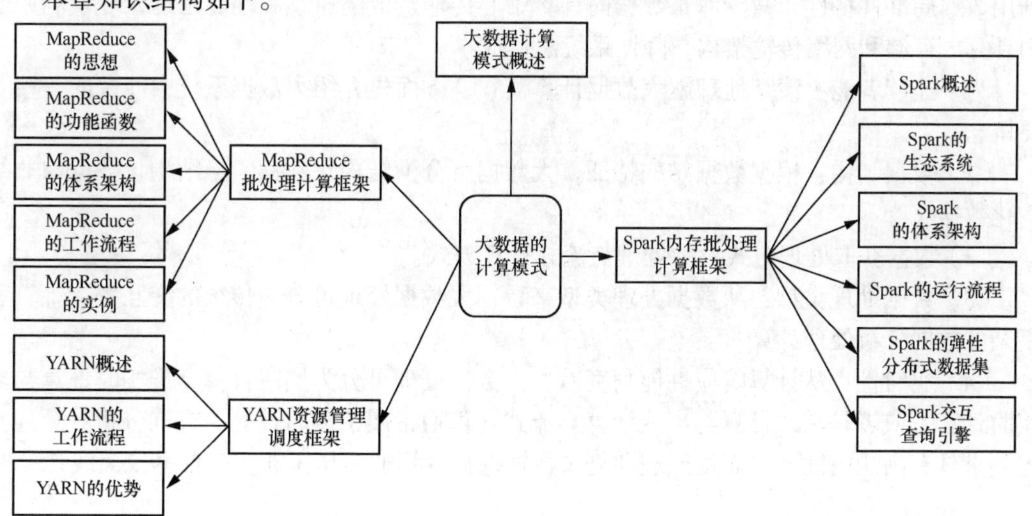

6.1 大数据计算模式概述

所谓计算模式，是指根据数据的数据特征和计算特征需求，从解决具有多样性的计算问题中提炼并建立起来的一种更高层次的抽象架构、模型和方法。自从计算机技术诞生以来，人们就在不断寻求利用计算机进行模拟仿真求解实际计算问题的计算模式。

早期主要采用串行计算模式，计算指令一般是被串行执行的，数据是一条条进行分析处理的。随着数据量的不断增加，出现了批处理计算模式，这是一种进行大规模数据计算的早期计算模式，主要用于处理大规模静态数据集，并在整体数据计算处理完毕后返回结果，经常用于对历史静态数据进行分析。这种传统计算模式主要是从计算机体系结构和编程语言的层面定义了一些较低层次的抽象架构、模型和方法，但由于大数据计算问题具有很多高层次的数据特征和计算特征，如大数据计算问题数据分布广泛、类型复杂、关系繁多、求解困难、待处理数据量巨大（PB 级）等，因此需要更多地结合大数据的数据特征和计算特征考虑更高层次的大数据计算模式。例如，大规模数据集中有大量结构一致的数据需要处理，为了提高处理效率，可以考虑增加计算的并行性，将数据集分解成相同大小的部分，同时利用多个程序进程、中央处理器或计算机并行工作，将针对大规模数据集的批处理扩展为并行计算模式，完成大规模数据集的处理任务，提高处理效率。但是传统的并行计算模式成本高昂，扩展性也较为有限，节点规模较小。此时可以将传统的并行计算模式进一步扩展，将计算任务运行在由大量计算机组成的分布式集群上，形成分布式并行计算模式。

随着大数据应用的飞速发展，数据产生的速度越来越快，数据量也越来越大，大型互联网企业每天需要处理的数据量都达到 10PB 以上。当前较快的网络传输速率约为 10Gbit/s，线性读取 10PB 容量的数据并完成网络传输需要耗费 10 多天的时间。很多大数据应用对于处理响应的要求非常高，这样的数据处理速度是不能被容忍的。只有充分利用分布在成百上千个计算节点上的软硬件资源，获得强大的分布式并行计算能力，才能在较短时间内完成大规模数据的计算处理任务。除了考虑计算能力的分布，还可以考虑数据的分布，形成数据密集型计算模式，也就是在靠近分布的数据存储系统附近部署计算系统，计算时充分利用数据局部性特性，减少海量数据向计算中心传输造成的瓶颈和性能延迟，尽量利用通用计算、存储和网络传输架构，降低系统总体成本。

为了让读者能更清晰地理解大数据计算模式，下面先介绍大数据系统中涉及的一些主要概念。

（1）数据结构：根据数据结构特征，大数据可分为结构化数据、半结构化数据与非结构化数据。

（2）数据获取处理方式：批处理与流式计算方式。

（3）数据处理类型：从数据处理类型来看，大数据处理可分为传统的交互查询计算和复杂的数据分析处理计算。

（4）实时性：从计算响应性能角度看，大数据处理可分为实时计算、准实时计算与非实时计算，或者是在线计算与离线计算。流式计算通常属于实时计算，查询分析计算通常也要求具有高响应性能，而批处理和复杂数据挖掘计算通常属于非实时计算或离线计算。

（5）迭代计算：大数据中有很多计算问题需要大量迭代计算（从某个值开始，不断地由上一步的结果计算出下一步的结果，就叫迭代计算，譬如一些机器学习算法），为此需要提供具备高效迭代计算能力的计算模式。

（6）数据关联分析：适用于处理数据关系较为简单的计算任务，其对应的计算模式也相对较为简单。但是面对大数据环境下的社会网络等具有复杂数据关系的计算任务时，则需要研究和使用较为复杂的计算模式。

（7）计算体系结构：由于需要支持大规模数据的存储计算，大数据处理通常需要使用基于集群的分布式存储与并行计算体系结构和硬件平台。此外，为了克服传统的简单计算框架在计算性能上的缺陷，需要从体系结构层面提出新计算模式。

根据大数据计算多样性的需求和不同的数据特征，目前出现了多种典型和重要的大数据计算模式，主要包括大数据查询分析计算、批处理计算、内存计算、流计算、图计算等。与这些计算模式相适应，出现了很多对应的大数据计算系统，典型大数据计算模式与其对应的典型大数据计算系统如下。

（1）大数据查询分析计算是一种借助数据库系统来完成大规模数据交互查询和分析处理的计算模式。相关系统包括 HBase、Hive、Cassandra、Impala、Shark 等。

（2）批处理计算是一种批量处理大规模数据的计算模式，一般采用分布式批处理计算框架进行封装，大大降低使用者设计和使用并行计算应用程序的难度。相关系统包括 MapReduce、Spark 等。

（3）内存计算是一种采用大容量高速内存来辅助完成大数据处理的计算模式，由于采用磁盘进行数据读写，其计算性能往往难以满足要求。随着内存价格的不断下降以及服务器可配置内存容量的不断提高，内存计算已经成为大数据计算模式的一个重要发展方向。相关系统包括 Dremel、HANA、Spark 等。

（4）流计算是一种处理流式数据的实时计算模式，需要对一定时间窗口内应用系统产生的流式数据实时、快速完成计算处理，避免造成数据积压和丢失，其特点是数据不断产生与流动、计算节点不动。相关系统包括 Scribe、Flume、Storm、Spark Streaming 等。

（5）图计算是一种处理具有相关关系的图数据的计算模式。大规模图数据处理需要考虑使用分布式存储和计算方式。在有效的图划分策略下，大规模图数据能够分布存储在不同节点上，可在每个节点上对本地子图进行并行图处理。相关系统包括 Pregel、Giraph、Trinity、PowerGraph、GraphX 等。

在数据规模较大时，大数据系统即使采用分布式数据存储管理和并行计算方法，仍然难以达到集中处理中小规模数据时那样的响应性能，因此需要加快研究并提供面向大数据分布式存储管理和计算处理的新技术方法和系统，尤其是研究在数据体量极大时如何提供实时或准实时的数据处理能力。

6.2 MapReduce 批处理计算框架

如图 6-1 所示，传统批处理计算框架采用共享式集群架构，比较适合要求实时性、细粒度、计算密集型的数据集中处理应用场景，数据需要集中到计算节点，向计算靠拢。采用这种共享式集群架构要么共享内存，要么共享存储，导致其数据容错性较差；还需要部署专用服务器、专用的高速传输网和存储系统，导致系统总体成本高、扩展性较差、结构复杂。并且，并行应用程序的结构较为复杂，需要对内部细节进行控制，学习和编程的难度较高。

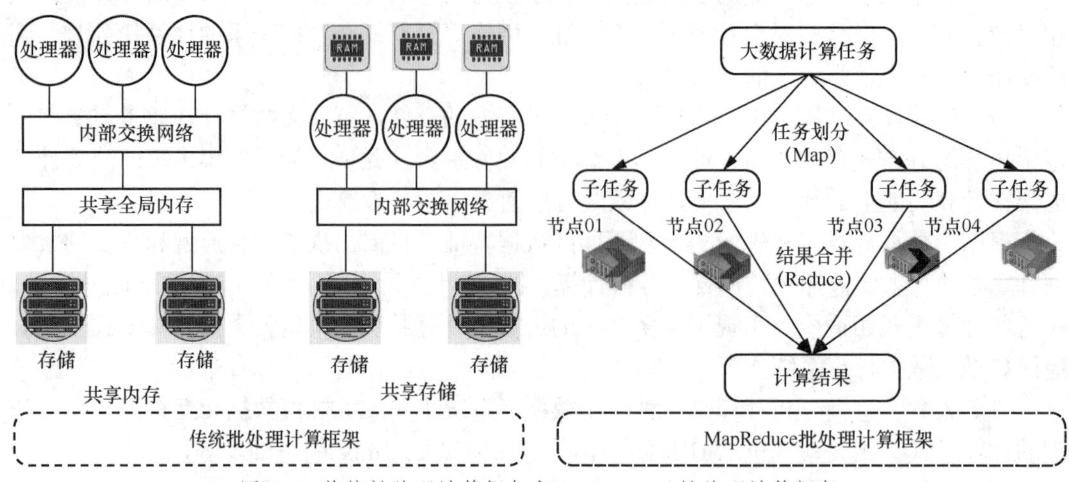

图 6-1 传统批处理计算框架和 MapReduce 批处理计算框架

MapReduce 批处理计算框架是一个分布式批处理计算框架，比较适合要求非实时性、粗粒度、数据密集型的海量数据批处理应用场景，实现计算向数据靠拢。MapReduce 批处理计算框架采用非共享式分布式并行处理架构，架构的容错性较好，可以部署在普通、廉价的计算机上，系统成本较低，扩展性较好。MapReduce 批处理计算框架将并行处理流程、分布式存储、工作调度、数据容错、数据分布、负载均衡、网络通信等封装在架构库中，屏蔽了底层处理细节的复杂性。

6.2.1 MapReduce 的思想

如何得出一摞牌中各种花色的牌各有多少张呢？常规方式就是一张张检查这些牌，然后依次数出各种花色的牌各有多少张。但是牌的张数越多，查找和分类的速度就越慢，特别是在牌的数量特别多的情况下，获取结果的时间会很长。但是如果先把牌分配给所有玩家，让每个玩家各自数自己手中各种花色的牌各有多少张，然后把这些数目汇总加起来，就可以得到最后的结论。这就是一种采用分而治之思想的 MapReduce 方法，玩家各自查看牌的花色就是一种简单任务，因为参与的玩家越多，每个玩家数的牌数相对于所需要数的全部牌数就越小，每个玩家可以并行进行数牌和分类，彼此间几乎没有依赖关系，可以大大加快得到每个玩家拥有不同花色牌的数量的速度，人数越多速度越快。还要注意每个玩家的牌分配是否均匀，如果某个玩家分到的牌远多于其他玩家的，那么他数牌的速度可能比其他玩家要慢很多，从而会影响整个数牌的进度。

MapReduce 批处理计算框架用于大规模数据集（通常大于 1TB）的分布式并行运算。MapReduce 的思想就是分而治之，实现 Map 和 Reduce 两个功能，如图 6-2 所示。

Map 功能负责分解和执行任务，把大数据集的复杂任务分解为若干个简单任务，执行就近并行计算。简单任务就是指数据或计算规模相对于原任务的大大缩小；就近并行计算是指简单任务被分配到存放了所需数据的节点进行计算（图 6-2 中就把计算任务分发到包含数据的 4 个节点上进行计算），实现计算靠近数据；并且不同节点上的简单任务彼此间几乎没有依赖关系，可以并行计算。如果一些简单任务前后数据项之间存在很强的依赖关系，则无法进行并行计算，只能进行串行计算。Map 功能把一个处理函数应用于数据集，然后返回一个基于这个处理函数的结果集，也就是把一组输入数据映射为另外一组输出数据，其映射的规则由处理函数来指定，如[1,2,3,4]进行乘 2 的映射就变成了[2,4,6,8]。

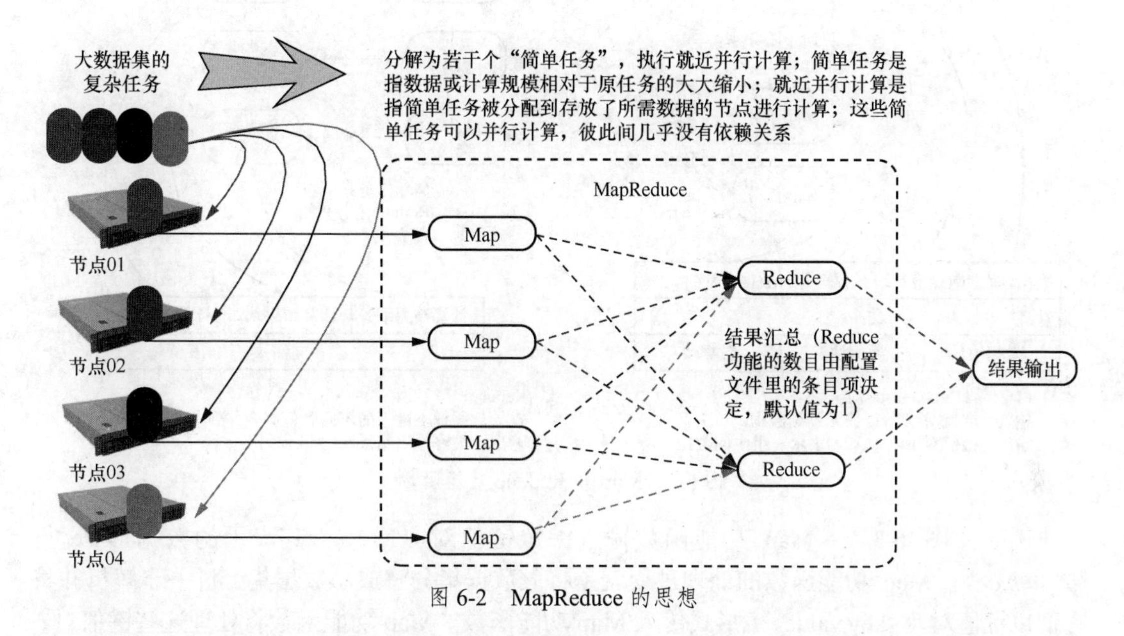

图 6-2　MapReduce 的思想

Reduce 功能对 Map 功能的输出结果进行汇总。Reduce 功能的数目由 MapReduce 批处理计算框架中配置文件（Mapred-site.xml）里的条目项（Mapred.Reduce.tasks）决定，默认值为 1（表示 MapReduce 批处理计算框架必须含有一个 Reduce 功能），用户可以进行修改。Reduce 功能通过把一个处理函数应用于进行分类和归纳后的 Map 功能输出集，对 Map 功能输出集进行规约，规约的规则也是由一个函数指定的。例如，对[1,2,3,4]进行求和的规约，得到的结果是 10。

需要注意 Map 功能和 Reduce 功能两个阶段之间需要进行数据交换的规模、任务的实时性需求、数据集的静态程度和任务之间是否存在依赖关系等问题。

6.2.2　MapReduce 的功能函数

如图 6-3 所示，MapReduce 批处理计算框架中的 Map 和 Reduce 两个相对独立且抽象的功能函数，为使用者提供了一个较为清晰的接口和接口参数描述，由使用者编程实现。相对传统的并行计算架构而言，Map 和 Reduce 功能函数理解起来更加简单，编程也相对容易，并可以进行平滑迁移。Map 和 Reduce 两个功能函数不会在同一节点的同一时刻运行，但可以在不同节点上并行运行。Map 功能函数负责分而治之，把原有任务分解成许多个简单任务。与此同时，一个存储在 HDFS 分布式文件系统中的大规模数据集会被切分成许多独立的数据分片（图 6-3 中一个文件包含的数据块 1、2、3 被分成数据分片 1、2、3、4……），这些数据分片可以分别被多个 Map 任务并行处理。Reduce 功能函数负责把分解后的多个 Map 任务并行处理结果进行汇总，并把计算结果存回 HDFS 分布式文件系统。

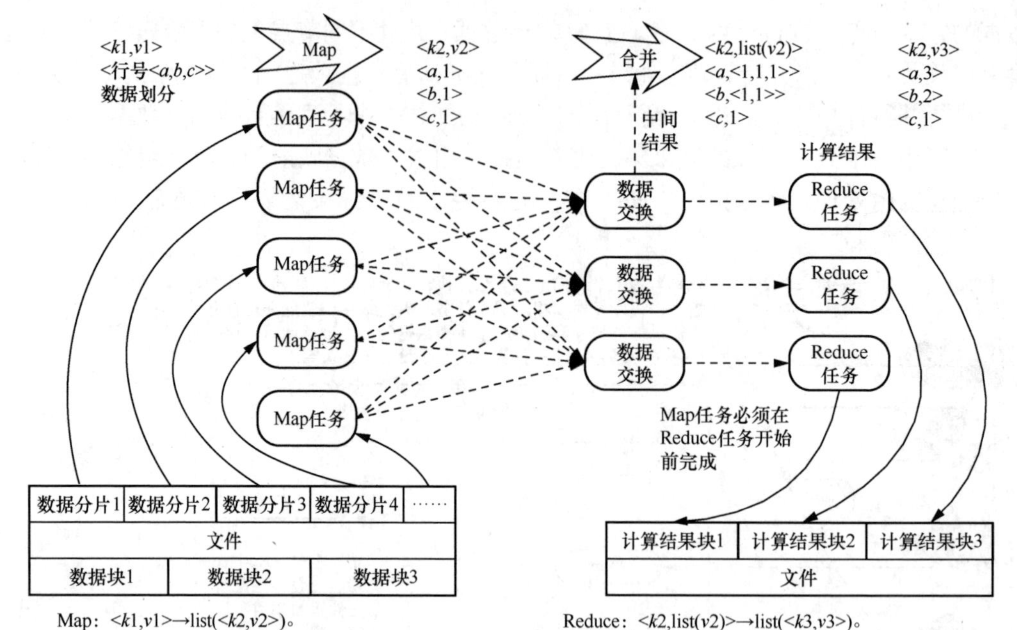

图 6-3　Map 和 Reduce 功能函数

例如，图 6-3 中 Map 功能函数输入一个键值对<*k*1,*v*1>，其表示的数据形如<行号,<*a*,*b*,*c*>>。Map 功能函数的处理过程就是将大数据集分解成小数据集，进一步解析并将它们以键值对（<key,value>）形式传入 Map 功能函数。Map 功能函数将处理这些键值对，并以另一种键值对形式输出中间结果 list(<*k*2,*v*2>)，其表示一组中间数据，形如<*a*,1>、<*b*,1>、<*c*,1>。

Reduce 功能函数的输入数据是由 Map 功能函数输出的一组键值对 list(<*k*2,*v*2>)进行合并处理后的一组键值对。list(<*k*2,*v*2>)是主键下的不同数值，会合并到一个列表 list(*v*2)中，故 Reduce 功能函数的输入为<*k*2,list(*v*2)>，形如<*a*,<1,1,1>>。Reduce 功能函数的处理过程是对传入的中间结果进行某种整理或进一步的处理，并产生最终的输出结果 list(<*k*3,*v*3>)，形如<*a*,3>。

需要注意的是，Map 功能函数的输出格式与 Reduce 功能函数的输入格式并不一定相同，前者是 list(<*k*2,*v*2>)格式，后者是<*k*2,list(*v*2)>格式，所以，Map 功能函数的输出键值对并不能直接作为 Reduce 功能函数的输入键值对。MapReduce 批处理计算框架会把 Map 功能函数的输出键值对按照主键进行归类，把具有相同主键的键值对进行合并，合并成<*k*2,list(*v*2)>的格式，其中 list(*v*2)是一批属于同一个 *k*2 键的值。

如图 6-4 所示，MapReduce 批处理计算框架中 Map 功能函数创建 Map 任务，对所划分的数据进行并行处理，不同的输入数据产生不同的中间结果。Map 功能函数的输入数据来自 HDFS 分布式文件系统的文件数据块，这些文件数据块的格式是任意类型的，可以是文档、数值，也可以是二进制数据，由一系列数据块组成。Map 功能函数首先将输入的文件数据块转换成<key,value>形式的键值对，键和值的类型也是任意的。Map 功能函数的作用就是把每一个输入的键值对映射成一个或一批新的键值对，输出键值对里的键与输入键值对里的键可以是不同的。

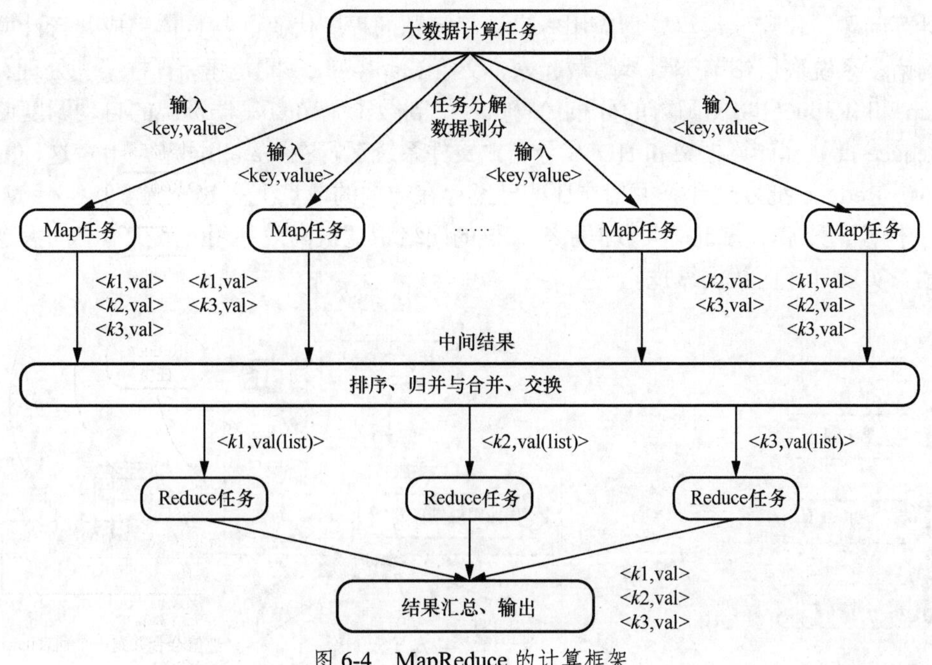

图 6-4　MapReduce 的计算框架

Reduce 功能函数对一个键值对列表的元素进行适当的合并，Map 功能函数输出处理后的键值对，输出结果一般会合并成一个文件。各个 Reduce 功能函数各自进行并行计算，负责处理不同的中间结果。运行 Reduce 功能函数进行处理之前，必须等到所有的 Map 功能函数运行完成。因此，在运行 Reduce 功能函数前需要有一个结果同步，这个阶段也负责对 Map 功能函数的中间结果进行收集处理，以便 Reduce 功能函数能更有效地计算最终结果。MapReduce 批处理计算框架最终汇总所有 Reduce 功能函数的输出结果即可得到最终结果。虽然 Reduce 功能函数创建的 Reduce 任务数不如 Map 任务数多，并行度也没有 Map 任务高，但是因为 Reduce 功能函数总需要得到一个简单答案，并且与 Map 任务的大规模计算相对独立，所以 Reduce 功能函数在高度并行环境下也很有用。

6.2.3　MapReduce 的体系架构

MapReduce 批处理计算框架的体系架构如图 6-5 所示，主要由以下几个部分组成，分别是客户端（client）、作业跟踪管理器、任务跟踪管理器（tasktracker）和任务（task）。

MapReduce 批处理计算框架的体系架构是主/从（master/slave）结构，由一个作业跟踪管理器和多个任务跟踪管理器共同组成。作业跟踪管理器是 MapReduce 批处理计算框架的主服务，和名称节点运行在同一服务器上，负责调度组成一个批处理作业（job）的所有任务，这些任务分布在不同的任务跟踪管理器上。作业跟踪管理器利用任务调度器（taskscheduler）进行作业任务的创建与分派，负责监控批处理作业的执行状况，重新执行已经失败的任务。任务跟踪管理器是 MapReduce 批处理计算框架的从服务，和众多数据节点运行在同一服务器作业上，提供心跳信息给作业跟踪管理器，告知作业任务运行状态信息。任务跟踪管理器仅负责执行由作业跟踪管理器指派的作业任务。

MapReduce 批处理计算框架通过抽象模型和计算框架把需要做什么与具体怎么做分开，为使用者提供了一个抽象的、高层次的编程接口，使用者仅需要关心其应用程序如何解决计算问题，仅需要编写处理应用本身计算问题的程序代码。与具体完成并行计算任务相关的诸多系统底层细节被封装隐藏起来，交给 MapReduce 批处理计算框架去处理，包括从 Map 和 Reduce 功能函数的分布代码执行，到数千个节点集群资源的自动调度使用。MapReduce 批处理计算框架和 HDFS 分布式文件系统运行在一组相同节点上。这种配置有利于 MapReduce 批处理计算框架在那些已经存在数据的节点上高效地调度和执行 Map 和 Reduce 任务，使整个分布式大数据系统集群的网络带宽被高效利用，减少节点间大规模数据移动，实现计算向数据靠拢。

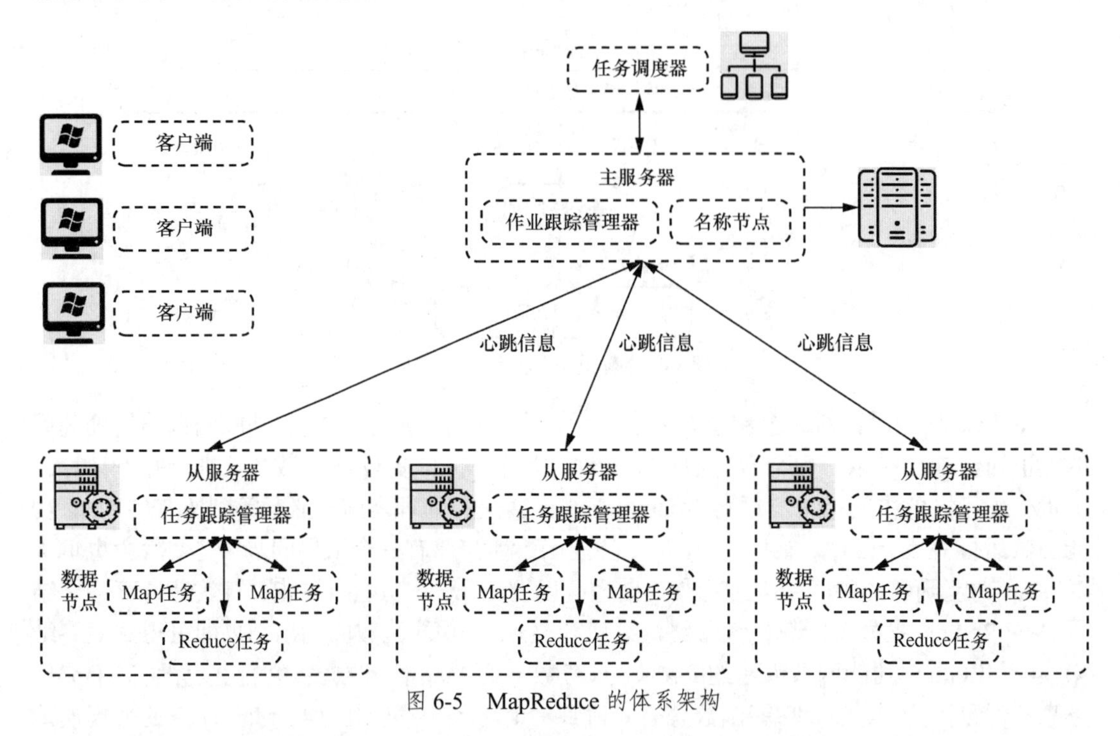

图 6-5　MapReduce 的体系架构

MapReduce 批处理计算框架的运行流程如图 6-6 所示，客户端、作业跟踪管理器、任务跟踪管理器和任务各自对应的工作如下。

（1）客户端。使用者编写 MapReduce 程序，通过作业客户端（jobclient）提交到作业跟踪管理器。使用者可通过客户端提供的服务接口查看作业任务运行状态。首先，客户端节点通过运行作业（run job）方法启动作业提交过程（流程①），通过作业跟踪管理器的 getnewjobid 函数向作业跟踪管理器请求一个新的作业号（jobid）（流程②）。然后客户端检查作业 Java 归档文件（JAR 文件）、作业配置文件、输出说明、计算所得的输入数据分片等内容，如果有问题就提示异常；如果正常，就将运行作业所需的资源复制到一个以作业号命名的 HDFS 分布式文件系统目录中（流程③）。客户端通过调用作业跟踪管理器的 submitjob 函数告知作业跟踪管理器作业准备执行（流程④）。

（2）作业跟踪管理器。作业跟踪管理器接收到客户端对其 submitjob 函数的调用后，就会把这个函数调用放入一个内部队列，交由它的任务调度器进行调度。作业跟踪管理器主要是初始化创建一个运行的作业对象，以便跟踪任务的状态和进程（流程⑤）。为了创建运行的任务列表，任务调度器先从 HDFS 分布式文件系统中获取客户端已计算好的输入数据分片信息（流程⑥），然后为每个分片创建一个 Map 任务，并且最少创建一个 Reduce 任务

(流程⑦)。作业跟踪管理器还负责资源监控和作业调度，监控所有任务跟踪管理器与作业任务的运行状况，一旦发现运行失败，就将相应的作业任务转移到其他任务跟踪管理器的数据节点。作业跟踪管理器会跟踪任务跟踪管理器中作业的执行进度、资源使用量等信息，并将这些信息告诉它的任务调度器，而任务调度器会在相关任务跟踪管理器的资源出现空闲时，选择合适的作业任务去使用这些资源。

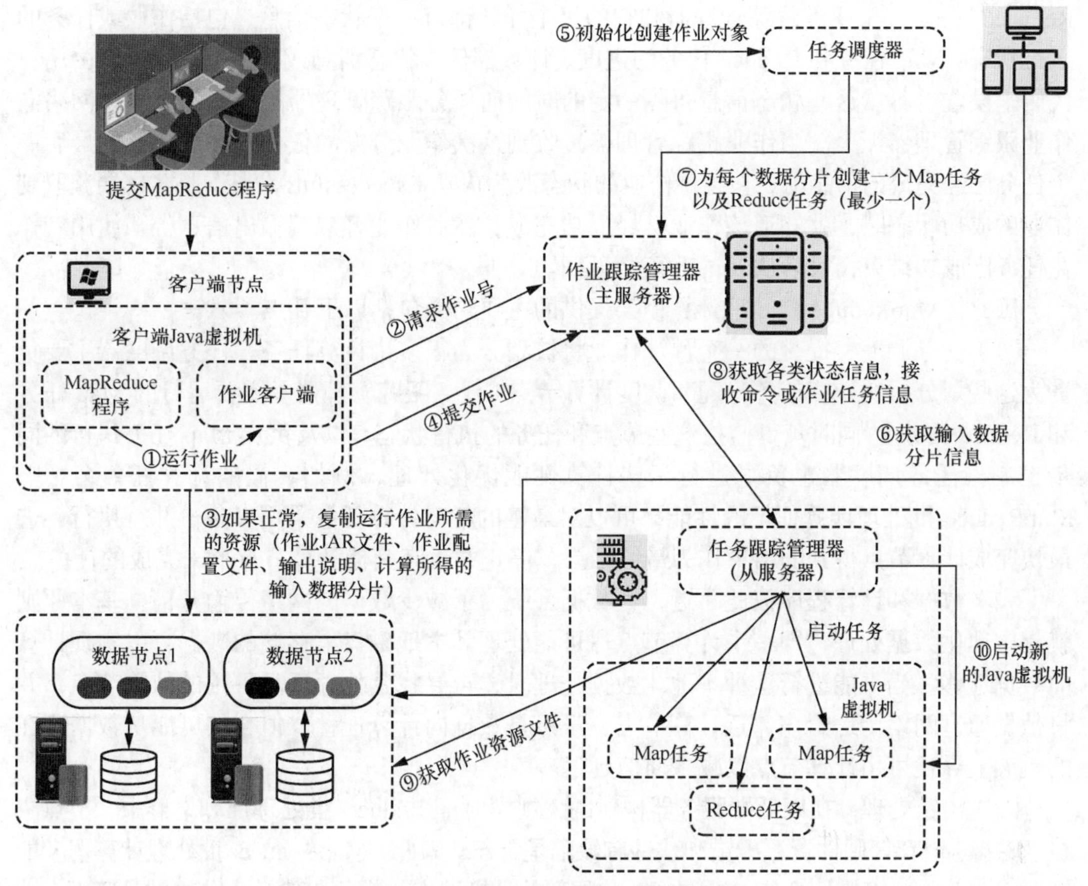

图 6-6　MapReduce 的运行流程

（3）任务跟踪管理器。任务跟踪管理器周期性地通过心跳方式将本节点上资源的使用情况和作业的运行进度汇报给作业跟踪管理器，同时接收作业跟踪管理器发送过来的命令和作业任务信息并执行相应的操作，如启动任务、停止任务、删除任务等（流程⑧）。任务跟踪管理器使用资源槽（slot）等量划分本节点上的计算资源（中央处理器、内存等）。一个作业任务获取到一个资源槽后才能运行，而任务跟踪管理器的作用就是将所在节点上的空闲资源以资源槽的方式分配给作业任务使用。资源槽可以划分为 Map 资源槽（Map slot）和 Reduce 资源槽（Reduce slot）两种，分别供 Map 任务和 Reduce 任务使用。任务跟踪管理器接收到作业跟踪管理器分配的一个任务后，从 HDFS 分布式文件系统中把客户端提交的作业 Java 归档文件复制到任务跟踪管理器所在节点的本地文件系统，同时任务跟踪管理器将应用程序所需要的全部作业配置文件、输出说明、计算所得的输入数据分片也复制到本地文件系统；任务跟踪管理器为作业任务新建一个本地工作目录，并把作业 Java 归档文件中的内容解压到这个文件夹中（流程⑨）。任务跟踪管理器启动一个新的 Java 虚拟机来运行作业 Java 归档文件中的每个任务，包括 Map 任务和 Reduce 任务（流程⑩）。这样，客户端的 MapReduce 程序就不会影响任务跟踪管理器自身的守护进程；Map 任务和 Reduce 任务子进程每隔几秒便告知父进程它的进度，直到任务完成。

（4）任务。任务分为 Map 任务和 Reduce 任务两种，均由作业跟踪管理器中的任务调度器调度和分派，由任务跟踪管理器启动。一般来讲，每个节点可以运行多个 Map 任务和 Reduce 任务。一个任务跟踪管理器和它的每个任务都有一个状态信息，包括作业或任务的运行状态、Map 任务和 Reduce 任务的进度、计数器值、状态消息或描述信息（可以由用户代码来设置）等。这些状态信息每隔一定的时间向任务跟踪管理器提交，然后通过网络向作业跟踪管理器汇聚。当作业跟踪管理器接收到这次作业分派的任务跟踪管理器的最后一个任务已经完成的信息时，它会将作业的状态改为成功（successful）。当作业客户端获取到作业的成功状态时，就知道该作业已经成功完成，然后作业客户端输出信息告知使用者作业任务已成功结束，最后从 runjob 函数返回。

因此，MapReduce 批处理计算框架提供的主要功能包括以下几点。

（1）任务调度，提交的一个计算作业将被划分为很多个计算任务。任务调度器主要负责为这些划分后的计算任务分配和调度计算节点（任务跟踪管理器及需要运行的 Map 任务和 Reduce 任务），同时负责监控这些节点和任务的执行状态，以及负责 Map 任务执行的同步控制。任务调度器也负责进行一些计算性能优化处理，例如，慢的计算任务会影响 MapReduce 批处理计算框架的性能，可以对最慢的耗时计算任务采用多备份并行执行，选最快完成计算节点得到的结果作为最终结果，停止并丢弃其他计算节点上未完成的任务。

（2）数据和计算程序彼此靠近，大数据系统为了减少数据的网络传输开销，基本原则就是本地化数据处理，即一个计算节点尽可能处理其本地磁盘上存储的数据，以实现计算向数据迁移。当不能进行这种本地化数据处理时，再寻找其他邻近且可用的计算节点，并将数据通过网络传送给该邻近计算节点。虽然是数据向计算迁移，但会尽可能从数据所在的机架上寻找可用计算节点以减少通信延迟。

（3）出错处理，在以低端服务器构建的大规模 MapReduce 批处理计算集群中，节点主机、磁盘、内存等硬件资源出错和软件有缺陷是常态。因此，MapReduce 批处理计算框架能及时检测并隔离出错计算节点，调度、分配新的计算节点，接管出错计算节点的计算任务。

（4）分布式数据存储与文件管理。海量数据处理需要良好的分布式数据存储与文件管理系统作为支撑，该系统能够把海量数据分布存储在各个计算节点的本地磁盘上，但保持整个数据在逻辑上是一个完整的数据文件。为了提供数据容错机制，该系统还要提供数据块的多备份存储管理能力。

（5）合并（combine）、归并（merge）和分区（partition）。为了减少数据通信开销，中间结果数据进入 Reduce 任务的计算节点前需要进行合并和归并处理，即把具有同样主键的数据合并到一起避免重复传送。一个 Reduce 任务的计算节点所需要处理的数据可能会来自多个 Map 任务的计算节点，因此，Map 任务的计算节点输出的中间结果需要使用一定的策略进行适当的分区处理，保证相关数据发送到同一个 Reduce 任务的计算节点上。

6.2.4　MapReduce 的工作流程

MapReduce 将输入进行数据分片（split），交给不同的 Map 任务进行处理，然后由 Reduce

任务将数据分片合并成最终的输出结果。

MapReduce 批处理计算框架的实际处理流程可以分解为输入（input）、任务分解（map）、排序（sort）、合并、分区、结果归并（reduce）、输出（output）等阶段，具体工作原理如图 6-7 所示。

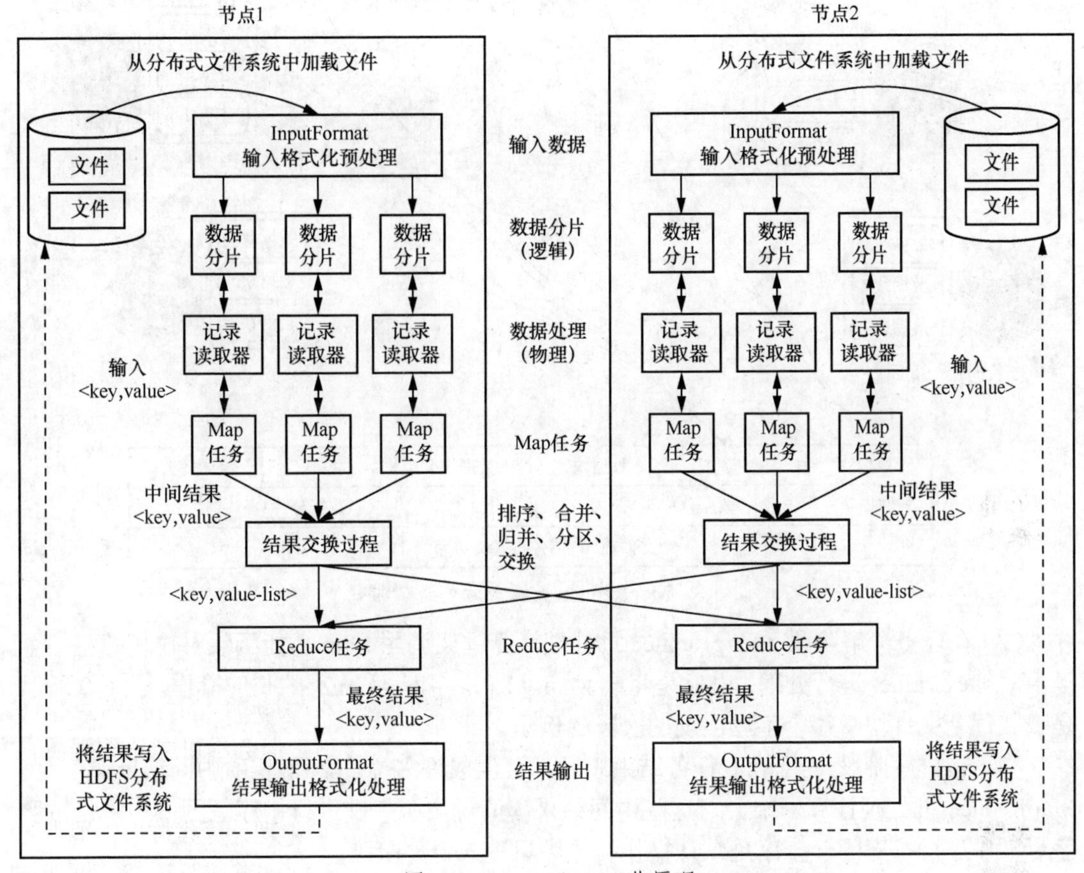

图 6-7　MapReduce 工作原理

（1）在输入阶段，MapReduce 批处理计算框架根据数据的存储位置，把数据分成多个数据分片，在多个计算节点上并行处理。Map 任务通常运行在数据存储的计算节点上。也就是说，MapReduce 批处理计算框架主要根据数据分片的位置来启动 Map 任务，计算和数据就在同一个计算节点上，从而不需要额外的数据传输开销，实现计算向数据靠拢，而不必把数据通过网络传输到 Map 任务所在的计算节点上。

HDFS 分布式文件系统是以固定大小的数据块（64MB）为基本单位存储数据的。而对 MapReduce 批处理计算框架而言，其任务数据处理单位为数据分片，它是一个逻辑概念，只包含一些元数据信息，比如数据起始位置、数据长度、数据所在节点等。数据分片的划分方法完全由使用者自己决定，逻辑层次如图 6-8 所示。大多数情况下，理想的数据分片大小应该是 HDFS 分布式文件系统中一个数据块的大小。MapReduce 批处理计算框架为每个数据分片创建一个 Map 任务，因此，数据分片的数目基本决定了 Map 任务的数目。由于数据分片采用逻辑划分，所以需要通过记录读取器（record reader，RR）根据数据分片的元数据信息来处理数据分片中的具体记录，加载数据并将其转换为适合 Map 任务读取的键值对（<key,value>），作为供 Map 任务处理的输入数据。

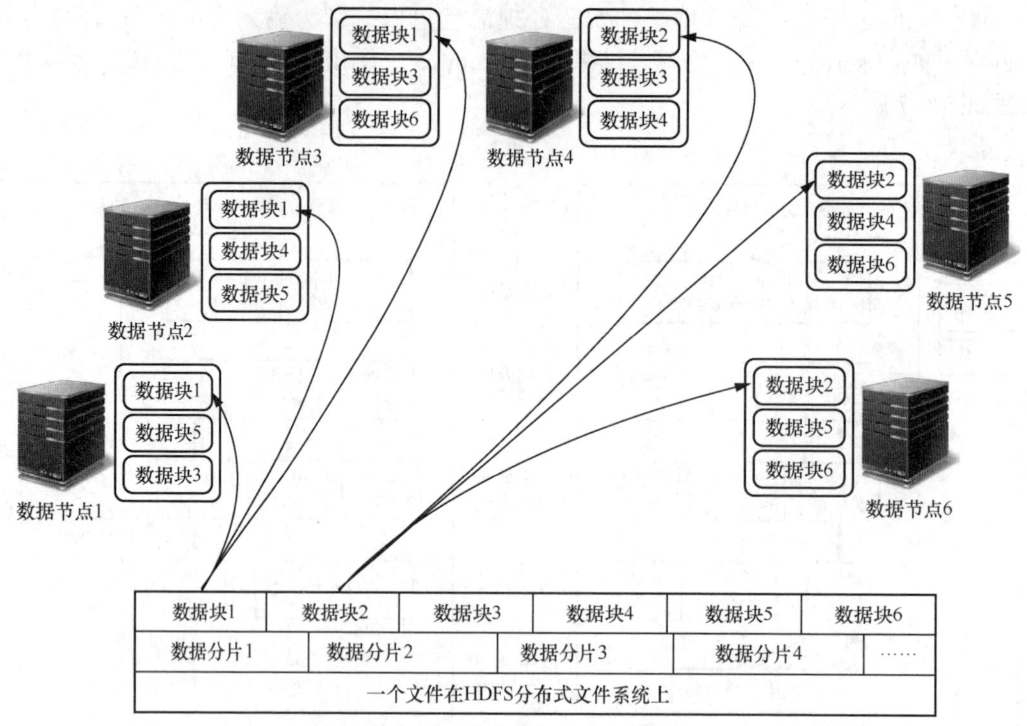

图 6-8　MapReduce 数据分片的逻辑层次

（2）在任务分解阶段，MapReduce 批处理计算框架调用 Map 功能函数对输入的每一个键值对<key,value>进行处理，也就是完成 Map<*k*1,*v*1>→list<*k*2,*v*2>的映射操作。图 6-9 所示是查找每个文件块中每个字母出现的次数的例子。

（3）在排序阶段，当 Map 任务结束以后，会生成许多<*k*2,*v*2>形式的中间结果键值对，MapReduce 批处理计算框架会对这些中间结果键值对按照主键进行排序。图 6-9 中是按照字母顺序进行排序的，排序是默认操作，排序后进入合并阶段。

（4）在合并阶段，MapReduce 批处理计算框架对在排序之后有相同主键的中间结果进行合并，合并不改变最终结果。合并所使用的函数可以由使用者进行定义。图 6-9 中就是把 *k*2 相同（也就是同一个字母）的 *v*2 相加。这样保证在每一个 Map 任务的中间结果中，每一个字母只会出现一次。合并与归并操作有一定的区别：两个键值对<a,1>和<a,1>，如果是合并操作，会得到<a,2>，对中间结果进行合并求和计算；如果是归并操作，会得到<a,<1,1>>，并不对中间结果进行合并求和计算。

如图 6-9 所示，Map 任务开始产生输出结果时，并不是简单地把数据直接写到磁盘，因为频繁的磁盘操作会导致读写性能严重下降。Map 任务输出的处理过程更复杂，数据首先被写到内存中的一个缓冲区，并做一些预排序，以提升读写效率。每个 Map 任务会在内存中分配一个缓存，MapReduce 批处理计算框架默认缓存大小是 100MB，溢出写的阈值默认设置为缓存容量的 80%。Map 任务的输出接着会被先写到缓冲区，如果超过溢出写的阈值，一个后台线程便开始把中间结果内容写到磁盘。在写磁盘过程中，Map 任务的输出会受到阻塞，直到写磁盘过程完成。内存缓冲区一旦达到溢出写的阈值，就会创建一个溢出写文件，由于在 Map 任务完成其最后一个输出记录后，便会有多个中间结果需要写磁盘，因此 Map 任务在全部结束之前需要进行数据归并，归并得到一个大的文件（包括索引和数据）放在本地磁盘，其是运行 Reduce 任务的任务跟踪管理器所在计算节点需要的输入数据。文件归并时，如果中间结果归并文件数量大于预定值（默认是 3），则可以启动合并操作。少于 3 则不需要，因为 Map 任务输出的中间结果数量减少，调用合并操作反而会导致开销过大，影响性能，所以不会为该 Map 任务输出再次运行合并操作。作业跟踪管理器会一直监测 Map 任务的执行，并通知 Reduce 任务来领取数据。

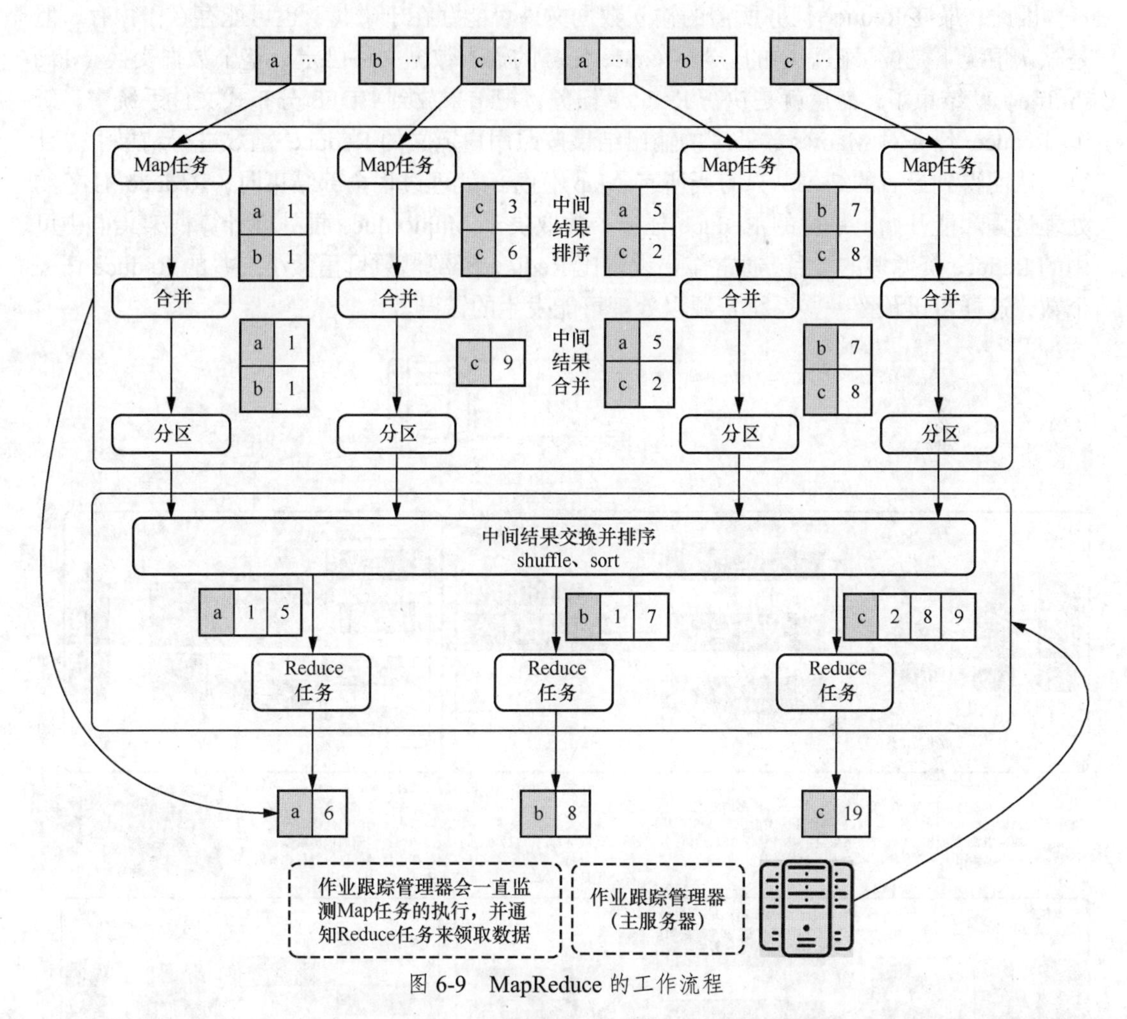

图 6-9　MapReduce 的工作流程

（5）在分区阶段，框架将 Map 任务输出合并后的中间结果按照主键的取值范围进行分区，划分为 k 份，分别发给 k 个运行 Reduce 任务的节点，并行执行 Reduce 任务。分区的原则是，首先必须保证同一个主键的所有数据项发送给同一个 Reduce 任务，尽量保证每个 Reduce 任务所处理的数据量基本相同。在图 6-9 中，框架把字母 a、b、c 的键值对分别发给了 3 个 Reduce 任务。框架默认使用散列函数进行分发，使用者也可以提供自己的分发函数。

（6）在结果归并阶段，如图 6-10 所示，Reduce 任务通过远程过程调用（指计算机 A 上的进程调用另外一台计算机 B 上的进程，其中 A 上的调用进程被挂起，而 B 上的被调用进程开始执行。当值返回给 A 时，A 中进程继续执行。调用方可以通过使用参数将信息传送给被调用方，而后可以通过传回的结果得到信息。而这一过程对使用者来说是透明的）向作业跟踪管理器询问 Map 任务是否已经完成。若完成，则 Reduce 任务进程会启动一些数据复制线程，请求 Map 任务所在的任务跟踪管理器以获取输出数据文件。Reduce 任务领取的分区数据先放入缓存，来自不同 Map 任务的数据先归并，再合并，写入磁盘。多个中间结果溢出写文件可能需要归并成一个或多个大的文件，文件中的键值对是有序的。当中间结果数据很少时，不需要溢出写到磁盘，可以直接在缓存中归并，然后输出给 Reduce 任务。因此，最终 Reduce 任务所需的输入数据文件可能存在于磁盘，也可能存在于内存，但是默认情况下是位于磁盘中的。当 Reduce 任务的输入数据文件已定，整个数据交换（data shuffle）就结束了，然后就是执行 Reduce 任务，把结果放到 HDFS 分布式文件系统中。每个 Reduce 任务对 Map 函数处理的输出结果按照用户定义的 Reduce 函数进行结果汇总计算，从而得到最后的结果。只有当所有 Map 任务的处理过程全部结束时，Reduce 任务的处理过程才能开始。最优的 Reduce 任务个数取决于 MapReduce 批处理计算框架集群中可用的 Reduce 资源槽的数目，通常需要设置比 Reduce 资源槽数目稍微小一些的 Reduce 任务个数，这样可以预留一些系统资源以处理可能发生的错误。

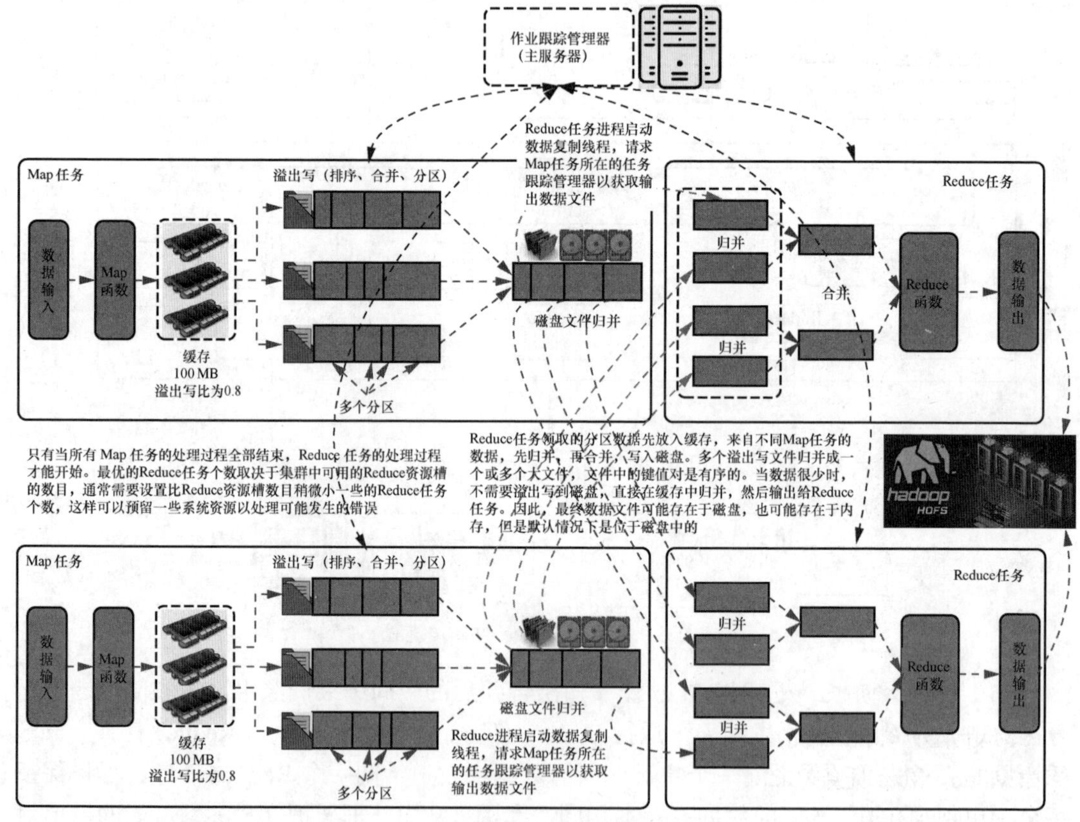

图 6-10　MapReduce 的详细工作流程

（7）在输出阶段，MapReduce 批处理计算框架把 Reduce 任务函数处理的结果按照用户指定的输出数据格式写入 HDFS 分布式文件系统。

实现数据处理时，使用者不需要处理分布式和并行编程中的各种复杂问题，只需要关注 Map 任务和 Reduce 任务功能函数的实现。

6.2.5 MapReduce 的实例

单词计数程序是最简单也是最能体现 MapReduce 批处理计算框架思想的程序之一，其主要功能是统计一系列文本文件中每个单词出现的次数。因为在单词计数程序任务中，不同单词的出现次数之间不存在相关性，相互独立，所以可以把不同单词分发给不同的计算节点进行分布式并行处理。因此，可以采用 MapReduce 批处理计算框架来完成单词数目的统计任务。设计思路就是把单词文件内容分解成许多个单词，然后分别把所有相同的单词汇聚到一起，计算出每个单词出现的次数。

首先，把一个大的文件切分成许多个文件数据分片，将每个文件数据分片输入不同计算节点上形成不同的 Map 任务。每个 Map 任务分别负责从不同的文件数据分片中解析出所有的单词和对应的数目。如图 6-11 所示，把文件切分成两个文件数据分片，每个文件数据分片包含两行内容。在该作业中，有两个执行 Map 任务的计算节点和一个执行 Reduce 任务的计算节点。每个文件数据分片分配给一个 Map 任务节点，并将文件按行分割形成<key,value>键值对，这由 MapReduce 批处理计算框架自动完成，其中 key 的值为行号。

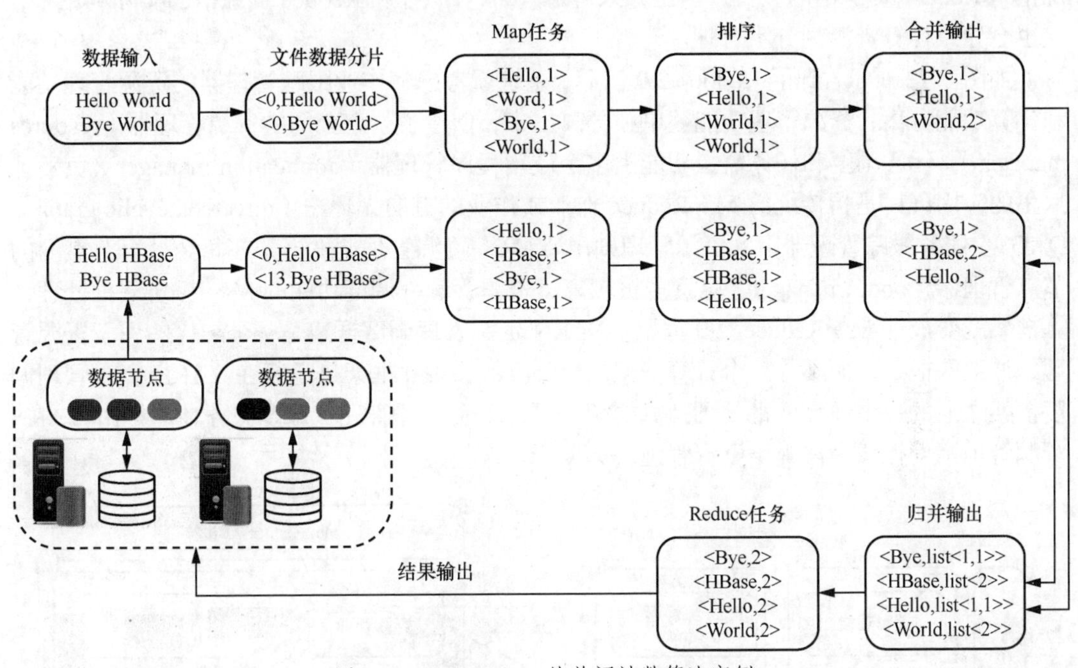

图 6-11　MapReduce 的单词计数算法实例

Map 任务功能函数的输入采用<key,value>方式，用文件的行号作为 key，文件的一行作为 value。Map 任务功能函数的输出以单词作为 key，数目 1 作为 value，即<单词,1>表示该单词出现了 1 次。Map 任务阶段结束以后，会输出许多<单词,1>形式的中间结果。然后排序阶段会把这些中间结果进行排序，把同一单词的出现次数归并成一个列表，得到<key,list(value)>形式。例如，<Hello,<1,1,1,1,1>>就表明 Hello 单词在 5 个地方出现过，就是 Map 任务程序执行以后输出的<单词,出现值>的键值对。

如果使用合并操作，那么合并阶段会把每个单词的 list(value)值进行合并，得到<key,value>形式的结果，如<Hello,5>表明 Hello 单词出现过 5 次。在分区阶段会把合并的结果分发给不同的 Reduce 任务。Reduce 任务接收到所有分配给自己的中间结果以后，先进行排序，再开始执行用户定义汇总计算工作，计算得到每个单词出现次数的<key,value>键值对，最后把结果输出到 HDFS 分布式文件系统中。

6.3 YARN 资源管理调度框架

6.3.1 YARN 概述

Hadoop 1.0 中的 MapReduce 1.0 既是一个批处理计算框架，又是一个资源管理调度框架，仅有一个作业跟踪管理器作为主管理者，因此存在单点故障问题。同时，作业跟踪管理器承担了所有的管理调度等工作，容易导致任务过重。任务越多内存开销越大，导致系统存在性能上限，通常为 4000 个计算节点。与此同时，作业跟踪管理器分配资源时只考虑 Map 和 Reduce 任务数，并未考虑实际计算节点的中央处理器、内存等资源容量，容易出现内存溢出和性能过载。并且，作业跟踪管理器将计算节点资源按一定比例强制划分 Map 资源槽与 Reduce 资源槽的数目，但是并未考虑 Map 资源槽和 Reduce 资源槽的实际利用率，这也会导致计算资源划分不合理。

如图 6-12 所示，到了 Hadoop 2.0 以后，系统就考虑将作业跟踪管理器的资源管理功能和计算功能分离，资源管理功能被单独分离出来，创建了一个全局的资源管理器（resource manager），任务调度和任务监控功能由多个应用程序管理器（application manager）负责，这里的应用程序是指传统的 MapReduce 作业或作业的有向无环图（directed acyclic graph，DAG）。任务跟踪管理器中的资源管理则由 YARN 资源管理调度框架在每个计算节点上的节点管理器（node manager）负责。被剥离了资源管理、调度功能的 MapReduce 批处理计算框架就变成了 MapReduce 2.0 框架。YARN 资源管理调度框架是一个纯粹的用于资源管理、调度的框架，而不是一个计算框架。MapReduce 2.0 框架是运行在 YARN 资源管理调度框架之上的一个纯粹的批处理计算框架，不再负责资源管理、调度服务，而是由 YARN 资源管理调度框架为其提供资源管理、调度服务。

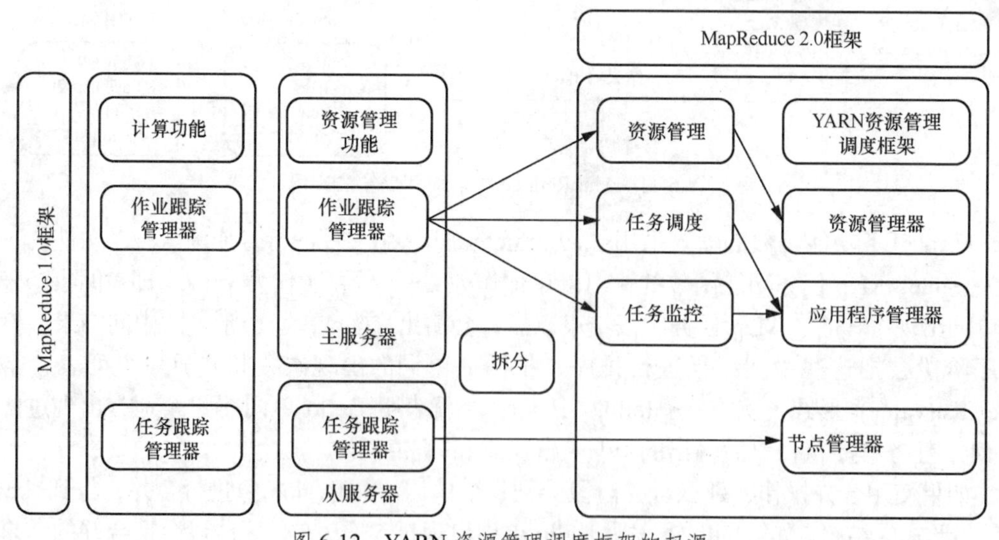

图 6-12 YARN 资源管理调度框架的起源

如图 6-13 所示，资源管理器负责处理客户端的请求、计算任务的资源分配与调度，监控节点管理器的状态，启动/监控计算任务对应的应用程序管理器进程。节点管理器负责单个计算节点上的资源管理，处理来自资源管理器和应用程序管理器的命令。应用程序管理器负责为 MapReduce 批处理计算应用程序申请计算资源，并将其分配给内部计算任务线程，还负责计算任务的调度、监控与容错。

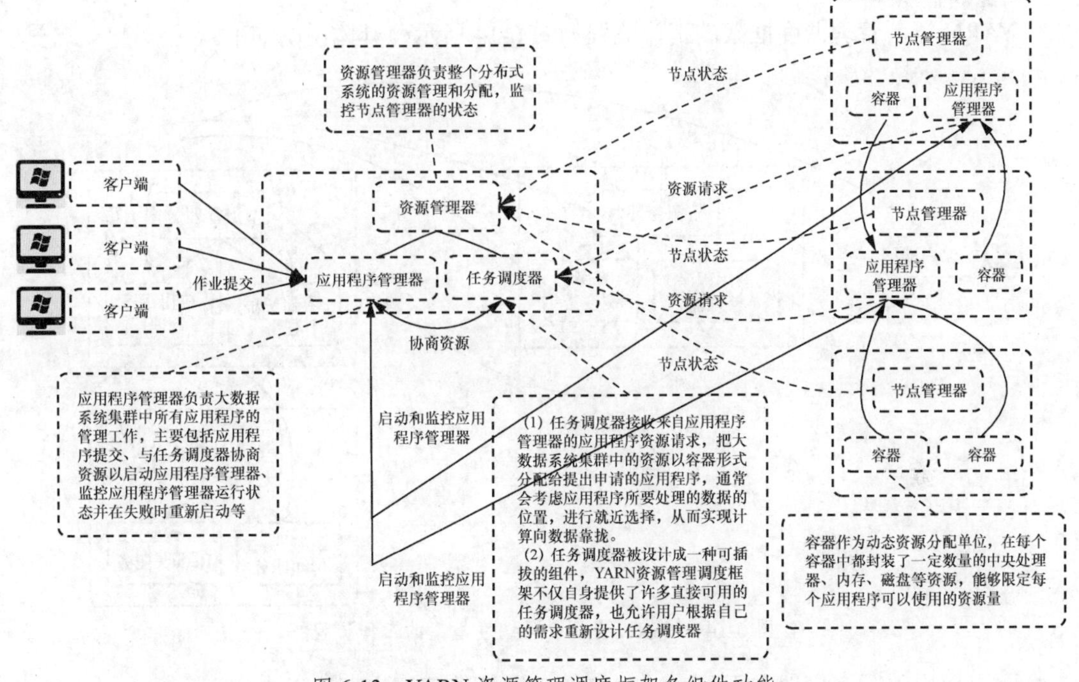

图 6-13　YARN 资源管理调度框架各组件功能

1. 资源管理器

资源管理器是一个全局的资源管理器，负责整个分布式系统的资源管理和分配，主要包括两个组件，即任务调度器（scheduler）和应用程序管理器。

任务调度器接收来自应用程序管理器的应用程序资源请求，把大数据系统集群中的资源以容器（container）形式分配给提出申请的应用程序。容器的选择通常会考虑应用程序所要处理数据的位置，进行就近选择，实现计算向数据靠拢。容器作为动态资源分配单位，在每个容器中都封装了一定数量的中央处理器、内存、磁盘等资源，能够限定每个应用程序可以使用的资源量。任务调度器被设计成一种可插拔的组件，YARN 资源管理调度框架不仅自身提供了许多直接可用的任务调度器，也允许使用者根据自身的需求重新设计任务调度器。

应用程序管理器负责大数据系统集群中所有应用程序的管理工作，主要包括应用程序提交、与任务调度器协商资源以启动应用程序管理器、监控应用程序管理器运行状态并在失败时重新启动等。

2. 节点管理器

节点管理器是驻留在 YARN 资源管理调度框架中的每个计算节点上的代理，主要负责进行容器生命周期管理、监控每个容器的资源使用情况、跟踪计算节点健康状况等。同时，其以心跳方式与资源管理器保持通信，向资源管理器汇报作业的资源使用情况和每个容器的运行状态，接收来自应用程序管理器的启动/停止容器的各种请求。

节点管理器只处理与容器相关的事情，而不具体负责每个任务（Map 任务或 Reduce 任务）自身状态的管理，因为这些管理工作是由应用程序管理器完成的，应用程序管理器会通过不断与节点管理器通信来掌握各个任务的执行状态。

6.3.2 YARN 的工作流程

YARN 资源管理调度框架的工作流程如图 6-14 所示，具体说明如下。

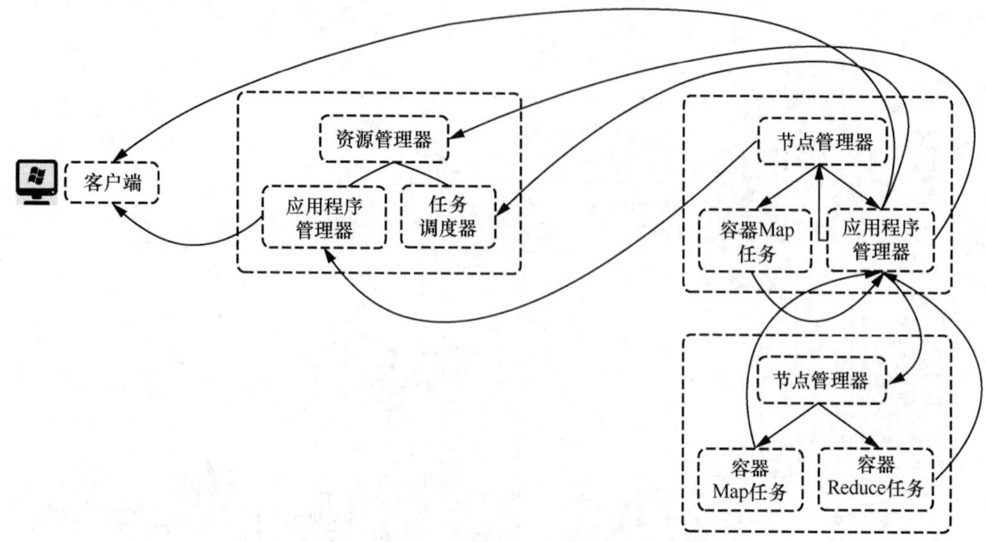

图 6-14 YARN 资源管理调度框架的工作流程

（1）用户编写客户端应用程序，向 YARN 资源管理调度框架提交应用程序，提交的内容包括应用程序管理器程序、启动应用程序管理器的命令、用户程序等。

（2）YARN 资源管理调度框架中的资源管理器负责接收和处理来自客户端的请求，节点管理器为应用程序管理器分配一个容器，在容器中启动一个应用程序管理器实例。

（3）应用程序管理器实例被创建后会首先向资源管理器注册。

（4）应用程序管理器实例采用轮询的方式向资源管理器申请资源，由资源管理器中的任务调度器进行任务分派。

（5）资源管理器通过节点管理器，以容器的形式为提出申请的应用程序管理器实例分配资源。

（6）节点管理器在容器中启动 Map 任务和 Reduce 任务。

（7）各个任务向应用程序管理器实例汇报自己的状态和进度，应用程序管理器实例向资源管理器提交状态信息。

（8）Map 任务和 Reduce 任务运行完成后，应用程序管理器实例向资源管理器注销并关闭自己。

由此可见，YARN 资源管理调度框架大大减少了承担资源管理功能的资源管理器的资源消耗，由应用程序管理器来完成需要大量资源消耗的任务调度和监控，同时多个作业可以对应多个应用程序管理器，实现了任务和资源的并行化和分布式使用。YARN 资源管理调度框架以容器为单位，而不是以资源槽为单位进行资源管理，资源管理效率更高。并且对于 YARN 资源管理调度框架，应用程序对接的客户端服务接口并没有发生变化，其大部分服务接口调用都有兼容性。因此，原来针对 Hadoop 1.0 框架开发的代码不用做大的改动，就可以直接放到 Hadoop 2.0 框架平台上运行，迁移性较好。

6.3.3 YARN 的优势

YARN 作为一个纯粹的资源管理调度框架，目标就是在一个集群中实现一个资源管理调度框架承载多个计算框架，即在一个集群底层部署 YARN 资源管理调度框架，在其之上可以部署和运行包括 MapReduce 批处理计算框架等在内的不同类型的计算框架，如图 6-15 所示。由 YARN 资源管理调度框架为这些计算框架提供统一的资源管理调度服务，只要编程实现相应的应用程序管理器，就能够根据各种计算框架的负载需求，动态调整它们各自占用的资源，实现集群资源共享和资源弹性伸缩。通过在一个大数据系统集群上提供不同应用负载混搭，可有效提高大数据系统集群的利用率。不同计算框架还可以共享底层存储，避免跨大数据系统集群间的 HDFS 分布式文件系统中大数据集的移动。

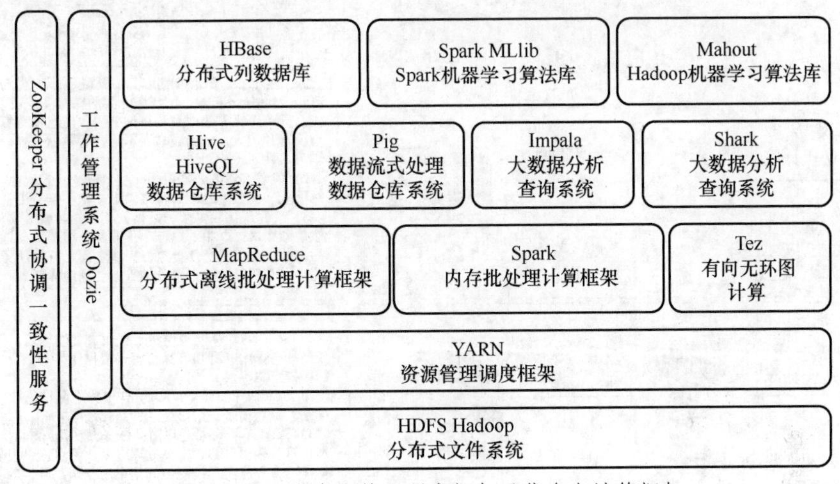

图 6-15　一个资源管理调度框架承载多个计算框架

6.4 Spark 内存批处理计算框架

6.4.1 Spark 概述

Spark 是由加利福尼亚大学伯克利分校 AMP 实验室开发的一种通用内存批处理计算框架，可用于构建大型低延迟的数据分析应用程序，是最重要的三大分布式计算系统的开源项目之一（Hadoop、Spark、Storm）。Spark 内存批处理计算框架很早就打破了 Hadoop 分布式系统保持的基准排序纪录。采用 MapReduce 批处理计算框架，利用 2000 个计算节点，可在 72min 内对 100TB 数据进行排序；而采用 Spark 内存批处理计算框架，利用 206 个计算节点，可在 23min 内对 100TB 数据进行排序。由此可见，Spark 内存批处理计算框架只用了约十分之一的计算资源，获得了相当于 MapReduce 批处理计算框架 3 倍的速度。

如图 6-16 所示，由于 MapReduce 批处理计算框架中 Map 任务和 Reduce 任务之间的衔接涉及较多磁盘读写操作，导致进行大数据交互查询分析和算法迭代时的磁盘读写开销大，延迟较高。但是几乎所有的优化算法和机器学习算法都要大量采用迭代算法，所以 MapReduce 批处理计算框架并不适合大数据交互查询分析和机器学习等类型的应用。此外，MapReduce 批处理计算框架虽然封装和屏蔽了内部底层细节，但是能够表达的数据集操作类型较少，编程模型也较为单一，所有数据处理计算都需要转换成 Map 任务和 Reduce 任务，对于复杂的数据处理过程难以描述，并不能适用于所有应用场景。并且，如果想要完成比较复杂的数据处理工作，就必须将数据处理计算的一系列 Map 任务和 Reduce 任务串联起来，顺序执行这些作业任务。由于每一个作业任务都会涉及磁盘读写操作，导致性能较低，作业任务的延迟较高。在前一个作业任务执行完成之前，其他后续作业任务无法开始，其难以胜任复杂的、多阶段的数据处理计算任务。而 Spark 内存批处理计算框架在借鉴 MapReduce 批处理计算框架优点的同时，很好地解决了 MapReduce 批处理计算框架所面临的问题。相比于 MapReduce，Spark 主要具有以下优点。

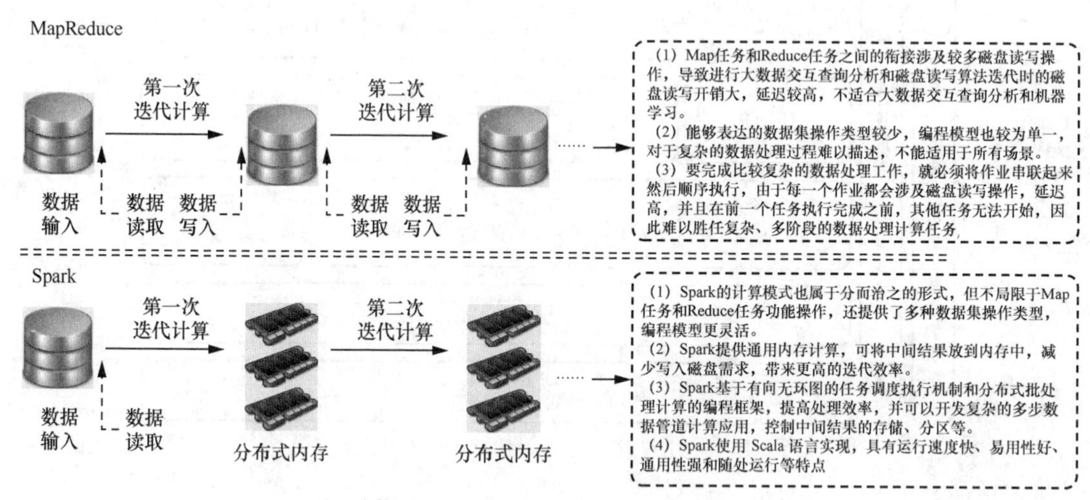

图 6-16　MapReduce 与 Spark 的比较

（1）Spark 内存批处理计算框架的计算模式也属于分而治之的形式，但不局限于 Map 任务和 Reduce 任务功能操作，还提供多种数据集的操作类型，包括 map、filter、flatMap、sample、groupByKey、reduceByKey、union、join、cogroup、mapValues、sort 等多种数据集的转换操作，以及 count、collect、lookup、save 等多种数据集的行为操作，函数式编程范式扩展了 MapReduce 批处理计算框架模型以支持更多计算类型，编程模型比 MapReduce 批处理计算框架的更灵活，可以涵盖广泛的应用需求。

（2）Spark 内存批处理计算框架提供通用内存计算，支持有向无环图的分布式并行计算的编程，可将中间结果放在内存中，之后的迭代计算都可以直接使用内存中的中间结果做运算，避免从磁盘中频繁读取数据，减少迭代过程中数据需要写入磁盘的需求，提高迭代运算的处理效率。

（3）Spark 内存批处理计算框架基于有向无环图的任务调度执行机制，优于 MapReduce 批处理计算框架的迭代执行机制。Spark 内存批处理计算框架各个计算节点之间数据通信与交换的模式更多，不再像 MapReduce 批处理计算框架一样只有数据交换洗牌一种模式，使用者可以采用有向无环图机制开发更为复杂的多步数据管道计算应用，控制中间结果的存储、分区等。

（4）Spark 内存批处理计算框架使用 Scala 语言实现，Scala 是一种面向对象的函数式编程语言，能够像操作本地集合对象一样轻松地操作分布式数据集，具有运行速度快、易用性好、通用性强和随处运行等特点。

Spark 内存批处理计算框架以其先进的设计理念，迅速成为热门项目，特别是其内存并行计算模式，是一种在体系结构层面上进行大数据快速处理分析的解决方法。Spark 内存批处理计算框架还可以与各种不同的计算模式相结合，满足各种不同性质的数据集和数据源的大数据处理需求，从基本的数据查询分析计算，到批处理和流计算，再到迭代计算和图计算，都可以基于 Spark 内存批处理计算框架加以实现。由于优异的计算性能，Spark 内存批处理计算框架正成为可满足实时性需求的重要的大数据分析技术手段和发展方向，特别是在机器学习方面。

尽管与 Hadoop 分布式系统相比，Spark 内存批处理计算框架有较大优势，但是它并不能够完全取代 Hadoop 分布式系统。Spark 内存批处理计算框架是基于内存进行数据处理的，由于系统内存容量的限制，所以其不适合数据量特别大、对实时性要求更高的应用场合。另外，Hadoop 分布式系统可以使用廉价的通用服务器来搭建集群，而 Spark 内存批处理计算框架对系统的硬件要求比较高，特别是对内存和中央处理器有更高的要求，构建系统的总体成本较高。

6.4.2 Spark 的生态系统

在实际传统的 Hadoop 分布式系统应用生态中，大数据处理主要包括以下几种比较成熟的应用场景。

（1）复杂的批量数据处理，偏向于提供海量数据的批处理能力，可容忍对海量数据进行处理的速度延迟，时间跨度通常在数十分钟到数小时。一般采用 MapReduce 批处理计算框架来进行海量数据批处理。

（2）基于海量历史数据的交互式查询，偏向于提供海量数据的查询响应能力，对海量历史数据的交互式查询的速度延迟较为敏感，时间跨度通常在数十秒到数分钟。可以采用 Impala 数据查询框架进行海量历史数据低延迟的交互式查询。

（3）基于实时数据流的流数据处理，偏向于提供海量数据的快速处理和实时响应能力，时间跨度通常在数百毫秒到数秒。可以采用 Storm 分布式流计算处理框架处理实时流数据。

但是，当系统同时存在以上 3 种应用场景时，Hadoop 分布式系统就需要同时部署 3 种不同的框架组件，这样难免会带来一些问题。首先，不同应用场景之间数据处理的输入与输出结果无法做到无缝共享，通常需要进行数据格式的转换；其次，不同的框架组件需要不同的开发和维护团队，带来较高的使用成本；最后，难以对同一个 Hadoop 分布式系统集群中的各个框架组件系统进行统一的资源协调和分配。

Spark 内存批处理计算框架支持 3 种不同类型的部署方式，包括：①独立部署（standalone），利用 Spark 内存批处理计算框架自带的资源管理组件，采用资源槽为资源分配单位；②基于 Mesos 资源管理系统的部署(Spark on Mesos), Mesos 资源管理系统和 Spark 内存批处理计算框架有一定的“血缘关系”，能较好地支持 Spark 内存批处理计算框架；③基于 YARN 资源管理调度框架的部署（Spark on YARN），采用 YARN 资源管理调度框架作为 Spark 内存批处理计算框架的资源管理组件。Spark 生态系统及其优势如图 6-17 所示。

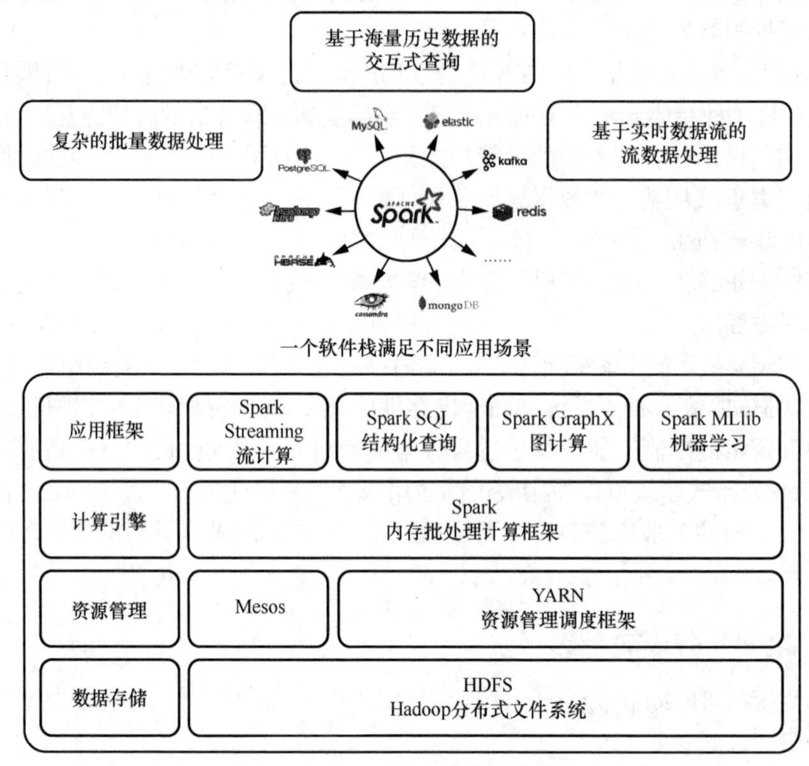

图 6-17 Spark 生态系统及其优势

与此同时，Spark 内存批处理计算框架的设计遵循一个计算框架满足不同应用场景的理念，逐渐形成一个完整的生态系统。业界围绕 Spark 内存批处理计算框架的 Spark 计算核心引擎（Spark Core）推出了支持基于海量历史数据的交互式查询的 Spark 交互查询引擎（Spark SQL）、支持实时数据流处理的 Spark 流计算引擎（Spark Streaming）、支持机器学习迭代计算的 Spark 机器学习引擎（Spark MLlib）和支持图计算的 Spark 图计算引擎（Spark GraphX）等一系列组件，逐渐形成大数据处理统一解决平台，如表 6-1 所示。

表 6-1 Spark 生态系统中的组件

应用场景	时间跨度	Spark 生态系统中的组件	其他框架
复杂的批量数据处理	分钟级、小时级	Spark Core	MapReduce、Hive
基于海量历史数据的交互式查询	秒级、分钟级	Spark SQL	Impala、Dremel、Drill
基于实时数据流的流数据处理	毫秒级、秒级	Spark Streaming	Storm、Yahoo! S4
基于海量历史数据的数据挖掘		Spark MLlib	Mahout
图数据的处理		Spark GraphX	Pregel、Hama

（1）Spark 计算核心引擎提供有向无环图的分布式批处理计算框架，并提供缓存机制来

支持多次迭代计算或者数据共享，大大减少迭代计算之间读写过程数据的开销，极大提升需要进行多次迭代的机器学习算法的性能。Spark 内存批处理计算框架中引入了弹性分布式数据集（resilient distributed dataset，RDD），它们是分布在一组计算节点中的只读数据集，这些数据集是弹性的，如果数据集的一部分丢失，则可以根据“血缘关系”对它们进行重建，从而保证了数据的高容错性。对弹性分布式数据集进行操作时可以就近读取 HDFS 分布式文件系统中的数据块到各个计算节点内存中进行计算，实现移动计算而非移动数据。Spark 计算核心引擎使用多线程池模型来减少任务启动开销；具有容错性、高可伸缩性的通信框架提供高性能的数据传输，并保证数据传输的完整性。

（2）Spark 流计算引擎是一个对实时数据流进行容错处理的流计算处理系统，可以对多种数据源（如 Kafka、Flume、ZERO 和 TCP 套接字等）进行类似 map、reduce 和 join 的复杂操作，并将结果保存到内存、外部文件系统、数据库中。Spark 流计算引擎的核心思想是将流计算任务分解成一系列短小的批处理作业任务，也就是把 Spark 流计算引擎的输入数据按照设定的时间片（如 1s）分成一段段的数据流分片，每一段数据流分片都转换成 Spark 中的弹性分布式数据集，然后将 Spark 流计算引擎中对数据流分片的转换操作变为对 Spark 内存批处理计算框架的弹性分布式数据集的转换操作，将弹性分布式数据集经过操作得到的中间结果保存在内存中。根据业务的需求，整个 Spark 流计算引擎可以对中间结果进行运算处理，或者将中间结果存储到外部设备。

（3）Spark 交互查询引擎允许使用者直接处理弹性分布式数据集，以及查询存储在 Hive 数据仓库、HBase 数据库的外部数据。Spark 交互查询引擎的一个重要特点是其能够统一处理关系表和弹性分布式数据集，使使用者可以轻松地使用 SQL 命令进行数据交互查询，同时进行更复杂的数据分析。

（4）Spark 机器学习引擎实现了一些常见的机器学习算法和实用程序，包括分类、回归、聚类、协同过滤、数据降维、优化等，并且 Spark 机器学习引擎中的机器学习算法还可以进行扩充。Spark 机器学习引擎降低了运用机器学习的门槛，使用者只要具备一定机器学习的理论知识就能从事数据分析处理的开发工作。

（5）Spark 图计算引擎是用于图并行计算的库，可以看作 GraphLab 和 Pregel 图计算框架在 Spark 内存批处理计算框架上的重构及优化。与其他分布式图计算技术框架相比，Spark 图计算引擎在 Spark 内存批处理计算框架之上提供了一站式图数据处理的解决方案，可以方便且高效地完成图计算技术的一整套流水作业，其核心抽象是弹性分布式特性图（resilient distributed property graph），即一种点和边都带属性的有向多重图。Spark 图计算引擎扩展了弹性分布式数据集，有表（table）和图（graph）两种视图，只需要一次物理存储。两种视图都有独有的操作功能，从而使图计算操作更加灵活，提高了图计算的执行效率。

Spark 交互查询引擎、Spark 流计算引擎、Spark 机器学习引擎和 Spark 图计算引擎，都可以使用 Spark 计算核心引擎的应用接口处理问题，它们的方法几乎是通用的，处理的数据也可以共享，从而完成不同应用之间数据的无缝共享与集成。因此，Spark 内存批处理计算框架所提供的生态系统足以同时支持数据批处理、交互式查询、流数据处理和图数据处理等多种应用场景。

6.4.3 Spark 的体系架构

Spark 内存批处理计算框架的体系架构组件包括集群资源管理器、运行作业任务的工作节点、应用任务驱动程序和每个工作节点上负责具体任务的任务执行进程，如图 6-18 所示。

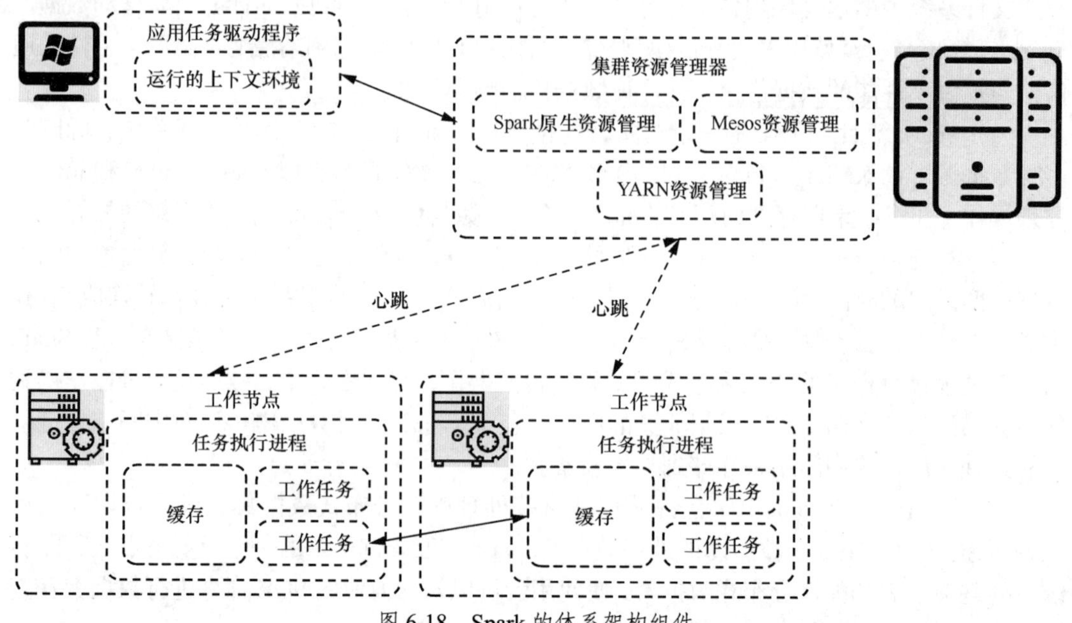

图 6-18 Spark 的体系架构组件

（1）任务执行进程是将用户编写的 Spark 应用程序（Spark application）运行在工作节点上的一个任务进程，其负责管理运行在自身中的工作任务（task），并将数据存在内存或磁盘上。每个 Spark 应用程序都有各自独立的一批任务执行进程，每个任务执行进程都包含一定数量的资源来运行分配给它的工作任务。

Spark 内存批处理计算框架采用的任务执行进程有两个优点，一是利用多线程来执行具体的任务，减少任务的启动开销；二是任务执行进程中需要多轮迭代计算的时候，可以将中间结果存储到内存中的数据存储管理模块里，减少磁盘读写开销。

（2）应用任务驱动程序运行 Spark 应用程序的 main 函数，创建 Spark 应用程序运行的上下文环境（Spark context）。Spark 应用程序运行的上下文环境负责和集群资源管理器进行通信，进行计算资源申请、任务分配和任务状态监控等。

（3）集群资源管理器负责管理工作节点，管理和申请在工作节点上运行 Spark 应用程序所需的任务与资源，目前包括基于 Spark 原生的集群资源管理器、基于 Mesos 系统的集群资源管理器和基于 YARN 资源管理调度框架的集群资源管理器。

（4）Spark 应用程序如图 6-19 所示，由一个应用任务驱动程序和若干个作业组成，一个作业包含多个弹性分布式数据集及作用于相应弹性分布式数据集上的各种操作。一个作业会分为多组工作任务，每组工作任务被称为工作阶段（stage），也被称为任务集（task set），代表了一组关联的、相互之间没有分区依赖关系的任务。一个工作任务就是一个工作单元，用来执行应用的实际计算工作，可以将其发送给一个任务执行进程执行。

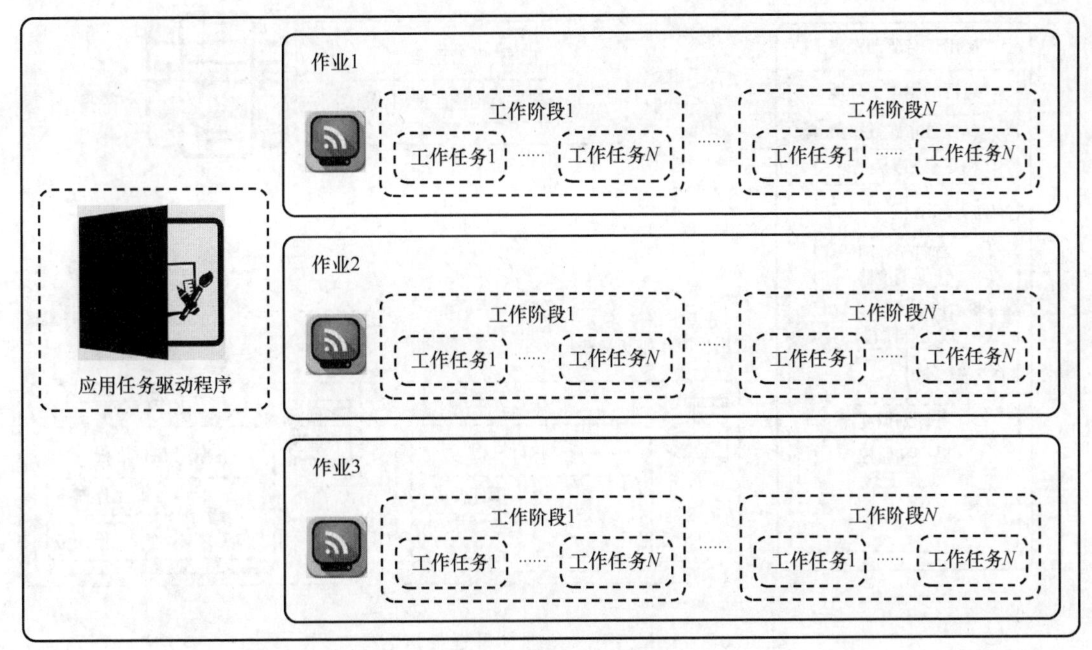

图 6-19 Spark 应用程序

6.4.4 Spark 的运行流程

当执行一个 Spark 应用程序时，应用任务驱动程序会向集群资源管理器申请资源，启动任务执行进程，并将应用程序代码和文件发送给任务执行进程，然后在任务执行进程上执行工作任务。Spark 应用程序执行结束后，执行结果会返回给应用任务驱动程序，或者写入 HDFS 分布式文件系统或其他数据库中。Spark 内存批处理计算框架的运行流程如图 6-20 所示。

首先，应用任务驱动程序构建 Spark 应用程序的运行环境，启动 Spark 应用程序运行的上下文环境。Spark 应用程序运行的上下文环境向集群资源管理器注册，并申请运行任务执行进程所需的计算资源（流程①）。

其次，集群资源管理器为在工作节点上运行的任务执行进程分配资源，启动任务执行进程，任务执行进程的运行情况将随着心跳信息发送到集群资源管理器上（流程②）。

紧接着，集群资源管理器将工作节点的资源信息反馈给应用任务驱动程序中 Spark 应用程序运行的上下文环境。Spark 应用程序运行的上下文环境构建作业的有向无环图，有向无环图计划调度器（DAG scheduler）将有向无环图分解成多个工作阶段，并把每个工作阶段的任务集发送给任务计划调度器（task scheduler）。集群资源管理器向 Spark 应用程序运行的上下文环境申请工作任务。任务计划调度器将工作任务分发给工作节点分配的任务执行进程。同时，Spark 应用程序运行的上下文环境将应用程序代码发放给工作节点分配的任务执行进程（流程③）。

最后，工作任务在任务执行进程上运行，把执行结果反馈给任务计划调度器，然后反馈给有向无环图计划调度器。运行完毕后写入数据，Spark 应用程序运行的上下文环境向集群资源管理器注销并释放所有资源（流程④）。

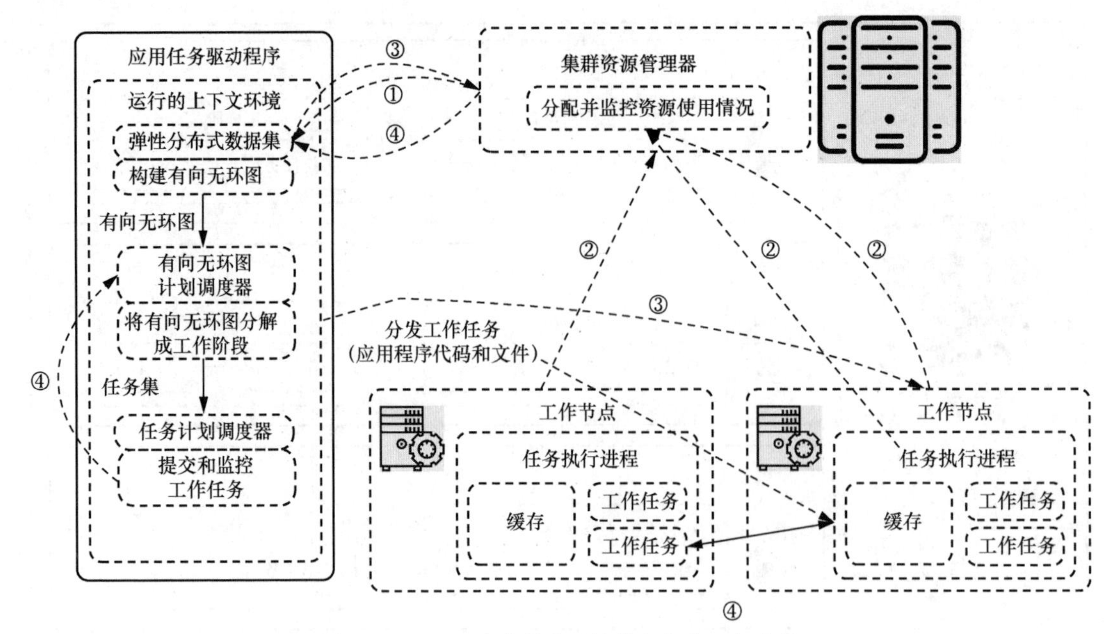

图 6-20　Spark 内存批处理计算框架的运行流程

其中，有向无环图计划调度器决定运行工作任务的理想位置，并把这些信息传递给下层的任务计划调度器。其根据弹性分布式数据集和工作阶段之间的关系找出性能开销最小的计划调度方法，然后把工作阶段以任务集的形式提交给任务计划调度器。此外，有向无环图计划调度器还需要处理由于数据分区丢失操作导致的处理失败，可能需要重新提交运行之前的工作阶段。

任务计划调度器维护所有任务集，当任务执行进程向应用任务驱动程序发送心跳信息时，任务计划调度器会根据其资源剩余情况分配相应的工作任务。另外，任务计划调度器还维护所有工作任务的运行状态，重启失败的工作任务。

总体而言，Spark 内存批处理计算框架运行机制具有以下几个特点。

（1）每个 Spark 应用程序拥有专属的任务执行进程，该任务执行进程在 Spark 应用程序运行期间一直驻留，并以多线程方式运行工作任务。这种 Spark 应用程序隔离机制具有天然优势，无论是在每个应用任务驱动程序调度自己的工作任务等方面，还是在来自不同 Spark 应用程序的工作任务运行在不同的 Java 虚拟机方面。任务执行进程以多线程方式运行工作任务，可减少多工作任务频繁启动的开销，使工作任务执行效率较高。当然，这也意味着 Spark 应用程序不能跨应用程序共享数据，除非将数据写入外部存储系统。

（2）Spark 应用程序与集群资源管理器无关，只要能够获取足够的任务执行进程，并能保持任务执行进程间相互通信即可。

（3）提交 Spark 应用程序运行的上下文环境的应用任务驱动程序服务接口应该靠近工作节点，与工作节点处于同一个机架。因为在 Spark 应用程序运行过程中，Spark 应用程序运行的上下文环境和任务执行进程之间有大量的信息交换。

（4）工作任务采用数据本地化和任务预测执行的预写优化机制。数据本地化是指尽量将计算移到数据所在的工作节点上进行，移动计算比移动数据的网络开销要小得多。同时，

Spark 内存批处理计算框架采用延时调度机制，可以在更大程度上优化任务执行过程。

（5）任务执行进程上的数据存储管理模块可以把内存和磁盘共同作为存储设备。在处理迭代计算任务时，不需要把中间结果写入分布式文件系统，而是直接存放在该系统的内存中。后续的迭代计算过程可以直接读取中间结果，避免读写磁盘。在交互式查询情况下，也可以把相关数据提前缓存到该系统的内存中，提高查询性能。

6.4.5 Spark 的弹性分布式数据集

许多迭代式算法（如机器学习算法、图算法等）和交互式数据查询机制的共同之处是在不同计算阶段之间会重用中间结果，而 MapReduce 批处理计算框架把中间结果写入 HDFS 分布式文件系统，带来较高的数据复制和磁盘读写开销。Spark 是基于内存的迭代计算框架，适用于需要多次操作特定数据集的应用场合。为了减小迭代计算带来的影响，Spark 内存批处理计算框架采用建立在弹性分布式数据集之上的数据处理机制。弹性分布式数据集提供一个抽象数据结构，使用者不必担心底层数据的分布特性，只需将具体的应用逻辑表达为一系列数据转换操作进行处理。不同弹性分布式数据集之间的转换操作形成依赖关系，可以实现管道化的数据操作，避免出现中间结果的磁盘读写操作。这使 Spark 内存批处理计算框架的各个组件间可以无缝地进行集成，数据也可以在不同组件间共享，满足在同一个计算框架中实现不同类型大数据计算模式的需求。

因此，弹性分布式数据集是 Spark 内存批处理计算框架提供的非常重要的数据抽象概念，它是一种有容错机制的特殊数据集，可以分布在集群工作节点上，以函数式操作数据集的方式进行各种数据操作。对于弹性分布式数据集，反复操作的次数越多，读取的数据量越大，性能越高。对于小数据量且计算密集型的应用场景，其性能提升就相对较小。

6.4.5.1 弹性分布式数据集的概念

如图 6-21 所示，弹性分布式数据集就是一个分布式对象集合，本质上是一个只读的数据分区记录集合。每个弹性分布式数据集可分成多个分区，每个分区就是一个数据集片段，并且一个弹性分布式数据集的不同分区可以被保存到集群中不同的工作节点上，从而可以在集群中的不同工作节点上进行并行计算。

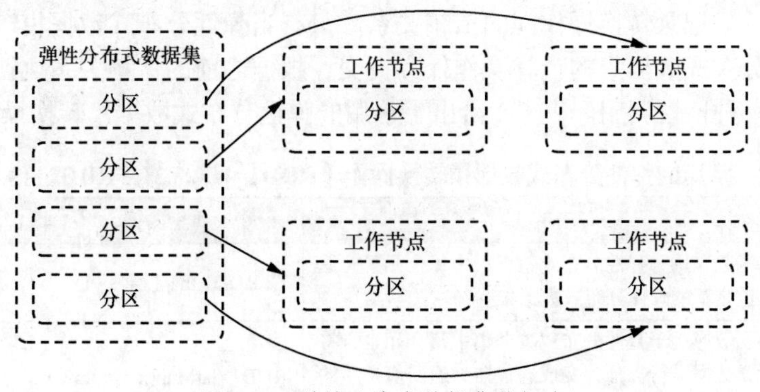

图 6-21　弹性分布式数据集的概念

弹性分布式数据集中的数据是只读的且不能被修改（因为底层基于 HDFS 分布式文件系统），只能通过转换操作生成新的弹性分布式数据集。弹性分布式数据集是分布式的，可以分布在多个工作节点上，进行并行处理。弹性分布式数据集是弹性的，在计算过程中内存不够时，能和磁盘进行数据交换。弹性分布式数据集基于内存，可以全部或部分缓存在内存中，在多次计算间重用。因此，弹性分布式数据集实质上是一种更为通用的迭代批处理计算框架，使用者可以控制计算流程的中间结果的存储位置，然后将其运用于之后的计算。

6.4.5.2 弹性分布式数据集的操作

弹性分布式数据集提供了一种受限的共享内存模型，即弹性分布式数据集是一组只读的数据分区的集合，不能直接修改，只能基于磁盘中存储的数据集来创建弹性分布式数据集。弹性分布式数据集提供了一组丰富的数据操作以支持常见的数据运算。常用的操作分为创建（create）、转换（transformation）和动作（action）。

1. 创建操作

Spark 里的计算都是通过创建弹性分布式数据集完成的，而创建操作会得到新的弹性分布式数据集。创建弹性分布式数据集的方式从数据来源角度分为以下两种。

（1）从内存里直接读取数据并创建弹性分布式数据集。

（2）从文件系统里读取数据并创建弹性分布式数据集。文件系统的种类很多，常见的就是 HDFS 分布式文件系统及本地文件系统。

第一种方式是从内存里创建弹性分布式数据集，需要使用 makeRDD 函数，代码如下所示。

```
valRDD01 = sc.makeRDD(list(l,2,3,4,5,6))
```

这个语句创建了一个由 1、2、3、4、5、6 这 6 个元素组成的弹性分布式数据集。

第二种方式是通过文件系统构造弹性分布式数据集，代码如下所示。

```
valRDD:RDD[string] == sc.textFile("file:///d:/Sparkdata.txt",1)
```

这里使用的是本地文件系统，所以文件路径协议前缀是“file://”。

2. 转换操作

弹性分布式数据集提供的转换接口都非常简单，都是类似 map、filter、groupBy、join 等针对数据集的粗粒度的数据转换操作，而不是针对其中某个数据项的细粒度修改。弹性分布式数据集的转换操作是惰性的，当弹性分布式数据集运行转换操作的时候，实际计算并没有被执行，只记录转换操作间的依赖关系。只有当弹性分布式数据集运行动作操作时才会促发弹性分布式数据集的计算操作任务提交，根据之前的依赖关系执行得到相应的计算操作，这是一种惰性调用。表 6-2 给出了常用的弹性分布式数据集转换操作。

表 6-2 常用的弹性分布式数据集转换操作（RDD1={1,2,3,3}，RDD2={3,4,5}）

函数名	作用	示例	结果
map()	将函数应用于弹性分布式数据集中每个元素，返回值是新的弹性分布式数据集	RDD1.map(x=>x+1)	{2,3,4,4}
flatMap()	将函数应用于弹性分布式数据集中每个元素，将元素数据进行拆分，变成迭代器，返回值是新的弹性分布式数据集	RDD1.flatMap(x=>x.to(3))	{1,2,3,2,3,3,3}
filter()	将不符合条件的元素过滤掉，返回值是新的弹性分布式数据集	RDD1.filter(x=>x!=1)	{2,3,3}

续表

函数名	作用	示例	结果
distinct()	将弹性分布式数据集里的元素进行去重操作	RDD1.distinct()	{1,2,3}
union()	生成包含两个弹性分布式数据集所有元素的新弹性分布式数据集	RDD1.union(RDD2)	{1,2,3,3,3,4,5}
intersection()	求出两个弹性分布式数据集的共同元素	RDD1.intersection(RDD2)	{3}
subtract()	在原弹性分布式数据集中去掉和参数弹性分布式数据集相同的元素	RDD1.subtract(RDD2)	{1,2}
cartesian()	求两个弹性分布式数据集的笛卡儿积	RDD1.cartesian(RDD2)	{(1,3),(1,4)⋯(3,5)}

3. 动作操作

动作操作用于执行计算并按指定的方式输出结果，动作操作接收弹性分布式数据集，但是返回非弹性分布式数据集，即输出一个数据值或其他类型的数据结果。在弹性分布式数据集运行过程中，真正的计算发生在动作操作中。表 6-3 描述了常用的弹性分布式数据集的动作操作。

表 6-3　常用的弹性分布式数据集的动作操作（RDD1={1,2,3,3}）

函数名	作用	示例	结果
collect()	返回弹性分布式数据集所有元素	RDD1.collect()	{1,2,3,3}
count()	返回弹性分布式数据集里的元素个数	RDD1.count()	4
countByValue()	返回各元素在弹性分布式数据集中出现次数	RDD1.countByValue()	{(1,1),(2,1),(3,2)}
take(num)	从弹性分布式数据集中返回前 num 个元素	RDD1.take(2)	{1,2}
top(num)	从弹性分布式数据集中，按照默认（降序）或者指定的排序返回最前面 num 个元素	RDD1.top(2)	{3,3}
reduce()	并行整合所有弹性分布式数据集数据，如求和操作	RDD1.reduce((x,y)=>x+y)	9
fold(0)(func)	和 reduce()作用一样，需要提供初始值	RDD1.fold(0)((x,y)=>x+y)	9
foreach(func)	对弹性分布式数据集中每个元素都使用特定函数	RDD1.foreach(x=>println(x))	输出每一个元素
saveAsTextfile (path)	将弹性分布式数据集的元素，以文本的形式保存到文件系统	RDD1.saveAsTextfile (file://home/test)	存储到文件系统中
saveAsSequencefile (path)	将弹性分布式数据集的元素，以顺序文件格式保存到指定的目录下	RDD1.saveAsSequencefile (HDFS://home/test)	存储到指定目录下

弹性分布式数据集的典型执行过程如图 6-22 所示。

（1）读入外部数据源，创建弹性分布式数据集。

（2）弹性分布式数据集运行一系列的转换操作，每一次都会产生不同的弹性分布式数据集，供下一个转换操作使用。

（3）最后一个弹性分布式数据集运行动作操作进行转换，并将计算结果输出到外部数据源。

这一系列处理称为一个“血缘关系”（lineage），即有向无环图拓扑排序的结果。其优点是采取惰性调用，任务和数据可以管道化处理，避免任务的同步等待，也不需要保存中间结果，每次数据操作也变得十分简单。从表面上看来，由于数据操作的种类并不多，弹性分布式数据集的功能很受限、不够强大。但是，实际上弹性分布式数据集已经被实践证明可以高效地表达许多批处理计算框架的编程模型，足够满足大数据并行处理的需求。Spark 内存批处理计算框架用 Scala 语言实现了弹性分布式数据集的服务接口，使用者可以通过调用服务接口实现对弹性分布式数据集的各种操作。因此，Spark 内存批处理计算框架采用弹性分布式数据集来实现高效计算的原因主要如下。

（1）较高的容错性。现有系统的容错机制主要是数据复制或者记录日志，而弹性分布式数据集的容错机制是采用“血缘关系”，重新计算丢失数据分区，无须进行数据回滚。数据分区的重新计算过程在不同工作节点之间并行，只记录粗粒度的数据操作。

（2）中间结果持久化到内存，数据在内存中的多个弹性分布式数据集操作之间进行传递，避免了不必要的读写磁盘开销。

（3）存放的中间结果可以是 Java 对象，避免不必要的数据对象序列化和反序列化。

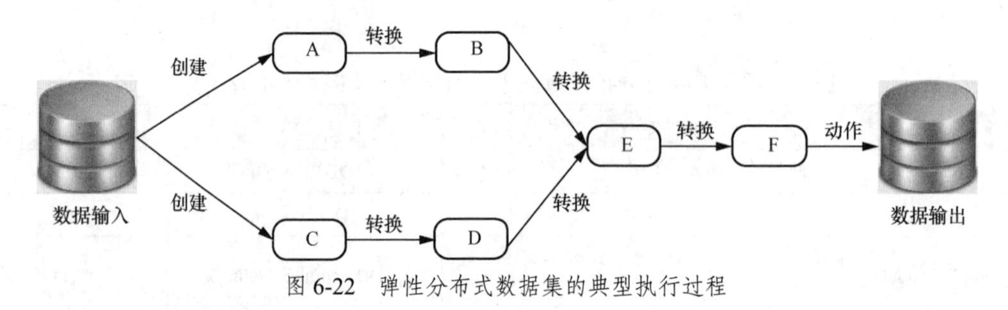

图 6-22　弹性分布式数据集的典型执行过程

6.4.5.3　弹性分布式数据集的“血缘关系”

弹性分布式数据集的“血缘关系”描述了一个弹性分布式数据集是如何重新从父弹性分布式数据集中计算得来的。如果某个弹性分布式数据集丢失了，则可以根据“血缘关系”，重新从父弹性分布式数据集中计算得来。

图 6-22 给出了一个弹性分布式数据集运行过程的实例。从输入中在逻辑上生成 A 和 C 两个弹性分布式数据集。经过一系列转换操作，逻辑上生成了 F 这个弹性分布式数据集。Spark 内存批处理计算框架记录了弹性分布式数据集的生成和“血缘关系”。当 F 进行动作操作时，Spark 内存批处理计算框架才会根据弹性分布式数据集的依赖关系生成有向无环图，并从起点开始计算。在“血缘关系”中，下一代的弹性分布式数据集依赖于上一代的弹性分布式数据集。例如，在图 6-22 中，B 依赖于 A，D 依赖于 C，而 E 依赖于 B 和 D。

根据不同的转换操作，弹性分布式数据集的血缘关系的依赖分为窄依赖和宽依赖。窄依赖是指每个父弹性分布式数据集分区都只被一个子弹性分布式数据集分区所使用，即子弹性分布式数据集中每个分区依赖于数个父分区（即与数据规模无关）。宽依赖是指父弹性分布式数据集中每个分区都被多个子弹性分布式数据集分区所使用，子弹性分布式数据集的每个分区依赖于所有父弹性分布式数据集分区，如图 6-23 所示。

map、filter、union 等操作对应的是窄依赖，譬如输入输出一对一的算子，且结果弹性分布式数据集的分区结构不变，如 map、flatMap；输入输出一对一的算子，且结果弹性分布式数据集的分区结构发生变化，如 union；从输入中选择部分元素的算子，如 filter、distinct、 subtract、sample。所以，窄依赖不仅包含一对一的窄依赖，还包含一对多的窄依赖，也就是说，对父弹性分布式数据集，依赖分区不会随着弹性分布式数据集数据规模的改变而改变。

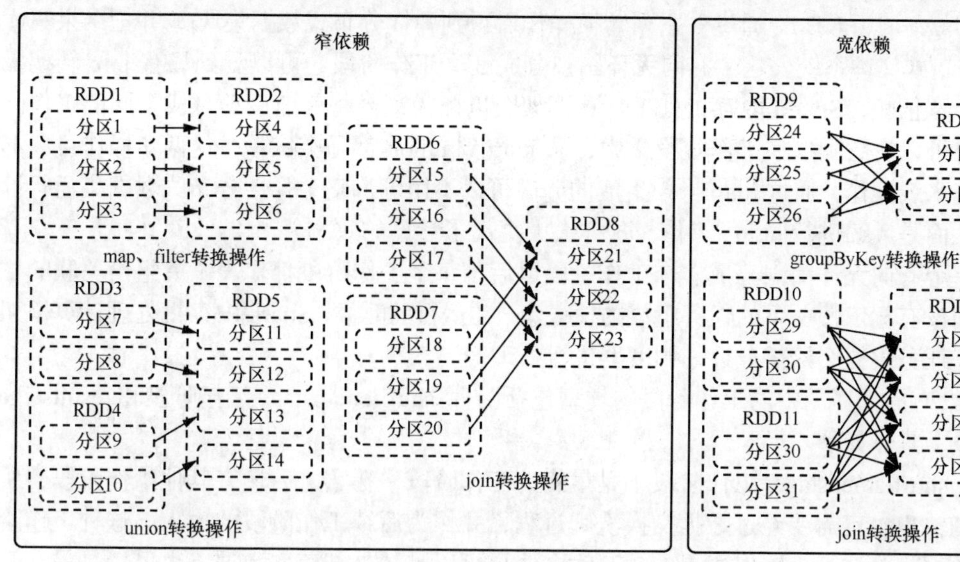

图 6-23　弹性分布式数据集的“血缘关系”

groupByKey、reduceByKey 等操作对应的是宽依赖，譬如对单个弹性分布式数据集基于主键（primary key）进行重组和 Reduce 任务，如 groupByKey、reduceByKey；对两个弹性分布式数据集基于主键进行连接和重组，如 join。宽依赖操作就像将父弹性分布式数据集中所有分区的记录进行了数据交换洗牌，数据被打散，然后在子弹性分布式数据集中进行重组。

join 操作有两种情况，如果 join 操作中使用的每个分区仅仅和固定个分区进行连接，则该 join 操作是窄依赖，其他情况下的 join 操作是宽依赖。

Spark 内存批处理计算框架的这种“血缘关系”设计，使其具有天生的容错性，大大加快了 Spark 内存批处理计算框架的执行速度。弹性分布式数据集通过“血缘关系”记住了它是如何从其他弹性分布式数据集中演变过来的。当这个弹性分布式数据集的部分数据分区丢失时，它可以通过“血缘关系”获取足够的信息来重新运算和恢复丢失的数据分区，从而带来性能的提升。

相对而言，窄依赖的失败恢复更为高效，它只需要根据父弹性分布式数据集分区重新计算丢失的分区即可，而不需要重新计算父弹性分布式数据集的所有分区。而对宽依赖来讲，即使只是弹性分布式数据集的一个分区失效，也需要重新计算父弹性分布式数据集的所有分区，计算开销较大。

6.4.5.4 弹性分布式数据集的工作阶段

Spark 内存批处理计算框架通过分析各个弹性分布式数据集的依赖关系生成有向无环图，再通过分析各个弹性分布式数据集中的分区之间的依赖关系来决定如何划分工作阶段，具体划分原则如下。

（1）在有向无环图中进行反向解析，遇到宽依赖就断开。

（2）遇到窄依赖就把当前的弹性分布式数据集加入工作阶段。

（3）将窄依赖尽量划分在同一个工作阶段中，可以实现流水线计算。

（4）后面的工作阶段需要等待所有的前面的工作阶段执行完之后才可以执行。

如图 6-24 所示，从 HDFS 分布式文件系统中读取数据，生成 3 个不同的弹性分布式数据集（即 A、C 和 E），通过一系列转换操作后得到弹性分布式数据集 G，并把结果写入 HDFS 分布式文件系统。这个有向无环图被分成 3 个工作阶段，可以看到只有 join 转换操作是一个宽依赖，Spark 内存批处理计算框架会以此为边界将其前后划分成不同的工作阶段。同时可以注意到，在工作阶段 2 中，从 map 到 union 都是窄依赖，这两步操作可以形成一个流水线操作，通过 map 操作生成的分区可以不用等待整个弹性分布式数据集运行计算结束，而是继续进行 union 操作，这样大大提高了计算的效率。

把一个有向无环图划分成多个工作阶段以后，每个工作阶段都代表了一组由关联的、相互之间没有宽依赖关系的任务组成的任务集。在运行的时候，Spark 内存批处理计算框架会把每个任务集提交给任务计划调度器进行处理。

通常，有向无环图中的工作阶段的类型包括两种：shufflemapstage 工作阶段和 resultstage 工作阶段，具体如下。

（1）shufflemapstage 工作阶段不是最终的工作阶段，在它之后还有其他工作阶段，所以，它的输出一定需要经过数据交换洗牌过程，并作为后续工作阶段的输入。这种工作阶段是以数据交换洗牌为输出边界的，其输入边界可以是从外部获取数据，也可以是另一个 shufflemapstage 工作阶段的输出；其输出可以是另一个数据交换洗牌的开始。在一个作业里可能有该类型的工作阶段，也可能没有该类型工作阶段。图 6-24 中工作阶段 1 和工作阶段 2 都是 shufflemapstage 工作阶段。

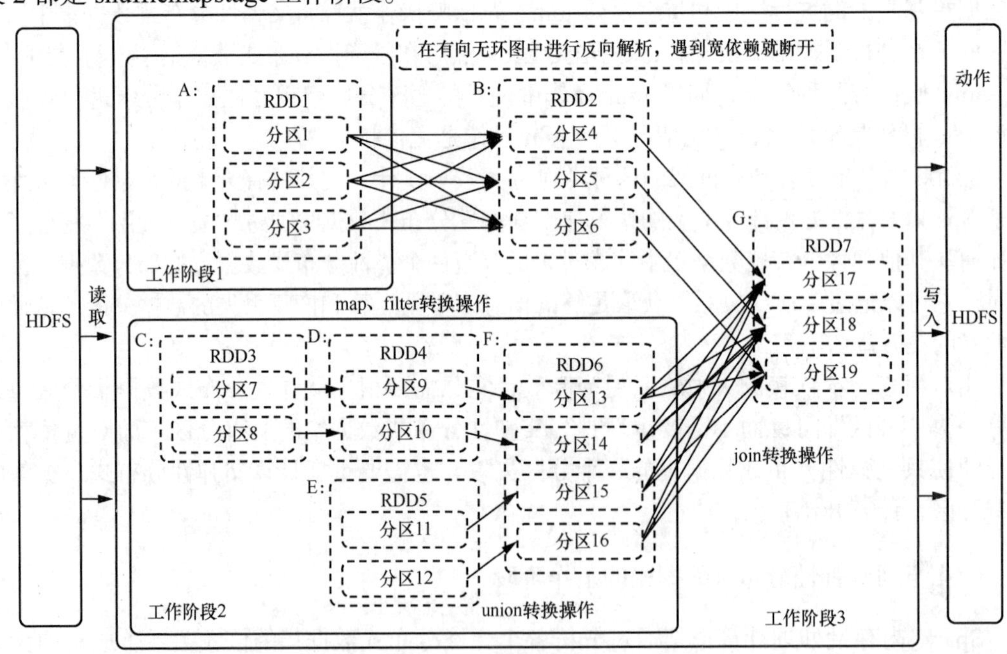

图 6-24　弹性分布式数据集的工作阶段划分

（2）resultstage 工作阶段是最终的工作阶段，没有输出，而是直接产生结果或存储。这种工作阶段直接输出结果，其输入边界可以是从外部获取数据，也可以是另一个 shufflemapstage 工作阶段的输出。在一个作业里必定有该类型的工作阶段。图 6-24 中工作阶段 3 就是 resultstage 工作阶段。

因此，一个作业含有一个或多个工作阶段，其中至少含有一个 resultstage 工作阶段。

6.4.5.5 弹性分布式数据集的运行机制

通过上述对弹性分布式数据集的概念、操作、“血缘关系”和工作阶段的介绍，结合 6.4.4 小节介绍的 Spark 内存批处理计算框架的运行流程，弹性分布式数据集在 Spark 内存批处理计算框架中的运行过程如图 6-25 所示。

（1）创建弹性分布式数据集对象。

（2）Spark 应用程序运行的上下文环境负责计算弹性分布式数据集的依赖关系，构建有向无环图。

（3）有向无环图计划调度器负责把有向无环图分解成多个工作阶段，每个工作阶段中包含多个工作任务，任务计划调度器分发工作任务，传给各个工作阶段上的任务执行进程去执行。

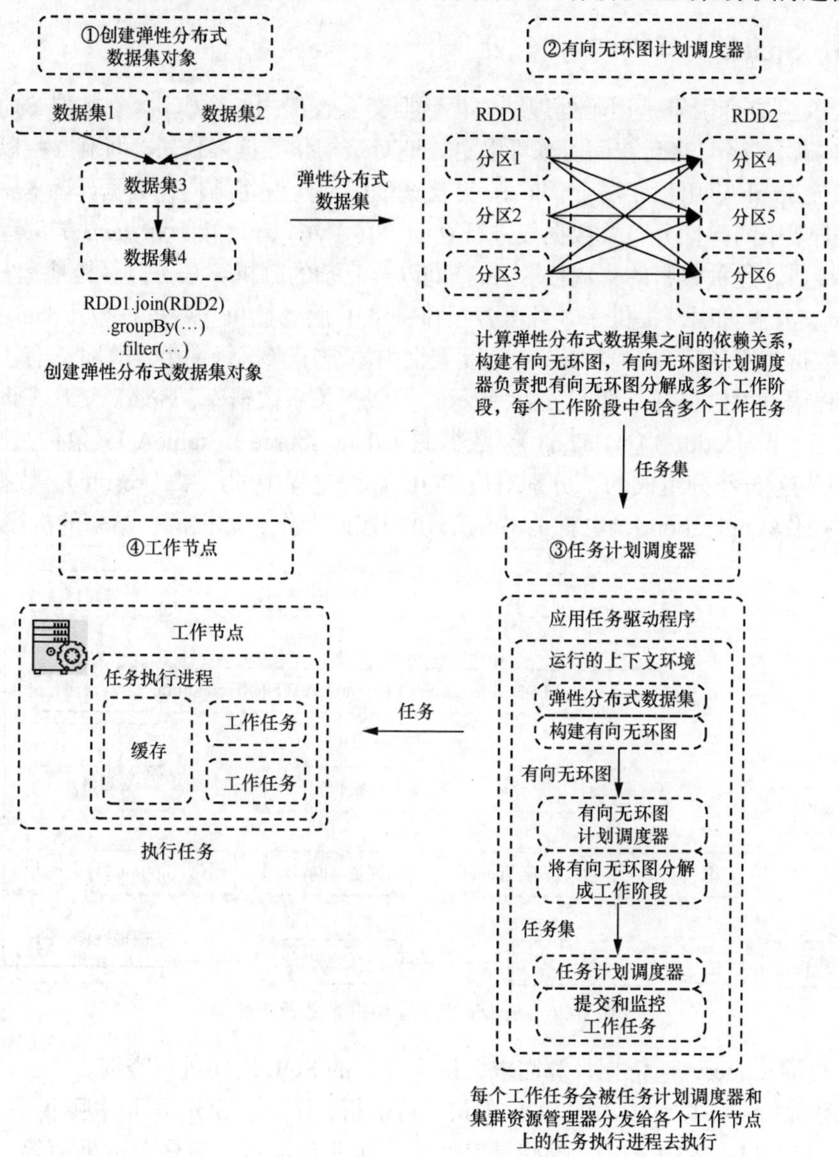

图 6-25 弹性分布式数据集在 Spark 内存批处理计算框架的运行过程

Spark 内存批处理计算框架可以使用持久化和缓存方法将任意弹性分布式数据集缓存到内存、磁盘文件系统中。缓存是容错的，如果一个弹性分布式数据集分片丢失，可以通过“血缘关系”自动重构它。被缓存在内存中的弹性分布式数据集被使用时，数据读写速度会被大大加快。一般任务执行进程工作节点上的内存容量的 60%做缓存，剩下的 40%用来执行任务。

Spark 内存批处理计算框架尽可能不将弹性分布式数据集存储到磁盘上，除非计算弹性分布式数据集的函数计算量特别大，或它们过滤了大量数据。否则，重新计算一个弹性分布式数据集分区的速度与从磁盘中读取的速度差不多。如果想有快速故障恢复能力，可以使用存储复制方式。虽然所有的存储级别都可以通过重新计算丢失数据恢复错误的容错机制，但是存储复制级别可以让计算任务在弹性分布式数据集上持续运行，而不需要等待丢失的分区被重新计算。

6.4.6 Spark 交互查询引擎

Spark 交互查询引擎是用于处理结构化数据交互查询的一个模块。在 Spark 内存批处理计算框架内部，Spark 交互查询引擎可以更好地对结构化数据操作进行优化，可以无缝地将 SQL 查询与 Spark 应用程序混合。Spark 交互查询引擎允许将结构化数据作为 Spark 内存批处理计算框架中的弹性分布式数据集进行查询，在 Python、Scala 和 Java 等编程语言中集成了服务接口，这种紧密的集成使 SQL 查询以及复杂的分析算法可以轻松地运行。

Spark 交互查询引擎提供了 3 种服务接口：SQL 服务接口、数据框架（data frame）服务接口和数据集服务接口。当 Spark 交互查询引擎被用来执行一个计算时，有不同的服务接口和编程语言可供选择。如图 6-26 所示，类似于关系数据库，Spark 交互查询引擎语句也是由项目（projection）（a1,a2,a3）、数据源（data source）（tableA）、条件过滤（filter）（condition）这 3 部分组成的，分别对应 SQL 查询过程中的结果（result）、数据源（data source）、操作（operation），也就是将 SQL 语句按照操作、数据源、结果的次序来描述。

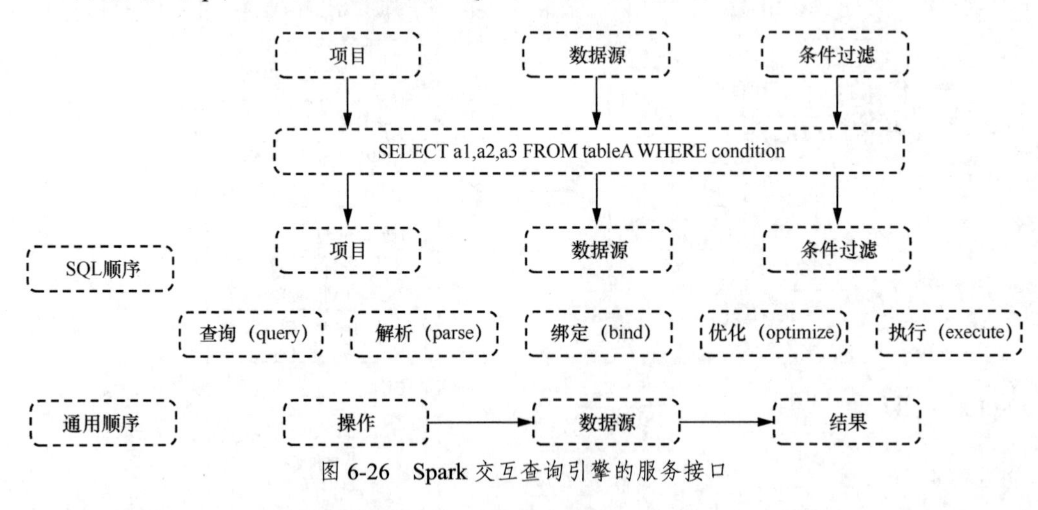

图 6-26 Spark 交互查询引擎的服务接口

（1）查询（query）。依据计算需求，确定相应的 SQL 语句进行查询。

（2）解析（parse）。对读入的 SQL 语句进行解析，分辨出 SQL 语句中哪些是关键词（如 SELECT、FROM、WHERE）、哪些是表达式、哪些是项目、哪些是数据源等，从而判断

SQL 语句是否规范。

（3）绑定（bind）。将 SQL 语句和数据库的数据字典（列、表、视图等）进行绑定，如果相关的项目、数据源等都存在，则这个 SQL 语句是可以执行的。

（4）优化（optimize）。一般的数据库会提供几个执行计划，这些计划一般有运行统计数据，数据库会在这些计划中选择一个最优计划。

（5）执行（execute）。按照操作、数据源、结果的次序来执行计划。在执行过程中有时候不需要读取物理表就可以返回结果，比如重新运行刚刚运行过的 SQL 语句，可能直接从数据库的缓冲池中获取返回结果。

数据框架是 Spark 交互查询引擎的核心，它将数据保存为行集合，行对应列有相应的列名。数据框架与弹性分布式数据集的主要区别在于，数据框架带有元数据信息，即数据框架所表示的二维表数据集的每一列都带有名称和类型。这使 Spark 交互查询引擎可以掌握更多的数据集的结构信息，从而能够对数据框架背后的数据源，以及作用于数据框架之上的变换操作，进行针对性的优化，最终达到提升运行效率的目的。

使用 Spark 交互查询引擎，首先利用 SQL 上下文环境从外部数据源加载数据为数据框架；然后利用数据框架上丰富的服务接口进行查询、转换；最后将结果进行展现或存储为各种外部数据形式。Spark 交互查询引擎为 Spark 内存批处理计算框架提供查询结构化数据的能力，查询时既可以使用 SQL，也可以使用数据框架的服务接口对弹性分布式数据集进行操作。通过 Thrift 接口服务，Spark 交互查询引擎支持多种编程语言。

6.5 本章小结

本章简要分析了目前出现的各种重要和典型的大数据计算模式，首先针对大数据计算模式中 MapReduce 架构的思想、功能函数、体系架构、工作流程进行了说明，并举例介绍；接着针对 MapReduce 架构存在的问题及 YARN 资源管理调度框架的解决方案进行了介绍；最后针对 Spark 内存批处理计算框架的生态系统、体系架构、运行流程及重要组件等进行较为详细的介绍和说明。

拓展阅读

近年来，随着移动互联网应用的兴起，出现了一种新类型的数据——流数据，即数据以大量、快速、时变的流形式持续产生，如空气质量检测数据、电商网站用户点击数据、用户的搜索内容、用户的浏览记录等。此类数据具有以下特点：一是快速持续到达，潜在大小也许是无穷无尽的；二是数据来源众多，格式纷繁复杂；三是数据量虽然巨大，但并不是所有数据都需要进行存储，重要数据可以经过处理而保存，普通非重要数据可以被丢弃，也可以存储以备以后使用；四是用户注重数据的整体价值，而并非关注个别数据；五是数据到达的顺序可能是颠倒的，或者不完整，系统也无法控制将要处理的新到达的数据的顺序。通过进行实时流数据分析，气象站可以了解每个时刻的空气质量变化情况，电商网站可以分析用户的实时浏览轨迹，从而进行实时个性化内容推荐。此外，交通流数据具有一定的实时性，通过它不仅可以根据交通历史情况规划导航路线，而且在行驶过程中，也可以根据交通情况的变化实时更新导航路线，始终为用户提供最佳行驶路线。

虽然对流数据的实时处理在很多方面和分布式系统在原理上有很多相似之处，但是其也有独特需求。特别是对处理速度越来越关注，过去需要几天或者几个小时才能处理完成的数据计算现在有望在几分钟、几秒甚至几毫秒内得到解决，因此，关于流数据的实时快速存储和处理技术——流计算技术被研究和开发。

流计算适用于需要处理持续到达的流数据、对流数据处理有较高实时性要求的场景。因此，为了能及时处理流数据，需要一个低延迟、可扩展、高可靠的流计算系统，其满足以下特征。

（1）实时性。流数据不仅是实时产生的，也要求实时给出反馈结果。流计算系统要有快速响应能力，在短时间内体现出数据的价值，超过有效时间后数据的价值就会迅速降低。因此，流计算处理的响应时间必须很快，延迟较小，达到秒级以下。

（2）突发性。流数据的流入速率和顺序并不确定，甚至会有较大差异。这要求流计算系统要有较高的数据吞吐量，能快速处理大流量数据。

（3）多样性。流数据的格式复杂、来源众多、数据量巨大，并不能遵循传统的关系模型建模和关系数据块存储。

（4）易失性。由于数据量巨大和其数据价值随时间推移而降低，大部分流数据不需要持久保存，而是在到达后就立刻被处理，处理完成后可以丢弃，不用存储。因此，流计算系统对这些数据有且仅有一次计算机会。

（5）无限性。流数据会持续不断产生并流入流计算系统。在实际的应用场景中，暂停流计算服务来更新系统是不可行的，流计算系统要能够持久、稳定地运行下去，并随时进行自我更新，以便适应流计算分析需求。

流计算系统包括针对流数据的实时存储和流数据的实时流计算。流数据实时存储指的是快速、高效存储流数据到数据库、数据仓库、数据湖中或者丢弃的过程。与传统批处理计算利用已有的处理逻辑处理静态数据而获得有价值的信息不同，流数据的实时流计算注重对流数据的快速高效处理、计算分析，以及结果及时反馈。流计算系统的处理流程主要包括以下几个方面。

（1）实时流数据采集与存储。实时流数据采集阶段通常采集多个数据源的海量数据，需要保证数据采集的实时性、低延迟与稳定可靠。以日志数据为例，由于分布式集群的广泛应用，数据分散存储在不同的机器上，因此需要实时汇总来自不同机器的日志数据。实时数据加载是指数据通常以流的方式进入系统，如何高效且可靠地将数据加载到大数据存储系统中成为流式大数据系统实现低延迟处理的基础。此外，能够重新处理流数据中的数据也是一个很有价值的特性。

（2）实时流计算处理。流数据的数据源是多种多样的，数据的格式也是多种多样的，而数据的转换、过滤和处理逻辑更是千变万化，因而需要强大又灵活的实时流计算处理引擎来适应各种场景下的需求。经系统处理后的数据，可视情况进行存储，以便之后再进行分析计算。在时效性要求较高的场景中，处理之后的数据也可以直接丢弃。

（3）实时查询服务。经由流计算系统得出的结果可供用户进行实时查询、展示或存储。传统的数据批处理流程中用户需要主动发出查询请求才能获得想要的结果。而在实时流计算处理流程中，实时查询服务可以不断更新结果，并将用户所需的结果实时推送给用户。

虽然可以通过对传统的数据处理系统进行定时查询，实现不断地更新结果和推送结果，但通过这样的方式获取的结果，仍然是根据过去某一时段的数据得到的结果，与实时结果有本质的区别。

（4）高可用性和可靠性。流数据通过复杂处理引擎和流计算框架时，通常会经过很多步骤和节点，而其中任何一步都有出错的可能，为了保证数据的可靠性和准确处理，流计算系统需要具有容错和去重能力。

（5）流量控制和缓存机制。整个流计算系统可能有若干个模块，每个模块的处理能力和吞吐量差别很大，为了实现总体高效的数据处理，系统需要对流量进行控制和具有动态增加和删除节点的能力。当数据流入的速度大于流出的速度时，还需要有一定的缓存能力，如果内存不足以缓存快速流入的数据，需要能够将其持久化到存储层。

由此可见，流计算系统与传统的数据批处理系统是不同的，流计算系统处理的是实时的数据，而传统的数据批处理系统处理的是预先存储好的静态数据。通过流计算系统获取的是实时结果，而通过传统的数据批处理系统获取的是过去某一时段的结果。流计算系统无须主动查询，实时查询服务可以主动将实时结果推送给用户。因此，传统的批处理计算方式无法有效处理流数据，需要考虑专用的低延迟、可扩展、高可靠的流计算处理引擎。目前市场上已经出现了多种大数据实时流计算处理技术，它们各有不同的侧重点，如数据传输技术有 Flume、Scribe、Kafka、Sqoop 等，计算框架有 Storm、Yahoo！S4、Spark 等，基于 SQL 的处理引擎有 Impala、HAWQ 等。另外，还有一些产品在大数据流计算框架之上提供分析即服务，如 Cetas。

此外，图计算是以图论为基础的对现实世界的一种图结构的抽象表达，是一种利用基于全图数据结构计算点、边或点、边子集属性的过程的计算模式，目标是计算出基于关联结构蕴藏在点、边中的信息，图计算结果本身可以再存储到图数据库中作为图查询的查询目标。MapReduce 批处理计算框架和 Spark 内存批处理计算框架等，主要用于对数据集进行各种运算，在数据内部关联度不高的计算场景下能够进行很高效的处理。图计算则以高效解决图计算问题为目标，以图作为数据模型来表达问题并予以解决。

图计算可以将各类数据关联起来，将不同来源、不同类型的数据放到同一个图里进行分析。图数据结构很好地表达了数据之间的关联性，关联性计算是大数据计算的核心，通过获得数据的关联性，我们可以从海量数据中抽取有用的信息。在图模型中，由于图本身直接存储了部分关联，同时对顶点及其直接关联的定位足够高效（相比于 join 等查询操作），从而使图数据的关联发现与分析足够高效。总体来说，图对关联的聚焦，带来了能够保证高效关联分析的相关方法论与技术手段，这一点促进了图关联分析的高效。例如，最短路径、连通分量等，只有用图计算的方式才能予以最高效的解决。因此，许多非图结构的大数据，也常常会被转换为图模型后进行分析，这样效率更高。

然而图计算具有一些区别于其他类型计算任务的特点。

（1）随机操作多。图计算围绕图的拓扑结构展开，计算过程会读写边以及边关联的两个顶点，但由于图数据的稀疏性，不可避免地产生了大量随机操作，因此常常表现出比较差的内存读写局部性，针对单个顶点的处理工作过少。

（2）计算不规则。图数据具有幂分布的特性，即绝大多数顶点的度数很小，极少部分顶点的度数却很大（如在线社交网络中的关注人），这使计算过程中伴随着并行度的改变，计算任务的划分较为困难，十分容易导致负载不均衡。

本章习题

（1）大数据计算模式主要有哪些？各有什么特点？

（2）MapReduce 批处理计算框架的基本思想是什么？主要需要实现哪些功能？

（3）MapReduce 批处理计算框架的 Map 功能函数和 Reduce 功能函数分别主要完成什么任务？请描述它们各自的输入、输出和处理过程？

（4）请描述 MapReduce 批处理计算框架的体系架构及其主要模块的功能。

（5）请描述 MapReduce 批处理计算框架的工作流程，描述其是如何实现计算向数据靠拢这一理念的。

（6）给出一个 MapReduce 批处理计算框架的实例。

（7）请说明 YARN 资源管理调度框架产生的原因。YARN 资源管理调度框架的主要模块及其功能是什么？

（8）请说明 YARN 资源管理调度框架的工作流程及其优势。

（9）Spark 内存批处理计算框架的主要优势是什么？主要使用场景有哪些？

（10）请描述 Spark 内存批处理计算框架的体系架构及其主要模块的功能。

（11）请描述 Spark 内存批处理计算框架的工作流程，描述其是如何实现计算向数据靠拢这一理念的。

（12）什么是弹性分布式数据集（RDD）？其有哪些主要属性？产生弹性分布式数据集的主要原因是什么？

（13）弹性分布式数据集有哪几类操作？各自的主要作用是什么？

（14）什么是弹性分布式数据集的“血缘关系”？“血缘关系”的用途是什么？

（15）弹性分布式数据集的依赖关系有宽依赖和窄依赖两大类，请解释什么是宽依赖，什么是窄依赖。把依赖关系分解为宽依赖和窄依赖的目的是什么？

（16）弹性分布式数据集的工作阶段和运行机制是怎样的？

（17）简述 Spark 交互查询引擎的作用与功能。

第 7 章

大数据分析挖掘与可视化

本章导读

本章首先通过大数据分析挖掘概述，包括大数据挖掘概述、数据分析与数据挖掘、大数据分析挖掘的特点及面临的挑战等内容介绍，让读者理解数据挖掘有助于实现数据价值的最大化，认识到大数据分析挖掘的重要性。然后针对数据相似度、大数据分析挖掘算法、大数据分析挖掘工具等内容进行重点介绍，使读者能够从数据模型的基础推演、选择恰当的大数据分析挖掘算法到使用数据分析挖掘工具，理解数据分析挖掘的全过程。数据可视化在极大程度上方便了大数据价值的视觉呈现，本章通过介绍数据可视化基础以及不同类型数据可视化的方法，使读者了解数据可视化基本流程、原则、工具与方法。

本章知识结构如下。

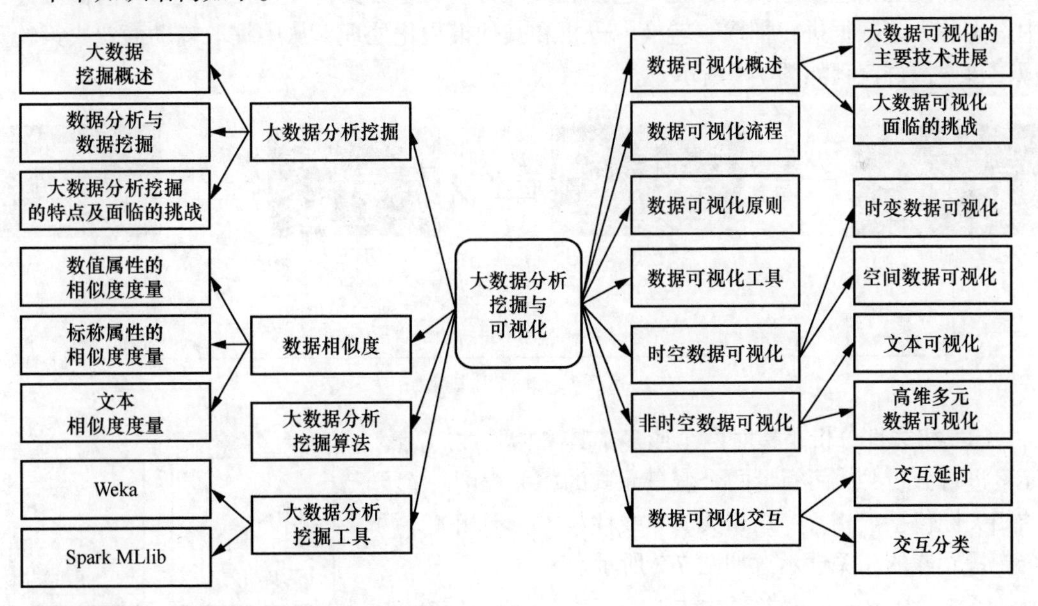

7.1 大数据分析挖掘

7.1.1 大数据挖掘概述

数据挖掘（data mining）是从大量的、有噪声的、不完全的、模糊和随机的数据中，提取出隐含在其中的、人们事先不知道的、具有潜在利用价值的信息和知识的过程。数据挖掘不要求发现放之四海皆准的知识，仅支持特定的问题。其数据源必须是真实的、规模巨大的，其发现的是用户感兴趣的知识，知识要可被用户接受、理解、运用。

数据经过加工后就成为信息，信息是对客观世界中各种事物的运动状态和变化的反映，是客观事物之间相互联系和相互作用的表征，表现的是客观事物运动状态和变化的实质内容。数据是信息的表现形式和载体，具有物理性，可以是符号、文字、数字、语音、图像、视频等。而信息是数据的内涵，对数据做具有含义的解释，具有逻辑性和观念性。数据和信息是不可分离的，信息依赖数据来表达，数据则生动具体地表达出信息。数据本身没有意义，数据只有对现实世界的实体对象的行为产生影响时才成为信息。

从广义上来讲，数据、信息都是知识的表现形式，但是人们通常把概念、规则、模式、规律和约束等看作知识，而把数据看作形成知识的源泉。就好像从矿石中"淘金"一样，数据就是矿石，数据挖掘的过程就是"淘金"的过程，而数据挖掘的结果（知识）就是金子。实际上所有发现的知识都是相对的，是有特定前提和约束条件、面向特定领域的，同时知识要能够易于被用户理解，最好能用自然语言表达。

知识是人们进行正确判断、决策和采取行动的依据。数据仅是人们用各种工具和手段观察外部世界得到的原始材料。信息虽能给出数据中有一定意义的东西，但往往和任务无直接联系，不能作为判断、决策和行动的依据。

因此，从商业的角度看，数据挖掘就是按照企业既定业务目标，对大量的企业数据进行探索和分析，揭示隐藏的、未知的规律，并进一步将其模型化的先进的、有效的方法。它是一种商业信息处理技术，通常包括相关性分析、趋势分析和特征分析，可对商务过程中产生的大量数据进行抽取、转换、分析和其他模型化处理，从中提取辅助商业决策的知识，数据挖掘流程如图 7-1 所示。

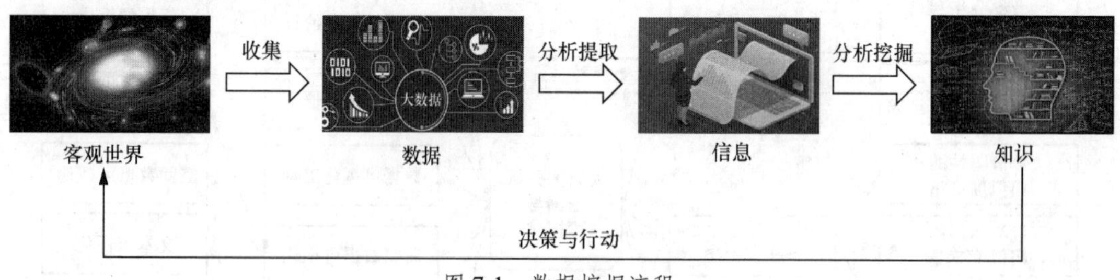

图 7-1　数据挖掘流程

（1）相关性分析是指对两个或多个具备相关性的变量元素进行分析，从而衡量两个变量元素的相关程度。常见的相关性包括负相关、正相关、非线性相关、不相关，两个变量元素的相关性示意如图 7-2 所示。

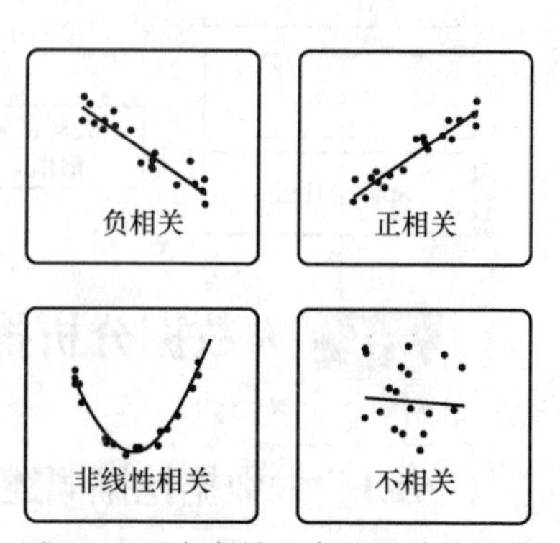

图 7-2　两个变量元素的相关性示意

（2）趋势分析是指将实际达到的结果与不同时期报表中同类指标的历史数据进行比较，从而确定经营状况、经营成果和现金流量的变化趋势和变化规律的分析方法，可以通过图形的方式预测数据的走向和趋势。

（3）特征分析主要是根据具体分析的内容寻找主要对象的特征。例如，互联网类数据挖掘就是读取用户的社会行为数据，找出用户的各方面特征，对用户进行画像，给不同的用户打上相应的标签，进行相应的推荐和处理。手机用户个体标签画像如图 7-3 所示。

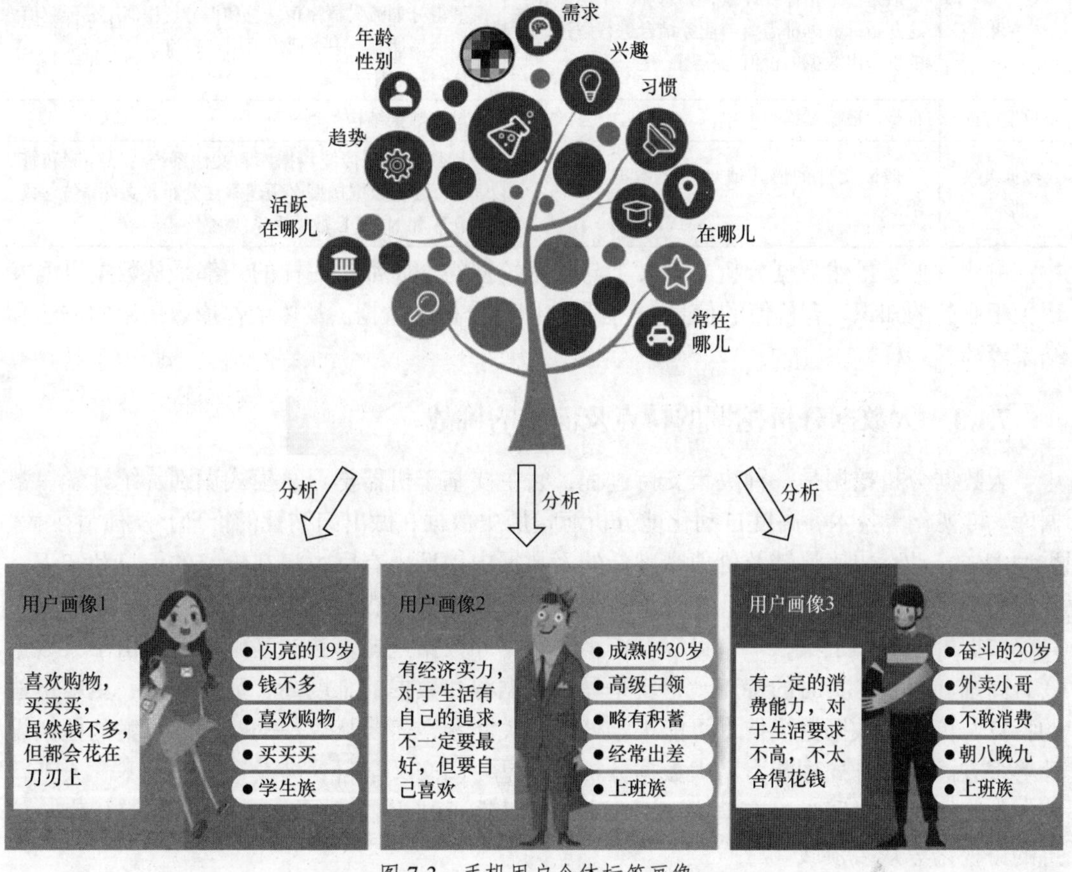

图 7-3 手机用户个体标签画像

7.1.2 数据分析与数据挖掘

数据分析在广义上是包括数据分析（狭义）和数据挖掘的，下面讨论数据分析（狭义）与数据挖掘的联系和区别。数据分析（狭义）与数据挖掘的联系和区别如表 7-1 所示。

表 7-1 数据分析（狭义）与数据挖掘的联系和区别

项目	数据分析（狭义）	数据挖掘
定义	根据分析的目的，用适当的统计分析方法及工具，对收集的数据进行处理与分析，提取有价值的信息，发挥数据的作用	通过统计学、人工智能、机器学习等方法，从大量的数据中挖掘出未知的、有价值的信息和知识
目的	目的明确。先做假设，然后通过数据分析来验证假设是否正确，从而得到相应的结论	用于在没有明确假设的前提下去挖掘信息、发现知识，寻找未知的模式与规律，寻找某些对象间的事先未知但又非常有价值的信息。譬如啤酒与尿布案例
作用	描述现状、查找原因、进行预测（定量）	分类、聚类、关联、预测（定性和定量）
方法	对比分析、分组分析、交叉分析、回归分析等常用统计分析方法	决策树、神经网络、关联规则、聚类分析等统计学、人工智能、机器学习方法

续表

项目	数据分析（狭义）	数据挖掘
结果	一般是一个指标统计量，如总和、平均值等，这些指标数据都需要与业务结合进行解读，才能发挥出数据的价值与作用	输出模型或规则，并且可相应得到模型得分或标签。模型得分如流失概率值、总和得分、相似度、预测值等；标签如高、中、低价值用户，流失与非流失，信用优、良、中差等
数据特点	少量、数据结构类型单一	海量、数据结构类型多样
数据组织形式	一般以文件的形式或者单个数据库的形式组织	海量数据不是传统数据库和文件系统可以存储和管理的，因此数据挖掘必须建立在分布式文件系统、数据仓库和 NoSQL 数据库系统之上

由此可见，虽然数据分析（狭义）与数据挖掘的本质都是一样的，都是从数据里面发现关于业务的知识（有价值的信息），但是它们所分析的数据、具体的作用、采用的方法和结果等都不一样。

7.1.3　大数据分析挖掘的特点及面临的挑战

大数据分析挖掘是一种决策支持过程，它主要基于机器学习、模式识别、统计学、数据库、可视化等技术，高度自动化地分析海量历史数据，做出归纳性的推理，从体量巨大、类型多样、动态快速流转及价值密度低的大数据中挖掘出有巨大潜在价值的信息和知识，并以服务的形式提供给用户。在这个过程中，数据挖掘算法和数据库技术可以作为挖掘工具，数据可以看作土壤，平台可以看作承载数据和数据挖掘算法的基础设施。由于大数据具有高维、海量、实时的特点，也就是具有数据源和数据的维度高、数据量大、更新迅速的特点，传统的数据挖掘技术可能很难处理相关问题，需要从算法的改进和方案的框架设计等多方面去提升处理能力。大数据分析挖掘是一门交叉学科，涉及数据库技术、人工智能、数理统计、机器学习、模式识别、高性能计算、知识工程、神经网络、信息检索、信息的可视化等众多领域。

在大数据时代，数据的产生和收集是基础，数据挖掘是关键，即数据挖掘是大数据中较为关键、有价值的工作。大数据分析挖掘主要有数据准备、规律寻找和规律表示 3 个步骤。数据准备是从相关的数据源中选取所需的数据并整合成用于数据挖掘的数据集；规律寻找是用某种方法将数据集所含的规律找出来；规律表示是尽可能以用户可理解的方式（如可视化）将找出的规律表示出来。在此基础上，提供大数据分析功能，即对规模巨大的数据进行分析。

大数据分析挖掘的数据对象可以是任何类型的数据源，可以是关系数据库（包含结构化数据），也可以是数据仓库、文本、多媒体数据、空间数据、时序数据、Web 数据等（包含半结构化数据甚至异构性数据）。大数据分析挖掘任务有关联分析、聚类分析、分类分析、异常分析、群组分析和演变分析等。数据挖掘系统原型的核心架构及流程如图 7-4 所示。

在大数据时代，不同格式的数据从生活的各个领域涌现出来。大数据往往含有噪声，具有动态异构性，是相互关联和不可信的。尽管含有噪声，但是大数据往往比小样本数据更有价值。这是因为通过频繁模式和相关性分析得到的一般统计量通常更能反映总体情况。另外，互相连接的大数据形成大型异构信息网，通过信息网，冗余的信息可用于弥补数据缺失所带来的损失，可用于交叉核对数据的不一致性，进一步验证数据间的可信关系，并发现数据中隐藏的关系和模型。数据挖掘需要集成的、经过清洗的、可信的、可高效处理的数据，需要描述性查询和挖掘界面，需要可扩展的挖掘算法以及大数据计算环境。与此同时，数据挖掘本身也可以用来提高数据质量和可信度，帮助理解数据的语义，提供智能的查询功能。只有能够鲁棒地进行大数据分析，大数据的价值才能发挥出来。此外，从大数据中得出的知识有助于纠正错误，并消除歧义。

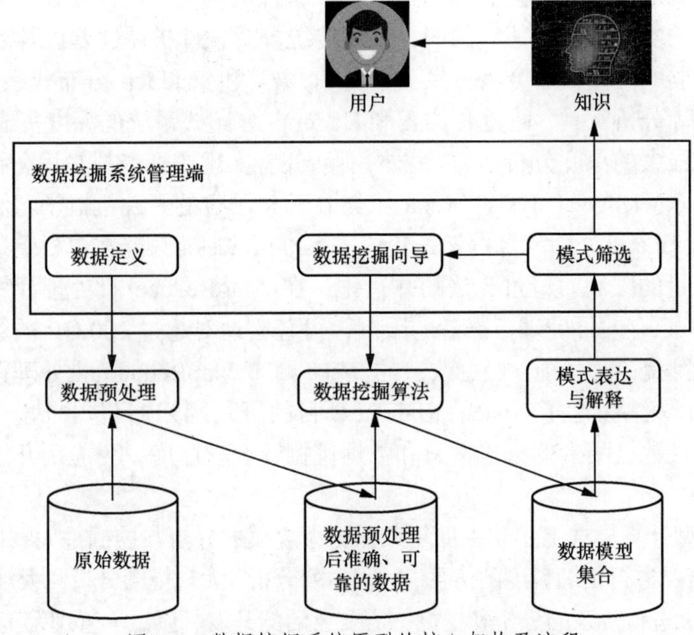

图 7-4　数据挖掘系统原型的核心架构及流程

大数据环境下的分析挖掘与传统的小样本统计分析有根本的不同，面临以下挑战。

（1）数据量的膨胀。随着数据生成的自动化以及数据生成速度的加快，数据分析需要处理的数据量急剧膨胀。一种处理大数据的方法是使用采样技术，通过采样，可以把数据规模变小，以便利用现有的技术手段进行数据管理和分析。然而在某些应用领域，采样将导致信息的丢失，如脱氧核糖核酸（deoxyribonucleic acid，DNA）分析等。在完整数据上进行分析，意味着需要分析的数据量将急剧膨胀。如何对 TB 级的大数据进行分析是一大挑战。

（2）数据深度分析需求的增长。为了从数据中发现知识并加以利用进而指导人们的决策，必须对大数据进行深入的分析，而不是仅仅生成简单的报表。这些复杂的分析必须依赖于复杂的分析模型，很难用 SQL 来进行表达，这样的分析统称为深度分析。人们不仅需要通过数据了解现在发生了什么，更需要利用数据对将要发生什么进行预测，以便在行动上做出一些主动的准备。例如通过预测客户的流失而预先采取行动，对客户进行挽留。典型联机分析处理流程中的数据分析操作（对数据进行聚集、汇总、切片和旋转等）已经不够用了，还需要使用路径分析、时间序列分析、图分析、what-if 分析，以及由于硬件或软件限制而未曾尝试过的复杂统计分析模型等。

（3）自动化、交互式分析需求的出现。因为数据规模很大，所以要对大数据进行有效分析，分析过程就要按照完全自动化的方式进行。这就要求计算机能够理解数据在结构上的差异，明白数据所要表达的语义，然后自动地进行分析。对大数据分析来说，设计一个好的、适于分析的数据表示模式是非常重要的。此外，大数据也使下一代可实时应答的交互式数据分析成为可能。例如，将来系统应该能够根据网站的内容自动构造查询，自动提供热门推荐，自动分析数据的价值并决定是否需要保存。目前，在保证交互式响应的同时如何进行 TB 级的复杂查询处理已成为一个重要的研究内容。

针对上面提到的挑战，研究者提出了一些试验性的解决方法和途径，其中的许多方法和途径具有一定的实际应用价值。例如，针对传统分析软件扩展性差以及 Hadoop 分布式系统分析功能薄弱的问题，研究人员致力于对 R 语言和 Hadoop 分布式系统进行集成。R 语言是开源的统计分析工具，通过 R 语言和 Hadoop 分布式系统的深度集成，可使 Hadoop 分布式系统获得强大的深度分析能力。另外，有研究者实现了怀卡托知识分析环境（Waikato environment for knowledge analysis，Weka）（类似于 R 语言的开源机器学习和数据挖掘工具软件）和 MapReduce 批处理计算框架的集成。标准版 Weka 只能在单机上运行，并且不能超越可处理数据量的限制。经过算法的并行化，在 MapReduce 批处理计算框架集群上，Weka 不仅突破了原有的可处理数据量的限制，可轻松地对超过 100 GB 的数据进行分析，同时利用并行计算提高了性能。经过改造的 Weka 赋予 MapReduce 批处理计算框架深度分析的能力。还有开发者发起了 Apache Mahout 项目的研究，该项目包含基于 Hadoop 分布式系统平台的大规模数据集上的机器学习和数据挖掘开源程序库，为应用开发者提供丰富的数据分析功能。

在大数据新型计算模式上实现更加复杂和更大规模的分析与挖掘是大数据未来发展的必然趋势。例如，需要进行更细粒度的仿真、时间序列分析、大规模图分析和大规模社会计算等。另外，在大数据上进行复杂的分析和挖掘，需要灵活的开发、调试、管理等工具的支持。

分析和挖掘的效率是大数据应用的巨大挑战。尽管可以利用大规模集群并行计算，但是以 MapReduce 批处理计算框架为代表的并行计算模型并不适合高性能地处理结构化数据的复杂查询分析。在数十 TB 甚至更大的数据规模上，分析和挖掘的实时性受到了严峻的挑战，是目前尚未彻底解决的问题。而查询和分析的实时处理能力，对于人们及时获得决策信息，做出有效反应是非常关键的前提。

各种大数据分析挖掘系统各有所长，在不同类型的分析挖掘任务中，会表现出非常不同的性能差异。目前迫切需要通过基准测试，了解各种大数据分析挖掘系统的优缺点，以明确能够有效支持大数据分析和挖掘的关键技术，从而有针对性地进行深入研究。

7.2 数据相似度

数据挖掘任务（如聚类、最近邻分类、异常检测等）需要计算数据对象之间的相似度或相异度。相似度指两个对象相似程度的数值度量。相异度指两个对象差异程度的数值度量，距离可以作为相异度的同义词，两个数据所在的空间距离越大表示二者越相异。相似度和相异度计算方法是一致的，通常用两个对象之间的一个或多个属性的距离来表示。

7.2.1 数值属性的相似度度量

在一个空间下进行聚类或某些分类任务时，需要在该空间中找到一个距离度量，即给出该空间下任意两点之间的距离。距离度量是一个函数 dist(x, y)，以空间中的两个点作为参数，函数值是一个实数值，该函数必须满足下列准则。

（1）dist(x, y) ⩾0（距离非负）。

（2）当且仅当 $x = y$ 时，dist(x, y)=0。

（3）dist(x, y) = dist(y, x) （距离具有对称性）。

（4）dist(x, y)⩽dist(x, z) + dist(z, y)（三角不等式）。

从直观上看，属于同一类的对象在空间中应该互相靠近，而不同类的对象之间的距离要大得多，因此可以用距离来衡量对象之间的相似度。距离越小，对象间的相似度就越大。常用的距离包括曼哈顿距离、欧几里得距离、切比雪夫距离、闵可夫斯基距离、杰卡德距离等。

（1）曼哈顿距离（Manhattan distance）。曼哈顿距离就是固定直角坐标系上两点所形成的线段对轴产生的距离总和。在两个点之间行进时必须沿着网格线行进，就如同沿着城市的街道行进一样。对于一个具有正南正北、正东正西方向规则布局的城市街道，从一点到另一点的距离正是在南北方向上行进的距离加上在东西方向上行进的距离，是将多个维度上的距离进行求和的结果。假定空间中 x，y 两点的坐标分别为（$x_1, x_2,\cdots, x_m$）和（$y_1, y_2, \cdots, y_m$），其曼哈顿距离计算如下式所示：

$$\operatorname{dist}(x,y)=\sum_{i=1}^{m}\left|x_i-y_i\right|$$

（2）欧几里得距离（Euclidean distance）。欧几里得距离也称欧氏距离，是最为大众熟知的距离度量公式。在 m 维欧氏空间中，每个点是一个 m 维实数向量，该空间中的传统距离度量定义如下：

$$\operatorname{dist}(x,y)=\sqrt{\sum_{i=1}^{m}(x_i-y_i)^2}$$

（3）切比雪夫距离（Chebyshev distance）。切比雪夫距离是向量空间中的一种度量，两个点之间的距离定义是其各坐标数值差绝对值的最大值，计算公式如下：

$$\operatorname{dist}(x,y)=\frac{\max}{i}\left(\left|x_i-y_i\right|\right)$$

这也等于以下极值：

$$\lim_{p\to\infty}\left(\sum_{i=1}^{m}\left|x_i-y_i\right|^p\right)^{\frac{1}{p}}$$

（4）闵可夫斯基距离 (Minkowski distance)。闵可夫斯基距离也称闵氏距离，它是将多个距离公式（曼哈顿距离公式、欧式距离公式、切比雪夫距离公式）总结成一个公式：

$$\operatorname{dist}(x,y)=\left(\sum_{i=1}^{m}\left|x_i-y_i\right|^p\right)^{\frac{1}{p}}$$

（5）杰卡德距离（Jaccard distance）。杰卡德距离是用来衡量两个集合相异度的一种指标，与杰卡德相似系数密切相关。

杰卡德相似系数也称杰卡德指数，是用来衡量两个集合相似度的一种指标。杰卡德相似系数被定义为两个集合 A、B 交集的元素个数除以这两个集合的并集的元素个数：

$$J(A,B)=\frac{|A\cap B|}{|A\cup B|}$$

用 1 减去杰卡德相似系数即可得到杰卡德距离：

$$d_J(A,B)=1-J(A,B)=1-\frac{|A\cap B|}{|A\cup B|}$$

7.2.2　标称属性的相似度度量

标称属性的相似度计算可通过编码方式转化为多个二元属性的相似度计算。一般地，二元属性相似度可以通过对属性匹配值求和来计算。即首先分别求解对应单个属性间的相似度，然后对所有相似度数值进行直接累加，计算方法如下式所示：

$$\mathrm{sim}(x,y)=\sum_{i=1}^{d}s(x_i,y_i)$$

其中，d 代表对象的属性总数。

更为直接地理解，二元属性的数据对象的相似度可用“取值相同的同位属性数/属性总数”标识。对于包含多个二元属性的数据对象相似度计算，设有 $x=\{1,0,0,1,0,0,1,0,1,1\}$，$y=\{0,0,0,1,0,1,1,1,1,1\}$，两个对象共有 7 个属性取值相同，3 个取值不同，那么相似度可以标识为 7/10=0.7。

7.2.3　文本相似度度量

文本是由大量词语构成的，如果把特定词语出现的频率（即词频）看作一个单独属性，那么文本可以由数千个词频属性构成的向量表示。文本相似度需要关注两个文本中同时出现的词语，以及这些词语出现的次数，忽略零匹配的数值数据度量。

可以通过计算两个文本的余弦相似度来判断文本的相似度。

余弦相似度，又称余弦相似性，适合用来度量文本间的相似度。其原理是把两个文本以词频向量表示，通过计算两个向量的夹角余弦值来评估它们的相似度。余弦相似度的计算方法如下式所示：

$$\cos(\boldsymbol{x},\boldsymbol{y})=\frac{\boldsymbol{x}\cdot\boldsymbol{y}}{\|\boldsymbol{x}\|\ \|\boldsymbol{y}\|}=\frac{\sum_{i=1}^{d}(x_i\cdot y_i)}{\sqrt{\sum_{i=1}^{d}x_i^2\cdot\sum_{i=1}^{d}y_i^2}}$$

假设有两个文本，新闻 $\boldsymbol{a}$ 和新闻 $\boldsymbol{b}$，将它们经过分词、词频统计处理后得到两个向量：新闻 $\boldsymbol{a}$=(1,1,2,1,1,1,0,0,0)，新闻 $\boldsymbol{b}$=(1,1,1,0,1,3,1,6,1)。计算这两个文本的余弦相似度的过程如下。

（1）计算向量 $\boldsymbol{a}$、$\boldsymbol{b}$ 的点积：

$$\boldsymbol{a}\cdot\boldsymbol{b}=1\times1+1\times1+2\times1+1\times0+1\times1+1\times3+0\times1+0\times6+0\times1=8$$

（2）计算向量 $\boldsymbol{a}$、$\boldsymbol{b}$ 的欧几里得范数，即$\|\boldsymbol{a}\|$、$\|\boldsymbol{b}\|$：

$$\|\boldsymbol{a}\|=\sqrt{1^2+1^2+2^2+1^2+1^2+1^2+0^2+0^2+0^2}=3$$

$$\|\boldsymbol{b}\|=\sqrt{1^2+1^2+1^2+0^2+1^2+3^2+1^2+6^2+1^2}\approx7.14$$

（3）计算余弦相似度：

$$\cos(\boldsymbol{a},\boldsymbol{b})=\frac{\boldsymbol{a}\cdot\boldsymbol{b}}{\|\boldsymbol{a}\|\|\boldsymbol{b}\|}\approx 0.373$$

词频-逆文档频率（term frequency-inverse document frequency，TF-IDF）是一种用于信息检索与数据挖掘的常用加权技术，基于统计学方法来评估词语对文本的重要性。词语的重要性与它在文本中出现的次数成正比，但同时与它在语料库中出现的频率成反比。TF-IDF的计算方法如下式所示：

$$\mathrm{TF}_w=\frac{\text{文本}\boldsymbol{x}\text{中词语}w\text{出现的次数}}{\text{文本}\ \boldsymbol{x}\ \text{中所有词语出现的次数}}$$

$$\mathrm{IDF}_w=\log\frac{\text{语料库中的文本总数}}{\text{包含}w\text{的文本数}\ +1}$$

$$\text{TF-IDF}=\ \mathrm{TF}_w\times\ \mathrm{IDF}_w$$

TF-IDF 算法用来对文本进行特征提取，选出可以表征文章特性的关键词。

假设两篇文章 x 和 y 分别由 d 个关键词的词频构成的向量($x_1, x_2,\ \cdots, x_d$)和($y_1, y_2,\ \cdots, y_d$ ）表示，两篇文章的相似度可表示为：

$$\cos(x,y)=\frac{\sum_{i=1}^{d}\left(x_i\cdot y_i\right)}{\sqrt{\sum_{i=1}^{d}x_i^2\cdot\sum_{i=1}^{d}y_i^2}}$$

7.3 大数据分析挖掘算法

大数据分析挖掘算法可以分为有监督的数据挖掘算法和无监督的数据挖掘算法。大数据分析挖掘算法的分类如图 7-5 所示。

有监督的数据挖掘利用可用的数据建立一个模型，对一个特定属性进行描述。有监督的数据挖掘是基于归纳的学习，通过对大量已知分类或输出结果进行训练，建立分类模型或预测模型，用来分类未分类实例或预测输出结果的未来值。具体而言，分类算法、回归算法和预测模型属于有监督的数据挖掘。

（1）分类算法。它首先从数据中选出已经分好类的数据作为训练集，在该训练集上运用数据挖掘技术，建立一个分类模型，再将该模型用于对未分类的数据进行分类。分类用于预测数据对象的离散类别，预测的数据对象应是离散的、无序的。

（2）回归算法。回归算法与分类算法类似，但回归算法最终的输出结果是连续型的数值，回归算法的量并非预先确定的。

（3）预测模型。它是通过分类算法或回归算法进行的，通过分类算法或回归算法的训练得出一个模型，如果对检验样本组而言该模型具有较高的准确率，可将该模型用于对新样本的未知变量进行预测。预测模型用于预测数据对象的连续取值，预测的数据对象应是连续的，而且是有序的。

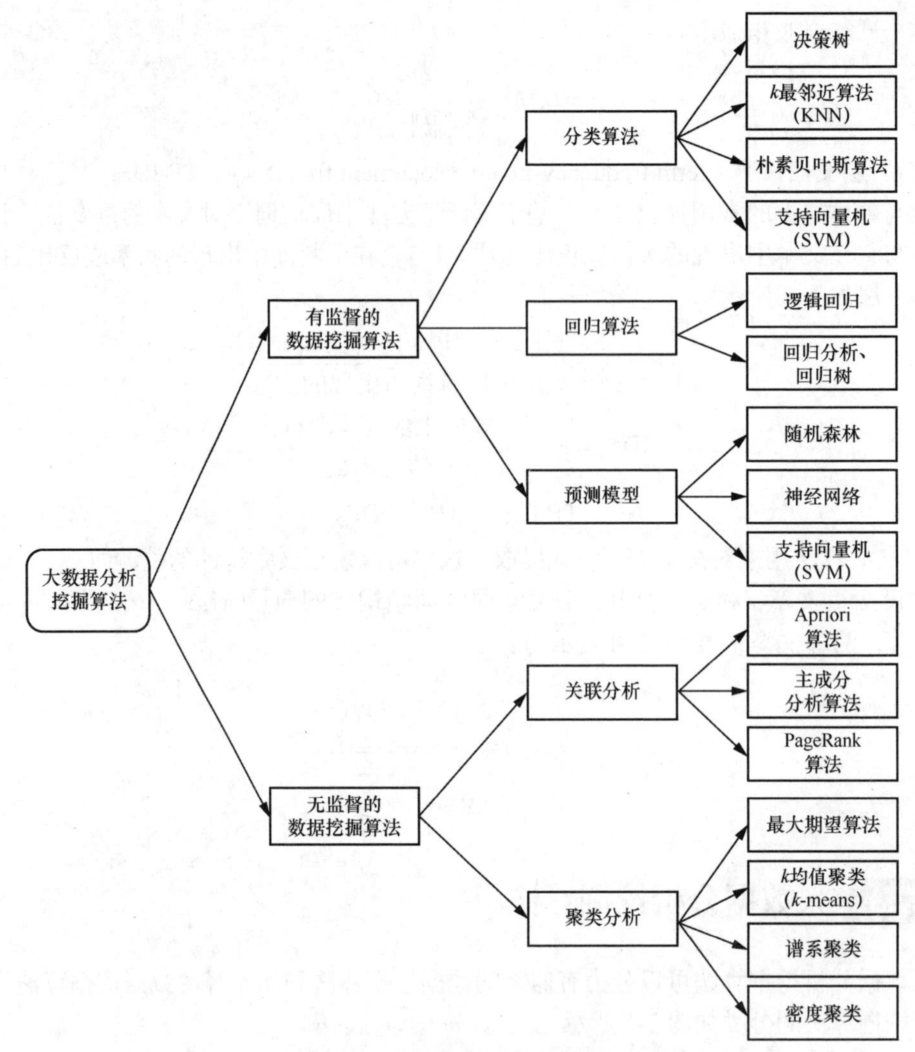

图 7-5　大数据分析挖掘算法的分类

无监督的数据挖掘是在所有的属性中寻找某种关系。在学习训练之前，没有预定义好分类的实例，只是按照某种相似度度量方法，计算实例之间的相似度，将最为相似的实例聚类在一组，再解释每组的含义，从中发现聚类的意义。具体而言，聚类分析和关联分析属于无监督的数据挖掘。

（1）聚类分析。其基本原理是寻找并建立分组规则的方法，通过判断样本之间的相似度，把相似样本划分在一个组中，从而将数据对象的集合分组为由类似的对象组成的多个类。

（2）关联分析或相关性分组。其目的是从大量数据中发现数据集之间的关联。

7.4 大数据分析挖掘工具

7.4.1 Weka

Weka 是基于 Java 环境的、开源的机器学习和数据挖掘平台，集成了大量机器学习算法，工作平台界面如图 7-6 所示，其具有多个应用界面（对应右边标记一列）。在日常学习中，主要使用 Explorer 界面，在其中可对数据进行预处理、分类（回归）、聚类、关联分析，以及在新的交互式界面上的可视化。Weka 的 Explorer 界面如图 7-7 所示。

图 7-6 Weka 工作平台界面

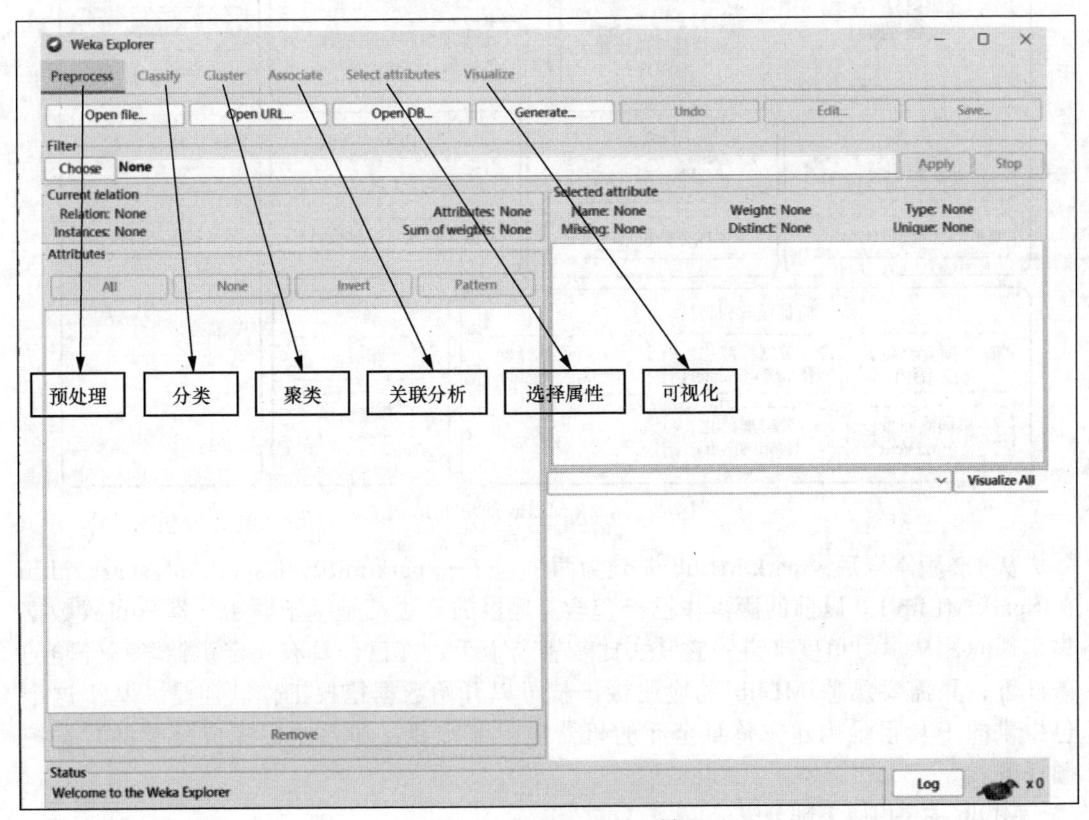

图 7-7 Weka 的 Explorer 界面

Weka 把分类（classification）和回归（regression）都放在 Classify 选项卡中。在这两个任务中，都有一个目标属性（即输出变量或分类标识）。使用者希望根据一个样本（称作实例）的一组特征（输入变量）对目标进行预测。为了实现这一目的，需要有一个训练数据集，这个训练数据集中每个实例的输入和输出都是已知的。观察训练数据集中的实例，可以建立预测模型。有了这个模型，就可以对新的未知实例进行预测了。需要注意的是模型的好坏主要与预测准确率的高低有关。

使用 Weka 进行数据挖掘时，ARFF 格式是其支持的文件格式。Weka 还提供对 CSV 文件格式的支持，这种格式被 Excel 等很多软件支持。利用 Weka 可以将 CSV 文件格式转换成 ARFF 文件格式。此外，Weka 还提供了通过 JDBC 连接数据库的功能。

7.4.2 Spark MLlib

Spark 内存批处理计算框架提供了一个基于海量数据的机器学习库 MLlib，它提供了常用的机器学习算法的分布式实现，Spark MLlib 的组成结构如图 7-8 所示。

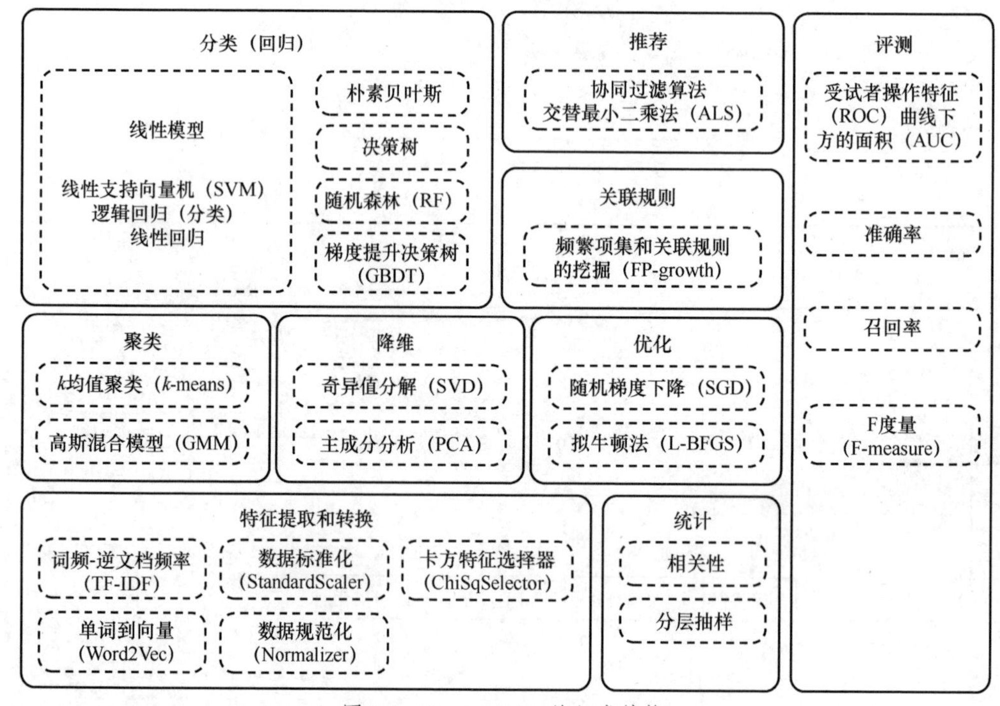

图 7-8 Spark MLlib 的组成结构

从 1.2 版本以后，Spark MLlib 被分为两个包——spark.mllib 和 spark.ml。spark.mllib 在 Spark MLlib 1.0 以前的版本中已经包含，提供的算法都是基于原始弹性分布式数据集实现的，从学习角度来讲，它其实比较容易上手。在已经具有一定机器学习经验的条件下，只需要熟悉 MLlib 的应用接口就可以开始数据挖掘工作。但是，基于这个包提供的工具很难构建完整且全面的机器学习流水线，所以难以完成复杂的数据挖掘任务。

MLlib 主要由以下部分组成。

（1）数据类型，包括不带类别的向量、带类别的向量、矩阵等。

（2）数学统计计算库，包括基本统计量、相关分析、随机数产生器、假设检验等。

（3）算法评测库，包括 AUC、准确率、召回率、F 度量等。

（4）机器学习算法，包括分类算法、聚类算法、降维算法等。机器学习算法一般由多个步骤组成迭代计算，计算需要在多次迭代后获得足够小的误差或者足够收敛时才会停止。Spark 内存批处理计算框架采用的基于内存的计算模型是针对迭代计算而设计的，多个迭代直接在内存中完成，减少操作磁盘的次数和网络的 I/O 延迟。

从 Spark 1.2 开始，Spark ML Pipelines 已经成为可用且较为稳定的新的机器学习库。ML Pipelines 弥补了原始 MLlib 的不足，向用户提供了一个基于数据框架的机器学习工作流式应用服务接口套件。通过 ML Pipelines 应用服务接口，用户可以很方便地把数据处理、特征转换、正则化以及多个机器学习算法联合起来，构建一个单一、完整的机器学习流水线。显然，这种新的机器学习库提供了更灵活的方法，而且这也更符合机器学习过程的特点。Spark ML Pipelines 旨在向用户提供基于数据框架之上的更高层次的应用服务接口库，以更加方便地构建复杂的机器学习工作流式应用。

Spark ML Pipelines 有几个重要概念和组件。

（1）数据框架（dataframe）。数据框架是以弹性分布式数据集为基础，按照命名列的形式组织的数据集，类似于传统数据库中的二维表。数据框架可以被用来保存各种类型的数据，如向量、文本、图像和结构化数据等。

（2）流水线（pipelines）。Spark ML Pipelines 抽象成流水线，由一系列阶段（stage）组成，包括转换器（transformer）和估计器（estimator）两种类型。每个阶段都会完成一项任务，如数据集的处理和转换、模型训练、参数设置、数据预测等。

（3）转换器。转换器是一个流水线阶段，主要用于将一个数据框架转换成另一个数据框架。

（4）估计器。估计器指从提供的数据中学习的机器学习算法。在流水线里，估计器通常负责模型训练，输入为数据框架，输出为转换器。

（5）参数（params）和参数映射函数（paramMaps）。通过应用服务接口可设置转换器或者估计器的参数，如模型需要迭代的最大次数。

Spark ML Pipelines 通常由一系列数据处理和学习阶段组成，Spark ML Pipelines 流程如图 7-9 所示。Spark ML Pipelines 被设计为一系列阶段，这些阶段将按顺序执行，输入数据会随着不同的阶段在流水线中转换。在 ML Pipelines 中，不同阶段的任务内容如表 7-2 所示。

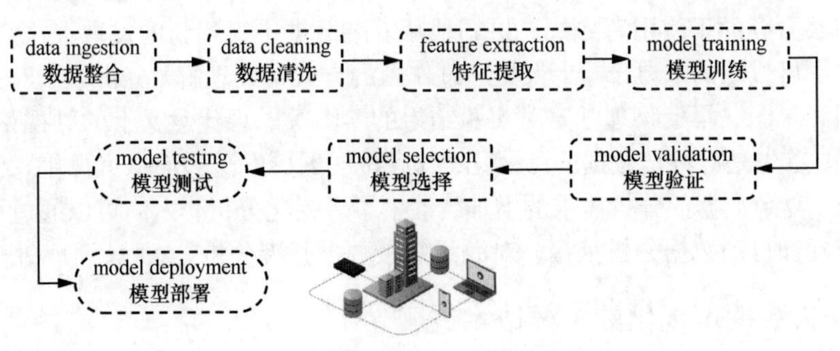

图 7-9 Spark ML Pipelines 流程

表 7-2　不同阶段的任务内容

阶段	名称	任务内容
1	数据整合	从多个数据源加载数据
2	数据清洗	对数据进行预处理，为数据分析做准备
3	特征提取	从数据集中选择用来进行数据分析的特征
4	模型训练	使用训练数据集对模型进行训练
5	模型验证	根据多个预测参数对模型进行验证
6	模型选择	选出模型
7	模型测试	在真正使用模型前，对其进行测试
8	模型部署	将模型部署到实际应用环境中

7.5 数据可视化概述

在大数据可视化这个概念出现之前，人们对于数据可视化的应用就已经很广泛了，大到人口数据，小到学生成绩统计，都可通过数据可视化展现，以便探索其中的规律。如今，信息可以用多种方法来进行可视化，每种可视化方法都有不同的侧重点。在大数据时代，当你打算处理数据时，首先要明确并理解的一点是：你打算通过数据向用户讲述怎样的故事，数据可视化之后又在表达什么？通过这些数据，能为你后续的工作提供哪些指导，是否能帮用户正确地抓住重点，了解行业动态？了解这些之后，你便能选择恰当的数据可视化方法，高效传达数据，这时你的数据才是有价值的。

在大数据时代，数据的数量增多和复杂度的提高带来了对数据探索、分析、理解和呈现的巨大挑战。除了利用直接统计或者数据挖掘的方式，还可利用可视化的方式来帮助探索和解释复杂的数据。一个典型的可视化流程是将数据通过软件程序系统转化为用户可以观察、分析的图像。利用人类视觉系统高通量的特性，用户可以通过视觉系统，结合自己的背景知识，对可视化结果图像进行认知，从而理解和分析数据的内涵与特征。同时，用户还可以通过交互地改变可视化程序系统的设置，改变输出的可视化图像，获得对数据的不同侧重点的理解。因此，可视化是一个数据交互且循环往复的过程。

可视化能够迅速、有效地简化与提炼数据流，帮助用户交互筛选大量的数据，可视化所提供的洞察力有助于使用者更快、更好地从复杂数据中得到新的发现，这使可视化成为数据科学中不可或缺的重要部分。人类通过作图的方式帮助理解、分析数据对象古已有之，如古代地图和星图、早期物理学家对实验结果的绘图等。现代意义上的可视化源自计算机技术的发展，首先是对科学数据的可视化，其后扩展到更广泛的信息可视化。21 世纪之后，随着对海量、复杂数据的分析需求的增加，催生了可视化分析，人们可以通过可视化界面，结合人机交互和自动数据分析挖掘，对海量复杂数据开展分析。

7.5.1 大数据可视化的主要技术进展

在可视化的发展中，首先面对大规模数据挑战的是在科学可视化方向。高通量仪器设备、模拟计算以及互联网应用等都在快速产生庞大的数据，对 TB 乃至 PB 级数据的分析和可视化成为现实的挑战。大规模数据的可视化和绘制主要基于并行算法设计的技术，合理利用有限的计算资源，高效地处理和分析特定数据集的特性。很多情况下，大规模数据可视化的技术通常会结合多分辨率表示等方法，以获得足够的互动性能。在大规模科学数据的并行可视化工作中，主要涉及数据流线化（data streaming）、任务并行化（task parallelism）、流水线并行化（pipeline parallelism）和数据并行化（data parallelism）4 种基本方法。

数据流线化将大数据分为相互独立的子块后依次处理。在需要可视化的数据规模远大于计算资源的处理范围时，其是主要的可视化手段。它能够处理任意规模的数据，同时能够提供更高的缓存使用效率，并减少内存交换。但通常这类方法需要较长的处理时间，难以提供对数据的交互挖掘。离核渲染是数据流线化的一种重要形式。在另外一些情况下，数据则是以流的形式实时逐步获得的，必须有能够适应数据涌现形式的可视化方法。

任务并行化是把多个独立的任务模块平行处理。这类方法要求将一个算法分解为多个独立的子任务，并需要相应的多重计算资源。其并行程度主要受限于算法的可分解粒度以及计算资源中节点的数目。流水线并行化则是同时处理各自面向不同数据子块的多个独立的任务模块。在任务并行化和流水线并行化两类方法中，如何达到负载的平衡是实现高效分析的关键。

数据并行化是将数据分块后进行平行处理，这类方法能实现高度平行化，并且在计算节点增加的时候可以获得较好的可扩展性。对于非常大规模的并行可视化，节点之间的通信往往是制约因素，提供合理的通信模式是高效获得结果的关键，而提高数据的本地性也可以大大提高效率。以上这些方法往往在实践中相互结合，从而构建更高效的解决方法。

在信息可视化和可视分析方面，大规模数据处理技术出现得相对要晚得多。很多技术，如多维数据可视化中的平行坐标、多尺度分析、散点图矩阵，层次数据可视化中的树图，图可视化中的多种布局算法，文本可视化的一些基本方法，并不是都有很好的可扩展性。在面对大数据挑战的可视化中，这些技术需要做出相应的调整。

对网络数据的可视化可以通过图的形式实现，即将网络中的每个节点简化为图中的节点，网络中的联系可视化为图中的边，这样，网络数据的可视化可以通过经典的“节点-边”的形式表现。这类可视化方法的难点主要在于图的布局算法。有效的图布局应该能够直观地揭示节点之间的联系，类似的、相互联系紧密的节点会聚集在一起。但是现在大规模的网络数据的节点可能多达数百万，其关系边可能多达数亿，这样的网络数据难以使用传统的图可视化方法。

高维信息可以通过维度压缩、平行坐标等手段实现可视化。但是在数据达到一定规模以后，这样的方法并不能很好地扩展。一些可能的方案，包括提供一些子空间，用户可以根据分析需要，在高维度空间选择适合问题解决的子空间，从而缩小数据规模。

图形硬件对于大规模数据可视化具有重要意义。近年来，超级计算机大量地应用显卡作为计算单元。如何更好地发掘显卡硬件潜力，提供更加灵活的大数据可视化和绘制的解决方法，是具有重大意义的课题。

7.5.2 大数据可视化面临的挑战

在大数据时代，大数据可视化面临各种挑战。

（1）原位可视分析。传统的可视化方式是先将数据存储于磁盘，然后根据可视化的需要进行读取分析。这种处理方式对超过一定量级的数据来说并不合适，比如大规模的超级计算机计算获得的大量科学数据，读写性能有限几乎成为无法克服的困难。科学家提出了原位可视分析的概念，即在数据仍在内存中时就会做尽可能多的分析。数据在进行了一定的可视化（也是数据规模的简化）后，能极大地减少读写性能的开销，只有极少数视觉投影操作后的次生数据需要转移到显示平台。这个方式可以实现数据使用与磁盘读取比例的最大化，从而最大限度地突破读写性能的瓶颈限制。然而，它也带来了一系列设计与实现上的挑战，包括交互分析、算法、内存、读写流程、工作流和线程的相关问题。原位可视分析要求可视化方案和计算紧密结合，这样很多传统的可视化方法都需要进行修改或者筛选才可以用于这样的可视化模式。

（2）大数据可视化中的人机交互。在可视化和可视分析中，用户界面与交互设计扮演越来越重要的角色。用户只有通过合理的交互方式，才可以有效地探索、发现数据中的隐含信息，进行可视推理，通过意义构建，获得新的认知。尽管数据规模和机器的计算能力都在持续、快速地增长，千百年来人的认知能力却是变化不大的。以人为中心的用户界面与交互设计面临的挑战是复杂和多层次的，并且在不同领域都有交叠。机器自动处理系统在一些需要人类参与判断的分析过程中往往表现不佳。其他的挑战则源于人的认知能力，现有技术不足以让人的认知能力发挥到极限。我们需要提供更好的用户界面和交互设计，方便使用者，特别是让专家用户能够利用其背景知识，在数据的分析中扮演更加积极的角色。从更广泛的意义上说，可视化可以建立一个可视的交互界面，提供人和数据的对话。

（3）众包可视分析和协同可视化。在大数据时代，个人或者少数几个分析用户可能无法应对数据规模大和复杂度高带来的挑战。大数据分析中往往涉及多种不同来源甚至领域的数据。利用众人的智慧，通过众包等模式进行有效的复杂可视化成为一种必然的选择。在众包可视分析工作中，如何设计合理、高效的可视化平台，承载相应的高难度的可视化系统工作；如何设计交互的中间模式，支持多用户的协调工作；如何反映多用户的差别，都是可以研究的课题。和众包可视分析方式相比，协同可视化趋于由少数几个领域专家交互合作，开展对数据的可视分析，众包可视分析则更趋于不特定的多数的使用者协调工作，规模也更大。如何开展有效的众包可视分析和协同可视化，是非常重要的研究课题。

（4）可扩展性问题与多级层次问题。在大规模数据可视分析的可扩展性问题上，建立多级层次是主流的解决方法。这种方法可以通过建立不同大小的层级，向用户提供在不同解析度下的数据浏览分析能力。但是当数据量增大时，层级的深度与复杂性也随之增大。在继承关系复杂且深度大的层级关系中，巡游与搜索最优解是可扩展性分析面临的主要挑战。

（5）不确定性分析和敏感性分析。不确定性的量化问题可以追溯到由实验测量产生数据的时代。如今，如何量化不确定性已经成为许多领域的重要问题。了解数据中不确定性的来源对于决策和风险分析十分重要。随着数据规模增大，直接处理整个数据集的能力受到了极大的限制。许多数据分析任务中引入了数据的不确定性。不确定性的量化及可视化对未来的大数据可视分析工具而言极其重要，我们必须发展可应对不完整数据的分析方法，许多现有算法必须重新设计，考虑数据的分布情况。一些新兴的可视化技术会提供具有不确定性的直观视图，来帮助用户了解风险，从而帮助用户选择正确的参数，减少产生误导性结果的可能。从这个方面来看，不确定性的量化与可视化将成为绝大多数可视分析任务的核心部分。另外，对可视化而言，用户的交互或者新的参数的输入，都会导致不同可视化结果的出现。在大数据的场景下，向用户提供背景知识，告知预期的操作可能引发的可视化结果的变化程度，或者告知用户当前所在参数空间的周边状况，这些都属于对可视分析结果的敏感性分析，这些对于高效的可视化交互是极其重要的。

（6）可视化与自动数据计算挖掘的结合。可视化提供了用户对数据的直观分析接口，用户可以通过交互界面对数据进行分析。同时，我们也注意到很多的数据分析是枯燥的、批量的。如何才能够将一些比较确定的分析任务利用机器自动完成，同时引导用户进行更具有挑战性的可视分析工作，是可视分析发展中的核心课题。

（7）面向领域和大众的可视化工具库。提供面向领域和大众的可视化工具库可以大大提高不同领域分析数据的能力。大数据时代已经涌现了很多可视化商业化的机会。提供商务智能的软件公司 Tableau 将数据可视化功能整合到数据库中，使其具有前所未有的交互性和可理解性，从而彻底改变了行业。Tableau 的成功上市反映出市场对可视化工具的需求，类似在线可视化工具的流行，则是满足了广大普通用户对可视化方法的使用需求。几个国际大公司也在开展相应的研究，试图把可视化引入其不同的数据分析和展示产品中。

7.6 数据可视化流程

数据可视化不是简单的视觉映射，而是一个以数据流向为主线的完整流程，主要包括数据采集、数据预处理与数据挖掘、可视化映射与人机交互、用户感知等，数据可视化的基本流程如图 7-10 所示。一个完整的可视化过程，可以看成数据流经过一系列处理模块并得到转化的过程，用户通过可视化交互从可视化映射后的结果中获取知识与灵感。

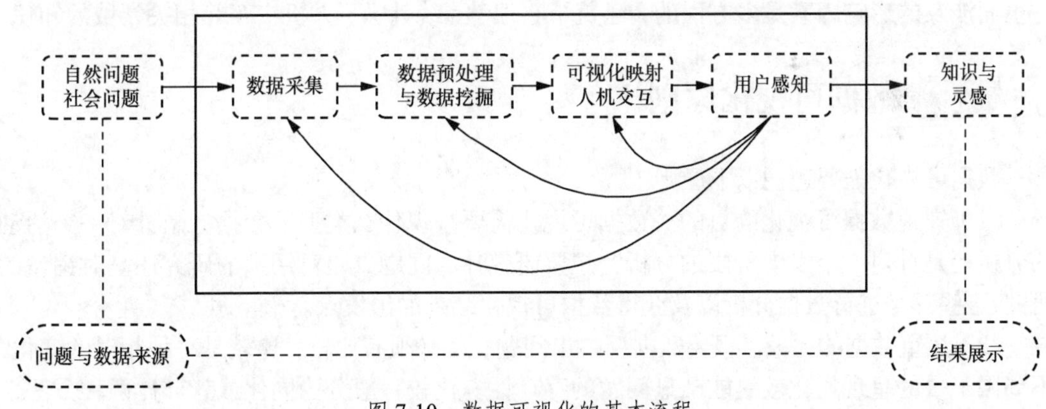

图 7-10　数据可视化的基本流程

（1）数据采集是数据分析和可视化的第一步，数据采集的方法和质量很大程度上决定了数据可视化的最终效果。数据采集的分类方法有很多，从数据的来源来看，可以分为内部数据采集和外部数据采集。内部数据采集指的是采集企业内部经营活动产生的数据，通常数据来源于业务数据库，如订单的交易情况。如果要分析用户的行为数据、应用的使用情况，则还需要一部分行为日志数据，这个时候就需要用埋点这种方法来进行应用或网络的数据采集。外部数据采集指的是通过一些方法获取企业外部的数据，通常采用的数据采集方法为网络爬虫。

（2）数据处理和变换是进行数据可视化的前提条件，包括数据预处理和数据挖掘两个过程。一方面，通过前期的数据采集得到的数据不可避免含有噪声和误差，数据质量较差；另一方面，数据的特征、模式往往隐藏在海量的数据中，需要进一步的数据挖掘才能将其提取出来。

（3）可视化映射是对数据进行清洗、去噪，并按照业务目的进行数据处理之后的环节。可视化映射是整个数据可视化流程的核心，是指将处理后的数据映射成可视化元素的过程。可视化元素由 3 部分组成：可视化空间、标记、视觉通道。

可视化空间是指数据可视化的显示空间，通常是二维的。三维物体的可视化，通过图形绘制技术，解决了其在二维平面显示的问题，如三维环形图、三维地图等。

标记是数据属性到可视化几何图形元素的映射，用来代表数据属性的归类。根据空间维度的差别，标记可以分为点、线、面、体，分别为零维、一维、二维、三维。如常见的散点图、折线图、矩形树图、三维柱状图，分别采用了点、线、面、体这 4 种不同类型的标记。

视觉通道是数据属性的值到标记的视觉呈现参数的映射，通常用于展示数据属性的定量信息。常用的视觉通道包括标记的位置、大小（长度、面积、体积等）、形状（三角形、圆、立方体等）、方向、颜色（色调、饱和度、亮度、透明度）等。

标记和视觉通道是可视化元素的两个方面，二者结合可以完整地将数据进行可视化表达，从而完成可视化映射这一过程。

（4）用户感知。可视化的结果只有被用户感知之后才可以转化为知识与灵感。用户在感知过程中，除了被动接受可视化的图形，还通过与可视化各模块之间的交互，主动获取信息。如何让用户更好地感知可视化的结果，将结果转化为有价值的信息用来指导决策，这里面涉及的影响因素是多方面的，涵盖了心理学、统计学、人机交互等相关领域的知识。

7.7 数据可视化原则

数据可视化需要遵循以下原则。

（1）知道数据可视化的目的。数据可视化需要呈现什么类型的数据，是针对一个活动的分析还是针对一个发展阶段的分析？想要研究什么问题，是对用户的研究还是对销量的研究?这些都是进行数据分析以及获得数据可视化结果的出发点。

（2）注重数据的比较。想要数据反映出问题，就必须有比较，比较是一种相对的变化，不局限于量的呈现，比较更能凸显问题的存在性。比较一般分为同比或者环比两种方法，这两种比较方法是在数据的比较中使用较多的。

（3）建立数据指标。在数据可视化的过程中，建立数据指标才会有对比性，才能明确标准的位置以及存在的问题在哪里。数据指标的设置要结合自身的业务背景，科学地进行设置，不能凭空设置，可以根据现有的数据指标进行思考，而不是仅以一个简单的数据指标的形式呈现。

（4）展示的形式从总体到局部。数据可视化的过程要有一个逻辑的思路，先从总体看变化，再从局部看变化，得出问题的针对性解决办法。

（5）注重听觉上的描述。进行数据可视化报告，是体现数据分析师个人对数据分析过程理解程度高低的时候，听取报告的人员都是数据方面的专业技术人员，因此在口头上能不能给听众很好的听觉描述是非常重要的，只有将听觉和视觉效果整合得比较好，才会产生更好的效果。

（6）增加图形的可读性和生动性。在保证基础的数据标注的基础上，可以让数据表格或者数据图形呈现的方式更加多样化，让观看者的接受度更高。

7.8 数据可视化工具

目前已经有许多数据可视化工具，针对不同类型用户的可视化需求，大体分为初级可视化工具、图形类可视化工具、编程类数据可视化工具等。

（1）初级可视化工具。

Excel 作为微软公司的办公软件 Office 家族的系列软件之一，除了能够进行数据的存储、处理，还是流行的初级可视化工具之一。Excel 简单易学，用户可以轻松学习并使用 Excel 自带的图表可视化插件，其中的折线图、饼状图、柱状图是普通用户的首选工具。而人物画像、环状图表、动态气泡及更为复杂的 Power Pivot、Power View 数据分析工具，则会使数据的展示更加丰富生动。

（2）图形类可视化工具。

图形类可视化工具是信息、数据的视觉化表达工具，将信息、数据以图形形式进行表达，能够更加直观、高效地传递信息内涵。常见的图形类可视化工具有 Tableau、ECharts、Modest Maps 等。

Tableau 是将数据运算与直观的图表完美地结合在一起的应用，而且操作简单，用户可以用它将大量数据拖放到数字画布上，快速创建出各种图表。其具备分析高效、自动更新、仪表盘智能化等优势，被数以万计的用户用于在博客与网站中分享数据。

ECharts 是一个使用 JavaScript 实现的开源可视化库，涵盖各行业的图表，可满足用户各种需求。ECharts 具备丰富的可视化图表类型，提供了常规的折线图、柱状图、散点图、饼状图、k 线图、箱形图，还提供了用于地理数据可视化的地图、热力图、线图，用于关系数据可视化的关系图、矩形树图、旭日图，用于多维数据可视化的平行坐标系图，以及用于商务智能的漏斗图、仪表盘，并且支持图表与图表之间的混搭。ECharts 中多种数据格式无须转换，支持直接传入包括二维表、键值对等多种格式的数据源，还支持输入 TypedArray 格式的数据，ECharts 渲染技术功能强大，配合各种细致的优化，能够展现千万级的数据量。ECharts 支持移动端交互优化，例如，在移动端小屏上可用手指在坐标系中进行缩放、平移，在个人计算机端也可以用鼠标在图中进行缩放（用鼠标滚轮）、平移等。ECharts 支持跨平台使用多渲染方案，支持以 Canvas、SVG、VML 的形式渲染图表；具备深度的交互式数据探索，提供了图例、视觉映射、数据区域缩放、tooltip、数据选取等开箱即用的交互组件，可以对数据进行多维度数据筛选、视图缩放、展示细节等交互操作；支持多维度数据以及丰富视觉编码手段，对于传统的散点图等，传入的数据也可以是多个维度的；支持动态数据，数据的改变驱动图表展现的改变；支持可视动态效果，针对线数据、点数据等地理数据的可视化提供动态效果；通过 ECharts GL 实现更多、更强大、更绚丽的三维可视化，在虚拟现实（virtual reality，VR）大屏场景里实现三维的可视化效果。

Modest Maps 是一种可扩展的轻量级显示和交互地图库，是可定制的地图显示类库，能帮助开发人员在他们自己的项目里与地图进行交互。

（3）编程类数据可视化工具。

编程类数据可视化工具属于高级的数据可视化工具，对用户的编程能力有一定的要求，使用编程类数据可视化工具可以根据需求对复杂数据进行更个性化的可视化分析。常用的编程类数据可视化工具包括 Processing、R、Python 等编程语言。

Processing 语言是一门适合设计师及数据艺术家使用的开源语言。最早的 Processing 还只能算作小项目，可以让用户快速生成图形，但随后其获得了长足的发展，完成了很多高质量的项目。Processing 提供简易的编程环境，只需几行代码就能创建出带有动画和交互功能的图形。虽然这款工具很基础，但由于它偏重于视觉思维的创造性，所以一开始的主要用户以设计师和艺术家居多，但如今它的受众群体已经越来越多样化了。

R 语言是用于统计分析、绘图的语言和操作环境。R 语言是属于 GNU 系统的一个开源软件，可以用于统计计算和统计制图，具有一套完整的数据处理、计算和制图软件系统。R 语言包括：数据存储和处理系统；数组运算工具（在向量、矩阵运算方面功能尤其强大）；完整连贯的统计分析工具；统计制图功能。R 语言是简便而强大的编程语言，可操纵数据的输入和输出，可实现分支、循环，用户可自定义功能。

Python 语言简洁、易懂、扩展性强，是一种面向对象的解释型程序设计语言，已经成为十分受欢迎的程序设计语言之一。在国外用 Python 做科学计算的研究机构日益增多，不少知名高校已经采用 Python 来教授程序设计类课程。例如，卡内基梅隆大学的“程序设计和计算机科学基础”课程、麻省理工学院的“计算机科学与 Python 程序设计导论”课程就使用 Python 语言讲授。众多开源的科学计算软件包都提供了 Python 的调用接口，如计算机视觉库 OpenCV、三维可视化库 VTK、医学图像处理库 ITK。而 Python 专用的数据可视化扩展库就更多了，如 Matplotlib、pandas、seaborn 等，它们为 Python 提供了快速数组处理、统计分析以及灵活多样的绘图功能。因此，Python 语言及其众多的扩展库所构成的开发环境十分适合工程技术人员、科研人员处理实验数据、制作图表，甚至开发科学计算应用程序。

Matplotlib 是一个用于创建具备出版质量图表的桌面绘图包，能够完整支持二维绘图以及部分地支持三维绘图。Matplotlib 有一套函数形式的绘图接口：Matplotlib.pyplot 模块。在 Matplotlib.pyplot 中，还包含其他种类的绘图函数，可绘制折线图、散点图、饼状图、柱状图。pandas 是基于 NumPy 构建的含有更高级数据结构和工具的数据分析包，可以使用 pandas 绘制图形。seaborn 是针对统计绘图的可视化模块，在 Matplotlib 的基础上进行了更高级的封装，便于用户做出各种有吸引力的统计图表。

7.9 时空数据可视化

7.9.1 时变数据可视化

时间是一个非常重要的维度和属性，随时间变化、带有时间属性的数据称为时变数据。

例如，摄像机采集的视频序列、各种传感器设备获取的监控数据、股票交易数据、太阳黑子随时间的变化、比赛日程等。在时变数据中，每个数据实例都可以看作一个事件，事件的时间可当成一个变量。这些时变数据可以根据数据是否连续分为两类，即连续型时变数据和离散型时变数据。

连续型时变数据指的是数据在一段时间当中的任何时刻都可以测量，着重表现的是不断发展变化的现象。连续型时变数据可视化呈现常采用折线图、面积图、热力图。

折线图可以显示随时间而变化的连续数据，因此非常适合展现在相等时间间隔下数据的变化趋势，如图 7-11 所示。

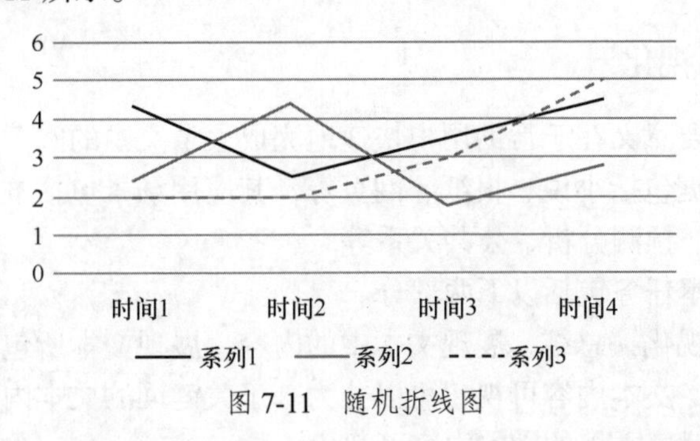

图 7-11 随机折线图

离散型时变数据来自具体某个时间点或时间段，可能的数值是有限的，着重表现不同时间点或时间段的比较，如历年高考录取平均成绩就是离散型时变数据，高考有具体的日期，过去的分数确定了，就不能再发生改变。

如果关注的是某个事物经过一段时间发展之后的结果，而并不关心事物发展变化的过程，此时的目标就是静态比较几个离散时间点的可视化图形，多个类别时变数据可堆叠在一起，并以色调或饱和度进行区分，可以使用面积图。1997—2020 年某地区 CO_2 排放量情况对比如图 7-12 所示。

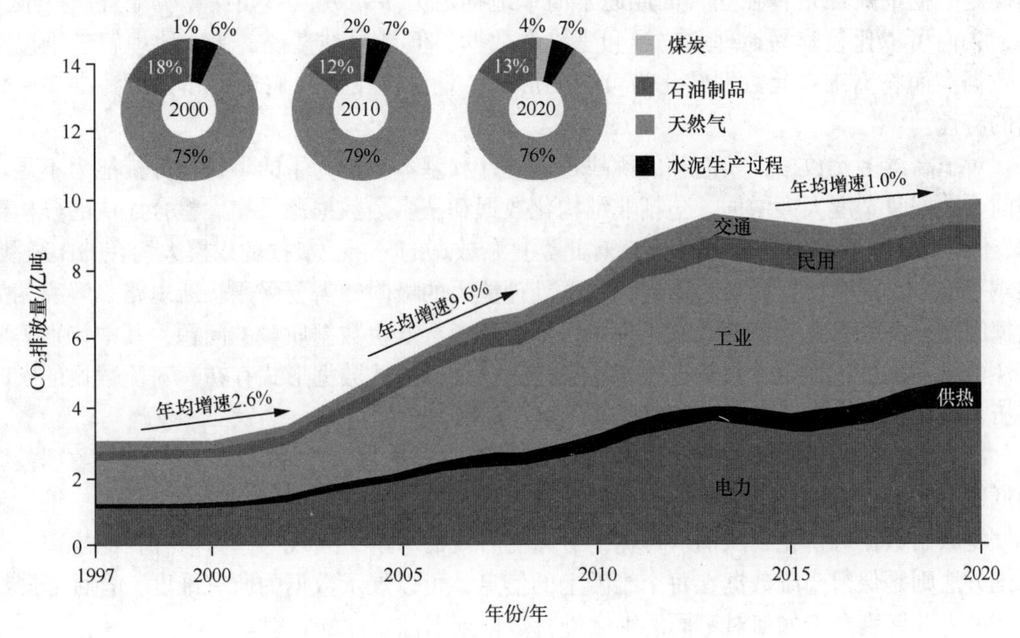

图 7-12 1997—2020 年某地区 CO_2 排放量情况对比

7.9.2 空间数据可视化

在某些空间区域的多个地点进行观测，如果同时获得了这些地点的位置，并且将位置与观测相关联，则称观测结果为空间数据。空间数据可视化最简单的方法，就是用地图，把数据放在地理坐标系中，以经纬度表示位置。

7.10 非时空数据可视化

7.10.1 文本可视化

文本可视化的重要意义在于帮助用户快速地完成大量文本的阅读和理解，并从中获取重要的信息。文本数据包括小说、报纸、网页等，其应用场景包括电子商务、社交计算、商务智能、用户体验、预测分析、公共关系等。

文本可视化的基本任务包括以下两部分。

（1）文本内容可视化：总结、展现文本中的内容，展现文本所包含的情感，辅助大规模文本数据集的浏览。文本内容可视化可以分为基于关键词的文本内容可视化、基于特征的文本内容可视化、时序文档的文本内容可视化。

（2）文本关系可视化：展现文本文档之间的关系，展现文档内容的内在联系。文本关系可视化可以分为句子层面的文本关系可视化和文档层面的文本关系可视化。

7.10.2 高维多元数据可视化

高维多元数据指每个数据对象有两个或两个以上独立属性或者相关属性的数据。高维指数据具有多个独立属性，多元指数据具有多个相关属性。由于研究者在很多情况下不确定数据的属性是否独立，因此通常简单地称之为多元数据，如计算机配置。一般来讲，人们可以比较容易地理解二维和三维的数据，但是很难直观、快速地理解三维以上的数据。而将高维多元数据转化为可视的形式，就可以帮助人们理解和分析高维多元数据的特性。

对于高维多元数据，其面临的挑战是以统计和基本分析为主的可视化分析能力不足。当前大数据复杂度大大增加，包括非结构化数据和从多个数据源采集、整合而成的异构数据，传统单一的可视化方法无法支持对此类复杂数据的分析。数据的规模大约在 GB 级别，超越了单机、外存模型甚至小型计算集群处理能力的极限，需要采用全新思路来解决相关数据问题。此外，在数据获取和处理中，不可避免会产生数据质量的问题，其中特别需要关注的是数据的不确定性。数据快速动态变化，常以流式数据形式存在，对流数据的实时分析与可视化仍然是一个需要解决的问题。

高维多元数据可视化主要有降维方法和非降维方法。降维方法是将高维多元数据投影到低维空间，尽量保留高维空间原有的特性。如果将高维多元数据降到二维或者三维，就能够将原始数据可视化，从而对数据的分布有直观的了解，发现一些可能存在的规律。非降维方法则是保留高维数据在每个维度上的信息，可以展示数据的所有维度，各种非降维方法的主要区别在于如何对不同的维度进行数据到图像属性的映射。

7.10.2.1 主成分分析

主成分分析（principal component analysis，PCA）是用一种较少数量的特征对样本进行描述以达到降低特征空间维数的方法。它是一个线性变换，这个变换把数据变换到一个新的坐标系中，但是在新的坐标系下，表示原来的样本不需要那么多的变量，只需要原来样本的最大的一个线性无关组的特征值对应的空间的坐标即可。

假设三维空间中有一系列点，这些点分布在一个过原点的斜面上。如果用自然坐标系的 x、y、z 这 3 个轴来表示这组点，需要使用 3 个维度。而事实上，这些点的分布仅仅是在一个二维的平面上。如果把自然坐标系旋转一下，使数据所在平面与 xOy 平面重合，把旋转后的坐标轴记为 x'、y'、z'，那么这组数据的表示只需用 x'和 y'两个维度。如果想恢复原来的表示方式，只需要把这两个坐标系之间的变换矩阵存下来即可，这样就能把数据维度从三维降为二维了。

数据降维后并没有丢弃任何东西，因为这些数据在平面以外的第三个维度的分量都为 0。如果假设这些数据在 z' 轴有一个很小的波动，我们仍然可以用上述的二维平面表示这些数据，因为 x'、y' 这两个轴的信息是数据的主成分，而这些信息对于我们的分析已经足够了。z' 轴上的波动很有可能是噪声，也就是说，本来这组数据是有相关性的，噪声的引入导致数据不完全相关。但是，这些数据在 z' 轴上的分布与原点构成的夹角非常小，也就是说这些数据在 z' 轴上有很大的相关性。综合这些考虑，就可以认为数据在 x' 和 y' 轴上的投影构成了数据的主成分。

7.10.2.2 多维尺度分析法

多维尺度分析法（multidimensional scaling，MDS）的原理是利用成对样本间的相似度，去构建合适的低维空间，使样本在此低维空间的距离和在高维空间中的距离的相似度能够基本保持一致。采用多维尺度分析法可以创建多维空间感知图，图中的点（对象）的距离反映了它们的相似度或相异度（不相似性）。

7.10.2.3 雷达图

雷达图是一种以二维形式展示多维数据的图形。雷达图从中心点出发辐射出多条坐标轴（至少大于 3 条），每一份多维数据在每一维度上的数值都占用一条坐标轴，并和相邻坐标轴上的数据点连接起来，形成一个不规则多边形。

如果将相邻坐标轴上的刻度点也连接起来以便于读取数值，则整个图形形似蜘蛛网或雷达仪表盘，因此得名雷达图。

学生 5 门课程成绩雷达图如图 7-13 所示，图中每条连接线代表一个学生的学习成绩。对学生数据而言，一个变量有较大的值则可能意味着对应学生是一个好学生，如大学英语变量、程序设计变量等。所以在测评学生综合素质的时候，雷达图可在一定程度上反映学生的实际情况。

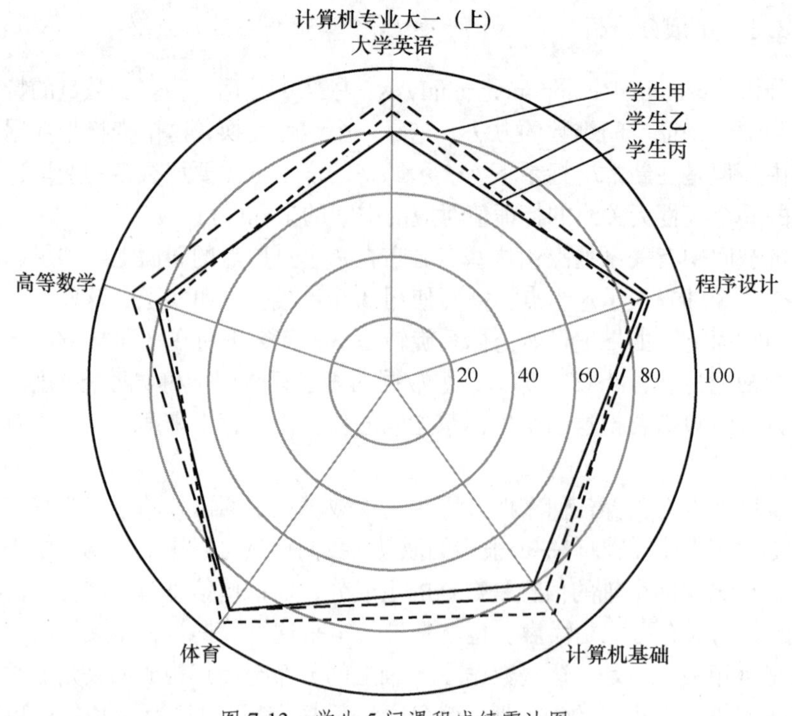

图 7-13　学生 5 门课程成绩雷达图

7.11 数据可视化交互

数据可视化交互有助于用户更好地理解和分析数据，从而更好地组织数据，展示数据的内涵。数据可视化交互主要涉及交互延时、交互分类等方面。

7.11.1　交互延时

交互延时指的是从用户操作开始到结果返回经历的时间，交互延时是可视化效果好坏的重要评价标准之一。延时在很大程度上直接决定了用户体验的效果。选择合理的交互操作和视觉反馈方法，确保交互延时在用户可接受范围内，才能让用户高效地理解、分析数据。

7.11.2　交互分类

按交互形式分类，常见的交互操作包括缩放、过滤、关联、记录、提取、按需要提供细节以及概览。按所操作的数据类型对交互操作进行分类，包括图形操作、数据操作和集合操作 3 类。图形操作指的是对可视化对象进行操作，如图形等视觉表现层面的操作；数据操作指的是对数据对象进行增加、修改和删除操作；集合操作指的是对数据对象组成的集合进行创建和删除操作。

交互操作符分为导航、选择和变形等，而交互操作空间分为数据值空间、数据结构空间、对象空间、属性空间、屏幕空间和可视化结构空间等。交互的本质就是交互操作符与操作空间的组合。

交互任务可分为选择、重新配置、重新编码、导航、关联、过滤、概览、细节等。

7.12 本章小结

本章首先梳理了数据分析与数据挖掘的异同，指出了大数据分析挖掘的特点与面临的挑战；接着介绍了数据相似度的基本度量方法，并针对大数据分析挖掘常用的方法和工具进行了简要介绍；然后针对大数据挖掘分析后的结果数据可视化的主要技术进展进行了介绍，并对数据可视化流程、原则及数据可视化工具进行了说明，还针对时空数据与非时空数据的可视化进行了说明；最后针对数据可视化交互中需要注意的事项进行了简要阐述。

拓展阅读

元宇宙的概念最早出现在20世纪90年代，一本名叫《雪崩》的书提出过元宇宙的概念，书中有一个设定，即现实世界中的人与虚拟人共存于一个虚拟空间中。2018年名为《头号玩家》的电影直观展现了元宇宙时代的应用场景。2022年，元宇宙的概念火爆，成了一个新的增长极。元宇宙的发展有天时、地利、人和的前提条件，更重要的是以数字孪生技术为代表的前沿科技的发展为其奠定了很好的技术基础条件。数字孪生的通俗理解就是物理世界中的物体通过数字化的手段在数字世界里生成镜像，借此实现对现实物体的状态变化完整的映射，对包含该物体的生产或者运行过程进行记录、分析和预测，从而实现完整地溯源该物体生产、演化的流程，合理规划该物体的生产或者运行过程，在问题发生之前预见问题并给出相应的解决方案等功能。

最早应用数字孪生技术的是在航天飞行计划中制造两个完全一样的空间飞行器，留在地球上的飞行器被称为“孪生体”。在飞行准备阶段，该“孪生体”被用于执行宇航员的训练任务；在任务执行阶段，用于对飞行中的空间飞行器进行仿真分析，监测和预测空间飞行器的飞行状态，辅助地面控制人员做出正确的决策。从航天工业对数字孪生的应用来看，数字孪生主要是创建和物理实体等价的虚拟体或数字模型。虚拟体能够对物理实体进行仿真分析，能够根据物理实体运行的实时反馈信息对物理实体的运行状态进行监控，能够依据采集的物理实体的运行数据完善虚拟体的仿真分析算法，从而对物理实体的后续运行和改进提供更加精确的决策。

数字孪生建模是实现数字孪生的核心技术，也是基于数字孪生技术体系的解决方案向上层提供功能与应用的基础。数字孪生建模不仅包括利用激光雷达、倾斜摄影等技术对物理实体的几何结构和外形进行三维重建，还包括对物理实体本身的运行机理、内外部接口、软件与控制算法等进行全数字化建模。数字孪生建模具有较强的专用特性，即不同物理实体的数字孪生模型千差万别。

如果说建模是对物理实体理解的模型化，那么仿真模拟就是验证和确认这种理解的正确性和有效性的工具。仿真模拟是将具备确定性规律和完整机理的模型以软件的方式来模拟预测物理实体在不同输入情况下状态变化的一种技术。在建模正确且感知数据完整的前提下，仿真可以准确地反映物理实体过去、现在以及将来一定时段内的状态。仿真模拟技术起源于工业领域，在研发设计、生产制造、试验运维等各环节发挥了重要的作用。近年来，随着数字孪生城市、自动驾驶等技术的发展，数字仿真模拟也被广泛应用于城市应急响应、自动驾驶模拟等领域。

物联网是承载数字孪生体数据流的重要工具，通过各类信息感知技术及设备，实时采集监控对象的位置、声、光、电、热等数据并通过网络进行回传，实现物与物、物与人的泛在连接，完成对监控对象的智能化识别、感知与管控。物联网能够为数字孪生体和物理实体之间的数据交互提供连接，即通过物联网中部署在物理实体关键点上的传感器感知必要信息，并通过各类短距离无线通信技术传输给数据存储和运算系统。

大数据与人工智能是数字孪生体实现认知、诊断、预测、决策等各项功能的主要技术支撑。目前，人工智能已经发展出更高层级的强化学习、深度学习等技术，能够满足大规模数据相关的训练、预测及推理工作需求。在数字孪生系统中，数字孪生体会感知大量来自物理实体的实时数据，借助各类人工智能算法，数字孪生体可以训练出面向不同需求场景的模型，完成后续的诊断、预测及决策任务，甚至在物理原理不明确、输入数据不完善的情况下，也能够实现对未来状态的预测，使数字孪生体具备“先知先觉”的能力。

云计算和边缘计算通过以“云、边、端”协同的形式为数字孪生提供分布式计算基础。云、边、端协同的形式更能够满足系统的时效、容量和算力的需求，即将各个数字孪生体靠近对应的物理实体进行部署，完成一些具有时效性或简单的功能，同时将所有边缘侧的数据及计算结果回传至数字孪生总控中心，实现整个数字孪生系统的统一存储、管理及调度。

空间地理信息技术和数据可视化为数字孪生提供孪生展示的基础。通过二维/三维海量数据叠加、大场景数据加载，数字高程模型、数字正射影像、数字倾斜影像、点云等多源数据结合，实现真三维场景的构建。将二维 GIS 的数据管理、存储空间查询等与三维立体可视化表达、三维分析的特点相结合，实现微观与宏观、地面与地下、虚拟与现实的一体化的数字孪生多元数据可视化。

数字孪生的应用已逐渐进入各行各业，将为效率提升和技术创新增加动力。现阶段，除了工业领域，其还被广泛应用于城市管理、农业、建筑、健康医疗、环境保护等行业。特别是在数字城市领域，数字孪生被认为是一种实现数字化转型的重要手段。

元宇宙的应用更倾向于构建公共娱乐社交的理想数字社会，但这并不妨碍元宇宙与数字孪生的结合。基于各种三维模型扫描重建技术，如激光雷达扫描、无人机倾斜摄影、卫星遥感等产生的高精地图、点云模型等生成的数据，再利用遥感时空、传感器、物联网、定位轨迹、社交内容、文字文档等生成时空动态数据，通过游戏级引擎的渲染和可视化与沉浸式体验技术，可以构建元宇宙的高保真、高聚合的数字时空场景。同时，在数字孪生应用中得到锤炼的各种信息技术，将发展成元宇宙的技术支撑。

本章习题

（1）什么是大数据分析挖掘？请简述大数据分析挖掘系统的核心架构及主要流程。

（2）请举例说明数据相似度的计算方法。

（3）常见的数据分析挖掘算法有哪些？数据分析挖掘算法如何进行分类？

（4）请简述数据可视化的作用以及数据可视化的流程和原则。

（5）请分别举例说明时空数据、非时空数据的可视化方法。

（6）数据可视化交互的作用是什么？

第8章

大数据应用

本章导读

大数据虽然发源于信息科技，但其影响已经远远超出信息行业的范畴。当前全球已全面进入信息时代，移动互联网、物联网与云计算等新兴信息技术的广泛应用，使全球数据正以前所未有的速度剧增，数据类型也变得越来越复杂。随着大数据技术飞速发展，数据的深度分析和利用对推动经济持续增长、提升国家和企业的竞争力起到重要的作用。大数据的应用已融入各行各业，应用场景越来越丰富，由于篇幅所限，本书仅列举其中几个方面，如智慧城市和自动驾驶领域的应用。本章首先介绍大数据的行业应用，让读者对大数据的行业应用现状有一定的了解；然后重点介绍大数据在智慧城市和自动驾驶领域的实际应用，使读者能够了解如何结合具体领域，应用大数据技术来解决实际问题。

本章知识结构如下。

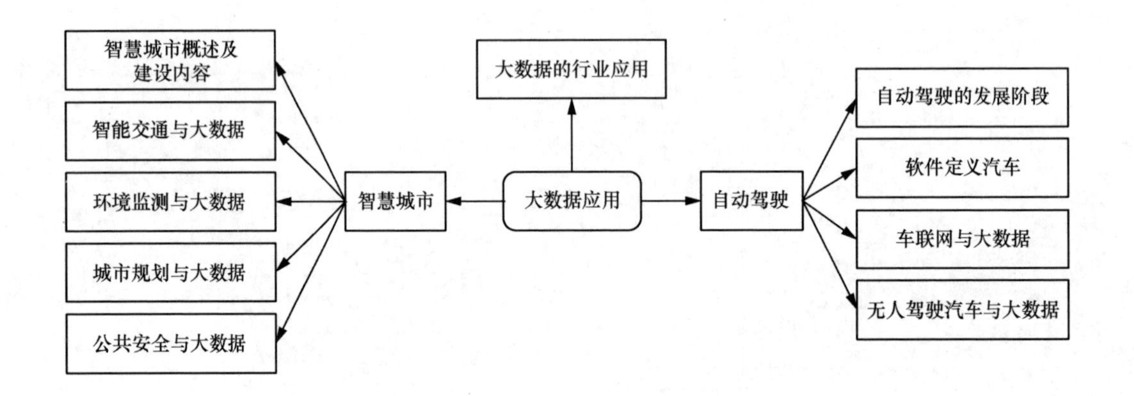

8.1 大数据的行业应用

目前，大数据应用涵盖数据基础设施、数据采集获取、ETL 预处理、存储、处理、可视化、应用服务和安全等诸多方面，各行业的大数据典型应用如表 8-1 所示。

表 8-1　各行业的大数据典型应用

行业	应用	应用场景
互联网	电子商务	对网络购物、网上支付等数据进行深度挖掘、深入分析
	网络广告	深入分析网络广告的效果及其对商品销售等的影响、读者对其的反应等
	网络新闻、搜索引擎	对网民的阅读/搜索内容、习惯、爱好、行为等进行深入分析，为新闻门户网站的建设、搜索引擎技术的改进、互联网舆情的监控与引导等提供依据
	旅行预订	网上预订旅行产品、车票、机票等
	即时通信、社交网络	发现新的交往习惯与方式、观察社会问题与社会热点、跟踪民情民意
	网络视频、网络音乐、网络游戏	发现新的娱乐形式和爱好，掌握青少年玩游戏的习惯和规律
网络通信	语音数据分析	建立呼叫中心测评体系和产品关联分析
	视频数据分析	基于智能图像分析技术的视频索引、搜索、摘要服务
	流量分析	对一般性网络使用者的行为习惯划分群组，提供有针对性的网络便利性服务
	位置数据分析	对各地区的人群进行有效统计
网络空间安全	实体-行为模型	将主机恶意软件作为实体对象，通过对恶意软件行为进行分析来识别威胁。在国家应急反应框架下进行网络威胁自动化处理
	信息萃取技术	获取实体的行为信息，依据实体-行为模型进行综合分析
	人机结合	通过专家、学者的形式化智能经验，将关键领域任务模型与规范化的工作流相结合；将情报分析专家与技术专家相结合；以发展态势可视化技术为基本方向
	数据采集	网络空间公私合作治理；网络安全的国际合作
金融	金融交易电子化和数字化	支付电子化、渠道网络化、信用数字化
	金融交易结构变革	互联网企业凭借数据积累和客户基础进军金融业
健康医疗	居民健康档案、电子病历	全生命周期的健康档案调阅；管理决策、监管实施；提高科研数据的质量、增大数量以及提高数据处理的效率
	医院大数据	临床诊断和临床科研，为医院管理层的决策支持提供实时有效的数据服务
生物制药	基因组学数据应用	基因测序，加速基因序列分析，发现疾病的过程变得更快、更容易、成本更低；预测哪些药物对特定的变异病人有效，做出更为科学、准确的诊断和用药决策
	公共卫生应用	公共卫生传染疾病发现与预测；建模预测或诊断公共卫生传染疾病，进行及时干预

8.2 智慧城市

8.2.1　智慧城市概述及建设内容

8.2.1.1　智慧城市概述

智慧城市的概念源于“智慧地球”的理念，它涉及城市规划、设计、建设、管理与运营等多个方面，通过应用物联网、云计算、大数据、空间地理信息集成等先进的智能计算技术，智慧城市能够实现城市关键基础设施和服务的互联、高效和智能化，这些服务包括但不限于城市管理、教育、医疗、房地产、交通运输、公用事业和公众安全。智慧城市的目标是为居民提供更优质的生活和工作体验、为企业营造更有利的商业环境，同时为政府提供更高效的运营和管理机制。

8.2.1.2 智慧城市建设的具体内容

（1）智慧城市民生建设。智慧城市在民生领域的建设主要包括交通和医疗两大方面。在交通方面，通过整合大数据技术与电子感应、信息通信技术，实现了交通运输管理体系的系统化和完善化。这不仅增强了交通部门对实时路况信息的掌握，提升了事件处理的效率，还能确保交通的安全性，有效缓解城市交通拥堵。在医疗方面，大数据分析在病因追溯和新药研发中发挥了重要作用。医院通过建立电子病历、网上预约系统及远程诊疗平台，极大提升了疾病诊断的效率，为患者就医提供了便利，还简化了医院临床数据的统计工作。

（2）智慧城市企业建设。借助大数据技术，企业可对业务操作流程和客户需求等数据进行深入挖掘，进而得到更有价值的信息，以便准确把握市场动态与走向，使企业的核心竞争能力得到进一步增强。互联网技术与大数据处理技术的发展为电子商务的诞生与发展带来了前所未有的机遇，实现了从实体交易模式到网络虚拟交易模式的转变，为企业创造了更加高效化、便捷化的销售平台。这不仅能帮助企业节约大量的经营成本，还能为消费者提供更为便利的购物条件。反过来，电子商务的发展也在很大程度上促进了物流行业的智能化建设进程，借助传感器、互联网、全球定位系统（global positioning system, GPS）技术等可构建强大的物流信息网络，进而有效控制整个物流行业的综合运行成本，推动企业智能化发展水平的提升。

（3）智慧城市公共安全与政务服务建设。以往很长一段时间，城市公共安全问题的解决大多是通过临时召开小组会议实现的，而在大数据时代，城市公共安全问题的解决可借助网络技术、信息通信技术等现代化新兴技术，这些新兴技术的应用可在很大程度上提升城市公共安全问题的解决效率，从而更好地保障人们的生命、财产安全。政务服务方面的智能化建设主要指的是通过计算机网络技术、现代通信技术等对政务服务的各种内容加以整合，从而促进办公自动化目标的实现。这种全新的办公形式可突破时空的限制，显著提升政务处理工作效率与质量。

8.2.1.3 各地智慧城市建设情况

北京围绕城市智能运转、企业智能运营、生活智能便捷、政府智能服务等方面，全面启动智慧城市建设工程。

江苏省重点铺开智慧城市，由政府指导、电信运营商建设，围绕物联网技术，打造13个智慧城市级分站。

上海建设国际型智慧城市，实现基础设施能级跃升、示范带动效应突出、重点应用效能明显、关键技术取得突破、相关产业国际可比、信息安全总体可控。

广州着力建设智慧树，建设树形智慧城市框架，囊括交通、信息服务、电子政务、城市综合管理、医疗、社区、市民卡等方面。

武汉已搭建起以“城市大脑+六大智慧应用+二十多个应用场景+市民码”为主体的智慧城市架构。城市大脑是武汉智慧城市的基石，由数据中枢、人工智能中枢、应用中枢、区块链中枢四大部分组成。作为武汉市数据资源和公共服务能力的承载平台，城市大脑实现了整合城市资源、感知城市运行、智能辅助研判和应用建设支撑等功能。

8.2.2 智能交通与大数据

大数据技术为智能交通赋予了价值。许多城市利用智能交通管理技术，实时收集道路和车辆信息，分析交通流量，发布交通诱导信息，优化交通流量，有效缓解交通拥堵。数据显示，智能交通管理技术可显著提升交通工具的使用效率，超过 50%，同时减少交通事故导致的死亡人数，降幅超过 30%。

智能交通通过整合先进的信息技术、数据通信传输技术、电子传感技术、控制技术以及计算机技术，同时利用城市实时交通信息、社交网络和天气数据，动态调整和优化交通流量，提高地面交通管理的效率和响应能力。

在如今各大城市相继建设智能交通的进程中，各种路侧和车载智能传感器以及信息化的交通业务系统，产生了大量的车辆信息、道路信息、出行者信息和管理服务信息，涵盖城市道路、地面公交、轨道交通、出租汽车、省际客运、公安交通管理、民航、铁路，甚至气象等方面的数据。这些交通数据容量大、增长快、结构多样化，不少数据价值密度低，有待深入处理挖掘。随着我国智能交通建设进程的推进，交通数据已经从稀缺变得异常丰富，这也带来了交通数据的严峻挑战。

（1）异常丰富的交通数据未能有效整合，数据依类别、行业、部门、地方被隔离，数据之间的关联性被遗忘，道路视频作为最大的交通信息源没有被充分利用，公众无法获取准确连贯的出行服务信息。

（2）数据来源众多、存储方式多样、数据类型复杂，包含大量视频、图像等半结构化数据、非结构化数据，并且数据无统一标准，采集、清洗和转换这些数据难度较大。

（3）为深入挖掘交通数据的潜在价值，必须构建一个能处理各种类型和规模数据的数据管理平台。该管理平台应具备处理结构化数据、半结构化数据和非结构化数据的能力。

（4）为应对日益增长且规模庞大的交通数据，必须开发一种高效的大数据处理技术，以快速且有效地对这些交通数据进行挖掘分析。通过这种技术，我们可以从海量数据中提取出有价值的信息，并为不断涌现的各类交通业务应用提供灵活的支持。

面对城市交通控制与管理中人、车、路等要素的复杂性，以及难以开展交通管理实验的挑战，智能交通采用代理统一表示交通控制算法和管理方案，依托大数据处理平台收集城市中车辆的位置、速度和道路的拥挤状况等信息，同时利用网络资源，对这些信息进行存储和分析，有效解决了大规模城市交通管理中的数据存储、管理、测试、优化等问题。这不仅减少了现场装置和设备对资源的要求，还改善了交通控制效果，提升了交通控制性能。

8.2.3 环境监测与大数据

在环境治理领域，必须采取切实可行的措施来保护我们的环境。这包括对现有环境资源的严格监测，以及对生态环境的有效保护和可持续开发。利用大数据技术是一种必然趋势，这将有助于建设数字化、智能化的城市。

8.2.3.1 森林监视

为了切实保护对人类生存至关重要的珍贵森林资源，各个国家和地区都建立了一套森林监视体系。这套体系将地面巡护、火情监测、低空巡航、视频监控以及卫星遥感等多种监测手段有机结合起来。随着大数据技术的发展，人们开始将其应用于森林监视领域。具体来说，系统通过分析卫星捕获的可见光和红外数据，生成特定区域的森林卫星图像。通过持续跟踪这些图像上像素的变化，可以及时捕捉到森林的变化。一旦系统监测到大面积的森林被砍伐或破坏，它将自动发出警报。

8.2.3.2 环境保护

大数据技术已经被广泛应用于污染监测领域。借助这项技术，可以高效地采集各项环境质量指标数据，这些数据被集成到数据中心进行数据分析。分析得出的结果为环境治理方案的制定提供了科学依据，显著提高了治理措施的有效性。无论是水污染、大气污染，固体废物污染，还是汽车尾气排放，大数据技术都能为这些领域的污染治理提供强有力的数据支持和决策依据。

环境保护任务繁重且充满挑战，其涵盖的领域广泛，包括土壤污染、大气污染等多个方面。在环境监测过程中，合理运用大数据技术既能将环保监测数据进行科学分类，确保数据的准确计算与分析，从而提高监测效率，节省时间；又能增强环境保护预警力量，为环境保护部门提供准确可靠的数据支持，增强环境监测决策力。大数据技术的这些应用对于提升环境保护的科学性和有效性具有重要的价值。

8.2.4 城市规划与大数据

大数据正深刻改变着城市规划的方式。随着政府信息公开化进程的加快，公众能够访问越来越多的政府数据资源。城市规划研究人员现在可以利用开放的政府数据、行业数据、社交网络数据、地理数据和车辆轨迹数据等开展多维度的规划研究。

利用地理数据，可以构建城市间交通网络分析与模拟模型、城镇格局时空演化分析模型等。此外，这些数据还能用于城市人口数据合成和居民生活质量评价、空气污染暴露评价、主要城市都市区范围划定，以及城市群发育评价。

利用公交卡数据，可以分析城市居民的通勤模式、职住关系、日常行为模式，并进行个体识别，同时也可以分析重大事件对人们出行的影响。

利用移动电话通话数据，可研究城市间的联系、居民属性、活动关系，进而分析这些因素对城市交通的影响。

利用社交网络数据，可研究城市的功能分区、网络活动的等级和社会网络的结构。

利用出租车定位数据，可助力城市交通情况的研究。

利用住房销售和出租数据，以及通过网络爬虫获取的居民住房地理位置和周边设施的数据，可评估一个城区的住房分布和质量。这为城市规划师提供了有针对性的信息，有助于他们优化城市居住空间的布局。

8.2.5 公共安全与大数据

公共安全也是大数据技术的重要应用领域之一，通过技术创新，可以提升公安机关侦破案件的效率，维护社会安全和公平正义。根据国家统计局的数据，2016—2020 年，我国公安机关立案的刑事案件数量呈现持续下降的态势，增速分别为-14.7%、-7.5%、-4.1%、

-1.7%；查处的治安案件数量也逐年下降，由 2016 年的 1065 万件下降到 2020 年的 772 万件，下降幅度接近 30%。社会安全状况显著改善，这一方面得益于公安机关的不懈努力，另一方面则得益于大数据技术为公安机关提供的强有力的“武器”。借助大数据技术的赋能，公安机关办案效率得到显著提升。

目前，很多城市都在开展平安城市建设，在城市各处广泛部署摄像头，实现对各个区域的 7×24h 不间断视频监控。由此产生的数据量极其庞大，其规模之大往往超乎想象。除了视频监控数据，安防领域还涉及其他多种类型的数据，这些数据可以是结构化数据，也可以是半结构化数据或非结构化数据。

以视频监控分析为例，大数据技术的应用可以实现对海量视频数据的高效处理，包括视频图像统一转码、摘要生成、剪辑、特征提取、图像清晰化处理、模糊查询、快速检索和精确定位等关键功能。同时，该技术还能深入挖掘视频监控数据中蕴含的有价值信息，实现信息的快速反馈，缩短视频分析周期，有效辅助决策和判断。

近年来，电信网络诈骗方式和手法不断演变，呈现出从电话诈骗向网络诈骗、从国内向国际、从“短、平、快”诈骗向长线套路诈骗的演变趋势。技术对抗性不断增强，加速利用大数据推进构建长效机制，为行业防范和治理提供强大的数据和能力支持，显得尤为重要。这将成为一种打击电信网络诈骗的有效手段。基于大数据及互联网技术的反电信网络诈骗系统在预防电信网络诈骗方面发挥了积极作用。这些系统能有效帮助电信运营商和公安机关检测与识别诈骗电话，从而预防诈骗的发生。此外，科技企业要充分利用大数据、人工智能、云计算等技术能力，与各地警方进行多种形式的深度合作，从提供协助到主动推送信息，以期在实时防控、线索挖掘和打击犯罪等方面发挥更大的作用。

随着大数据时代的到来，自媒体的飞速发展，以及移动互联网终端的爆炸式增长，城市应急管理出现了许多新的变化，突发事件的应急决策数据源变得前所未有的多元化和复杂化。信息传递不再受限于传统的自上而下的决策权力核心控制，也不再遵循逐层上报、逐级汇总的流程，而是呈现出自下而上、多点分散的新路径。在信息技术高度发达的今天，大数据成为城市公共安全治理不可忽视的利器。对大数据的理解和应用能力已成为当前衡量城市维护公共安全水平的重要标准。在新形势下，要把精细化、智能化、科学化的理念融入城市应急管理的事前预防、事发应对、事中处理和事后恢复诸阶段，以推动城市应急管理与大数据技术的深度融合。同时，要将大数据的最新成果应用于自然灾害、事故灾难、公共卫生事件和社会安全事件的管理中，确保城市公共危机治理的每个环节——从预防准备到预测预警，从决策响应到救援恢复——都有坚实的数据支持。

大数据时代预示着思维模式的重大转变。它不仅将深刻影响每个人的日常生活和工作模式，还将改变商业机构和社会组织的运作方式。更重要的是，大数据将构成国家和社会治理的基础，推动实现更加透明、高效和智能化的治理模式。

8.3 自动驾驶

自动驾驶技术，顾名思义，指的是车辆利用其搭载的各种传感器（如毫米波雷达、摄像头和激光雷达等）来感知周围环境，并在此基础上进行决策和控制，实现无须人工干预的自主行驶，包括纵向控制（油门和刹车操作）和横向控制（方向盘转向，涉及车道保持、变道、掉头等操作)。

自动驾驶的实现可以概括为感知、决策和控制 3 个主要步骤。

第一步是感知。车辆利用其搭载的各种传感器，包括雷达、摄像头、激光雷达和高精地图等，来探测周围环境。这些传感器的作用类似于人类的视觉系统和听觉系统，它们可以识别周围行人、车辆的位置和速度，以及车道线、交通标志和各种道路属性。

第二步是决策。系统将感知到的环境信息与驾驶员的指令结合起来，决定车辆接下来要执行的操作。这一步类似于人类的大脑思考过程。就像驾驶员在行车时要观察车道线并保持车辆行驶在车道中心一样，自动驾驶系统通过摄像头捕捉到的车道线信息来计算车辆预期行驶路径，并向执行机构——电动助力转向(electric power steering，EPS)系统发送指令以控制方向盘。

第三步是控制。执行机构收到指令后负责实施具体的车辆控制。这一步类似于人类的运动系统。在横向控制方面，通常由电动助力转向系统来执行(类似于用手控制方向盘)，而在纵向控制方面，则由车身电子稳定程序(electronic stability program，ESP)和电子控制单元(electronic control unit，ECU)来负责(类似于用脚控制油门和刹车)。

8.3.1 自动驾驶的发展阶段

国际自动机工程师学会(SAE International)将自动驾驶分为 L0～L5 级 6 个级别。

(1) L0 级(无自动驾驶，no driving automation)。由人类驾驶员全权驾驶车辆，转向、制动和加速等均由驾驶员自主控制，车辆只负责执行驾驶员的指令。L0 级自动驾驶仅限于提供警告和瞬时辅助。

(2) L1 级(驾驶辅助，driver assistance)。L1 级自动驾驶能够帮助驾驶员完成固定条件下的驾驶任务，如车道保持或定速巡航，驾驶员需要监控驾驶环境并准备随时接管。

(3) L2 级(部分自动驾驶，partial driving automation)。车辆在特定环境中可以实现自动加/减速和转向，不需要驾驶员的操作。驾驶员可以不监控车身周边环境，但要随时准备接管车辆，以应对自动驾驶处理不了的路况。特斯拉的自动辅助导航驾驶和凯迪拉克的超级巡航系统都属于 L2 级。

(4) L3 级(有条件自动驾驶，conditional driving automation)。L2 级到 L3 级的跳跃从技术上讲是一个实质性的跳跃，但是从驾驶员的角度来讲变化并不明显。L3 级的汽车有环境感知的能力，能够根据环境感知做出更明智的决策，如加速超过一辆低速行驶的汽车。但是，仍需要驾驶员可以随时掌控汽车，驾驶员必须时刻保持警惕并做好车辆系统失效重新接管汽车的准备。目前公认的 L3 级自动驾驶汽车必须是带有激光雷达的。

(5) L4 级(高度自动驾驶，high driving automation)。车辆系统在其设计运行条件内持续地执行全部动态驾驶任务和执行动态驾驶任务接管，能够实现驾驶全程不需要驾驶员。但是存在限制条件，如限制车速不能超过一定值，且驾驶区域相对固定(如地理围栏)。实现 L4 级自动驾驶后已经可以不需要安装人工刹车和油门了。

L3 级自动驾驶和 L4 级自动驾驶之间的关键区别在于：L4 级的自动驾驶汽车可以在出现问题或系统故障时自动进行干预。从这个意义上说，L4 级的自动驾驶汽车在大多数情况下不需要与人互动。然而，驾驶员仍可以选择手动干预。

(6) L5 级(完全自动驾驶，full driving automation)。L5 级的自动驾驶汽车不需要驾驶员的注意，动态驾驶任务被取消了。L5 级的汽车甚至没有方向盘或加速/刹车踏板，将摆脱地理围栏，能够去任何地方，做任何有经验的人类驾驶员能做的事情。完全自动驾驶汽车正在世界上的几个地区进行测试，但目前还没有任何一款完全自动驾驶汽车向公众开放。

我国发布了自动驾驶分级国家标准《汽车驾驶自动化分级》（GB/T 40429—2021），并于 2022 年 3 月 1 日正式实施，标准中说明了驾驶自动化等级与划分要素的关系，如表 8-2 所示。

表 8-2　驾驶自动化等级与划分要素的关系

分级	名称	持续的车辆横向和纵向运动控制	目标和事件探测与响应	动态驾驶任务后援	设计运行范围
0 级	应急辅助	驾驶员	驾驶员及系统	驾驶员	有限制
1 级	部分驾驶辅助	驾驶员和系统	驾驶员及系统	驾驶员	有限制
2 级	组合驾驶辅助	系统	驾驶员及系统	驾驶员	有限制
3 级	有条件自动驾驶	系统	系统	动态驾驶任务后援用户（执行接管后成为驾驶员）	有限制
4 级	高度自动驾驶	系统	系统	车辆系统	有限制
5 级	完全自动驾驶	系统	系统	车辆系统	无限制

8.3.2　软件定义汽车

自 2018 年起，全球汽车产业便掀起了关于软件定义汽车的讨论。决定未来汽车好坏的是以人工智能为核心的软件技术，而不再是汽车的功率大小、是否有沙发座椅以及机械性能好坏。

以自动驾驶为例，它是一个软硬件高度集成的终端，其中的软件可以理解为自动驾驶汽车的大脑，它让各类传感器硬件收集的信息变得有意义，其利用机器学习算法、深度神经网络模型等分析这些信息以帮助车辆做出最优驾驶决策。据不完全统计，因驾驶辅助系统、L2 级自动驾驶装载率提升，车辆控制系统的软件代码行数已经超过了 1 亿行，未来几年内，软件代码行数将从 1 亿行增至 3 亿行。

如图 8-1 所示，软件定义汽车技术体系总体上包括整车物理结构、整车信息结构、整车功能层、软件开发、评价体系等。整车物理结构层主要包括电子硬件、车辆硬件等，整车物理结构层作为模块化、通用化的平台和资源池，为整车信息结构以及整车功能层提供硬件平台支撑。软件开发过程注重用户分析、定制化开发等，主要利用空中升级（over the air，OTA）等技术进行软件远程部署与更新。整车信息结构包括车联网、软件架构、整车电子电气架构及车载网络。软件架构为分层架构，包括应用软件层、中间软件层等。整车功能层包含具体的整车功能，如信息娱乐功能、人机交互功能、自动驾驶功能、更新升级功能等。用户在使用过程中，可通过评价体系对整车功能进行评价，包括主观评价与客观评价等。通过用户分析与评价反馈，结合人工智能与大数据分析等技术，进行用户画像构建，可进一步指导软件开发。软硬件在结构上和开发上均实现了有效解耦。

软件定义汽车是大势所趋，在软件定义汽车技术体系中，软件定义汽车管理控制系统双闭环开发流程与并行开发模式深入渗透软硬件开发，使汽车成为具有生命力的产品，使整车开发在车辆全生命周期持续迭代进行，整车物理结构与整车信息结构实现有效解耦，整车功能的定义与实现主要通过软件驱动，整车物理结构不再与特定功能绑定，而是被抽象成可以被软件、硬件和服务共享的资源池，支撑软件多样化开发与部署，从而实现汽车由软件定义。

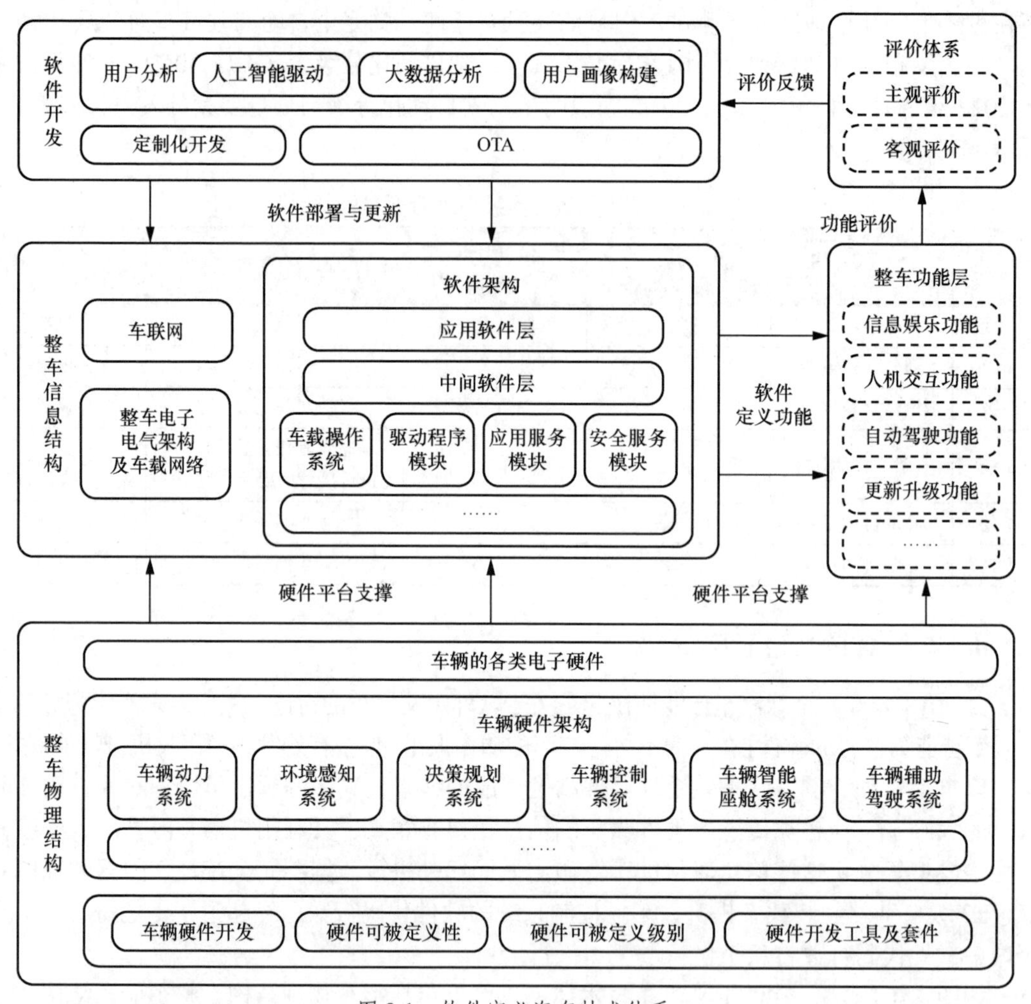

图 8-1　软件定义汽车技术体系

8.3.3　车联网与大数据

8.3.3.1　车联网大数据来源

车联网数据来源可从车辆本身、车-人、车-社会、车-车、车-环境、车-路等方面进行划分，以智能网联技术为基础，借助各种传感器和设备，在车与 x（x：车、人、社会、车、环境、路等）之间进行通信和信息交换，以获取大量的数据，如下所示。

（1）车辆本身：传感器数据、驾驶场景数据、信息安全漏洞数据等。

（2）车-人：驾驶行为数据、人机交互数据等。

（3）车-社会：产品数据、共享汽车数据、智能网联市场数据等。

（4）车-车：V2V（vehicle to vehicle，车对车）通信数据等。

（5）车-环境：V2I（vehicle to infrastructure，车与基础设施）通信数据等。

（6）车-路：高精地图数据、高精度位置数据、交通流数据等。

8.3.3.2 车联网大数据特征

与车联网相关的数据具多样性、交互性、时效性等特征，正是这些特征赋予车联网数据极高的经济价值。

（1）多样性。

车联网数据的多样性体现在数据来源多样、数据格式多样以及数据价值密度多样等方面，这些因素共同构成了车联网数据的多源异构特性，即数据来源于多个不同的源头，又具有不同的结构。

首先是数据来源多样，主要包括激光雷达数据、毫米波雷达数据、GPS 数据以及视觉传感器数据。激光雷达生成的是包含多点位置的数据集，其包含目标的坐标（x、y、z），解码这些数据后，可得到目标的速度、距离和 ID 等信息。毫米波雷达数据采用基于距离与角度的极坐标，经降噪处理后可得到目标的位置、速度和方位角。GPS 测量车辆的三轴姿态角或角速率以及加速度，数据通过特定的算法处理后可得到车辆的速度、偏航角和位置等信息。视觉传感器捕获的数据是连续的图像帧，经数字化处理后转化为数值矩阵，再利用深度学习或模式识别技术可得到目标集数据，包括速度、位置等关键信息。

其次是数据格式多样，主要体现在空间格式和时间格式两方面。在空间格式上，所有传感器采集的坐标数据均需要转换到以车辆后轴中心对地投影点为原点的坐标系中。在时间格式上，以惯性导航系统的时间戳作为时间基准，其他低频传感器采集的数据都通过时间戳与惯性导航系统的时间同步。传感器单元传输的数据通常会被封装成消息格式，利用消息同步机制来实现不同传感器数据之间的时间同步。

最后是数据价值密度多样，涵盖从低到高不同层次的价值密度。低价值密度数据通常包括传感器数据、驾驶行为数据和驾驶场景数据等，这些数据在转化为有用信息之前需要经过大量的清洗、转换与分析工作。中价值密度数据需要通过算法处理来提取有用信息，并且使用频率较高，如车用无线通信技术（vehicle to everything，V2X）数据。高价值密度数据，如高精地图数据、高精度位置数据和信息安全漏洞数据，使用频率很高。

（2）交互性。

车联网中的数据交互主要通过特定的数据格式、统一的接口和高效的算法实现，确保不同数据源之间的顺畅通信，从而使各种数据能够协同工作，以获得全面而精确的信息。

（3）时效性。

车联网数据的时效性一方面体现在对数据处理的即时性，另一方面体现在数据价值的持续性。

即时性主要针对动态数据，如 V2V 通信数据、传感器数据和驾驶行为数据等，这些数据需要进行实时处理；而静态数据，如高精地图数据、驾驶场景数据和信息安全数据等，则可以通过云端大数据平台进行非实时的批量处理，用于分析交通状况和执行大规模的车辆路径规划。动态数据的价值的持续时间通常很短，而静态数据的价值的持续时间相对较长。

8.3.3.3 车联网大数据应用

通过对人的数据、人车交互数据、车辆数据、道路与环境数据的采集、处理和分析，可将车联网大数据通过用户画像、驾驶风格、车辆工况、用车习惯、车辆能耗、车辆活动区域等方式呈现，并应用在包括以下几点的众多方面。

（1）利用车联网大数据可以研究车辆性能。可以对应用场景丰富的社会车辆进行运行参数的收集和挖掘，这样能够实现使用环节上的产品性能追踪，并据此进行设计上的优化和改进，对于新能源汽车的意义重大。终端使用环节涵盖更加丰富的驾驶场景，驾驶人群更加多样，对车辆性能的考验比在实验阶段更严峻。通过分析车辆运行数据，并结合消费者的驾驶风格，汽车制造商可以更好地评估产品的市场反馈，从而确定产品改进的方向。

（2）利用车联网大数据可以进行新能源车主用车习惯分析。新能源汽车正处于快速发展阶段，用户习惯正在形成。因此，从消费者的需求出发进行产品的研发和设计成为新能源车企面临的重要研究课题。此外，对用户充电习惯的分析对于充电基础设施的规划和布局具有重要的指导意义。用车习惯分析包括对用车场景、行车距离、用车时长、电量消耗、最高车速、不同剩余电量下的驾驶模式选择，以及空调功率等的分析。充电习惯分析包括对充电时剩余电量、充电时间、充电地点（个人充电桩、公共充电桩）、充电方式（快充、慢充）、充电时长与充电结束时电量等的分析。

（3）利用车联网大数据可以进行驾驶行为分析及产品化输出。在高度注重消费者体验和个性化服务的时代，对消费者驾驶行为进行研究能够更好地定位目标消费人群，从而辅助相关产品功能的设计、研发，比如对自动驾驶现有技术的改进和未来发展方向的指引、危险驾驶行为预警、车辆出行建议、车辆配置优化、典型驾驶参数的时域分布分析、转弯车速分布分析、刹车时机分布分析、刹车次数分析、车速变化分布分析、驾驶里程及时长分析等。

（4）利用车联网大数据可以进行消费者出行行为的相关研究。驾车出行已经成为人们日常生活中的一个关键部分，对消费者出行方式与出行规律的研究具有多方面应用价值，可支持共享出行等相关业务的开展。一方面，大数据分析有助于构建消费者画像并优化出行服务。首先，通过收集不同调研对象的驾车出行目的地、主要消费场所、平均行驶距离等数据，可以更准确地刻画消费者特征，进而辅助企业进行精准营销。其次，基于实时路况信息，可以提供智能路线规划服务；根据位置信息和消费习惯可以智能推荐相关的消费场景。另一方面，可通过分析出行规律和习惯，为共享出行业务的运营提供决策支持，如潜在消费群体捕捉、车辆选型、停车地点合理布局等。

8.3.4 无人驾驶汽车与大数据

8.3.4.1 大数据技术是无人驾驶汽车的核心

无人驾驶汽车本质上是一台高度智能化的四轮运动机器人，它融合了计算机科学、大数据分析、智能控制以及互联网通信等众多技术。但是最核心的技术需求为环境探测、自动决策控制、快速响应速度，智能感知技术是无人驾驶汽车的前提，智能决策和控制技术是无人驾驶汽车的中枢系统，高精地图及智能交通装置等是无人驾驶汽车的重要支撑。无人驾驶汽车如果想实现真正的自动、高效、平稳运行，最重要的就是提升数据的处理速度，也就是使大数据技术突破无人驾驶汽车的现有瓶颈。

无人驾驶汽车不依赖人类驾驶员，这意味着汽车“中央大脑”要时刻关注路面信息、交通情况、前后车距离、交通标志以及信号灯等情况，要通过车辆搭载的激光雷达、红外照相机、摄像头、GPS 和传感器等设备，以及人为记录来持续收集数据。在行驶过程中，无人驾驶汽车要实时通过感知设备收集数据，并与系统既有数据进行对比分析，以便快速确定自己的位置。在正常情况下，这种数据处理的速度将会达到每秒百万次计算。中央大脑要在极短的时间里做出决策：停车、减速、加速、换道还是转弯。如果前方出现事故或有行人（或动物）横穿道路，无人驾驶汽车必须能采取紧急避让、紧急制动或者变道行驶。然而，车载系统所依赖的原始数据都是在理想情况（视线良好、无风、无雨、无雾、无雾霾）下采集的，那么在突遇暴雨或大雪，导致道路被水或者雪覆盖时，原有的数据对比可能失效，自动导航可能失灵，从而增加事故风险。可以看出，大数据技术是无人驾驶汽车的核心。

8.3.4.2　无人驾驶汽车中采用的大数据技术

无人驾驶汽车高度依赖大数据技术，其正常运行的关键在于对数据的及时收集、快速处理和正确分析、决策。无人驾驶汽车中采用了以下大数据技术。

（1）物联网技术。无人驾驶汽车配备了大量传感器，以及激光测距仪、摄像头、车载雷达、车载计算机和定位系统等。这些设备将车辆周围的物理环境信息转换成数字信号，以便车辆进行理解和处理。随着技术的进步和汽车功能的扩展，未来无人驾驶汽车将整合更多先进的感知设备，形成一个更加强大和复杂的控制网络。

车载物联网是无人驾驶汽车实现快速、灵活和有效计算的基础。它主要依靠感知层、网络层和应用层技术，按照一定规则，将所有信息传输到云端进行统一处理，从而缩小了物理世界与信息世界之间的差距。典型的车载物联网数据转发模型采用 5G 通信技术，为无人驾驶汽车数据采集和轨迹预测提供强有力的技术支撑。

（2）海量数据管理技术。据统计，无人驾驶汽车每秒会生成约 1GB 数据，按每辆汽车每年行驶 600h（216 万秒）来计算，每年每辆车产生的数据量将达到约 2PB（千万亿字节）。在行驶过程中，无人驾驶汽车会持续产生大量的实时数据，这些数据必须得到快速处理和转换。如何在最短的时间内处理数据、判断路况、规划路线及保障乘客安全，是无人驾驶技术必须攻克的难题。基于大数据云端平台的数据采集、数据管理、数据库、数据流分析和数据比对等海量数据管理技术可解决此难题。

（3）边缘计算技术。无人驾驶汽车要做到及时和精确控制，数据处理的速度至关重要。采用边缘计算技术是减少控制时延的最切实有效的方法。该技术通过在终端设备附近或直接在终端设备上运行，不需要将所有数据上传到云端，从而显著降低网络传输压力，减少拥堵及时延，极大提升数据传输效率。

（4）云计算技术和智能调度技术。无人驾驶汽车依托的强大的云计算技术是实现数据管理、高清地图、路径规划、可视化、路况诊断等功能的重要保障。此外，智能调度技术能够实时监控车辆的行驶状况，计算当前路段的流量和通行速度，或者结合智慧交通、智慧城市、停车场、急救车等方面的需求，智能调度车辆，提供最优行驶路线建议等。

（5）图像识别和深度学习技术。无人驾驶汽车配备大量红外传感器、摄像头和激光雷达等感知设备，用以收集大量的实时路况视频和车辆标注数据，从而可以获得车辆自身的速度、姿态、加速度、油量等信息，并准确探测路况和周围物体，或通过车际通信，了解近邻车辆的速度和行驶动向。这些实时获得的信息数据一并被传送到车载控制系统中。经过相关的图像识别技术、机器学习算法、预测模式等处理，可使车辆清晰了解周围的行人、红绿灯、路障、路标等。另外，通过对数据进行深度学习算法分析，可获知哪些路段行人众多，哪些路段应减速慢行，哪些路段颠簸，哪些路段车祸频发，哪些时间为堵车高峰等，从而及时对车辆的状态和行驶路线做出一定的调整，保障车辆的平稳、安全运行。

（6）智能语音、语义识别技术。无人驾驶汽车提供了车载 App/手机 App，集成了实时智能语音、语义识别技术，用户只需对设备发出语音指令，设备便可以识别指令并自动执行相应操作。

8.4 本章小结

本章介绍了大数据在智慧城市和自动驾驶领域的具体应用。

拓展阅读

汽车正在向智能化发展，车辆的智能化程度在各种创新技术的加持下日益提升。摄像头、雷达等传感器是汽车的眼睛；各类传感器获取的数据是各种环境、行驶状态、车辆状态的信号；汽车线束和无线网络是汽车的神经；中央处理器和图像处理单元（graphics processing unit，GPU）是汽车的大脑；数据、软件和算法共同作用于汽车控制；各种线控设备（刹车、转向、油门）是汽车运动控制指令的执行者。通过以上 6 个环节完美协调配合，驾驶员的双手和双脚就可以在一定程度上解放出来，人们在驾驶时也不再被各种操作所束缚，汽车成为人类新的生活空间。

车载传感器主要包括车载摄像头、毫米波雷达、激光雷达、超声波雷达四大类。自动驾驶汽车首先对环境信息与车内信息进行采集、处理与分析，这是实现车辆自主驾驶的基础和前提。环境感知是自动驾驶汽车与外界环境进行信息交互的关键，车辆通过硬件传感器获取周围的环境信息。环境感知是一个复杂的系统，需要多种传感器实时获取信息，各类传感器如同汽车的眼睛。

目前自动驾驶汽车对周围环境的探测主要采用两种方式，一种是基于人工智能、大数据、云计算技术，着重于算法的视觉感知模式；另一种是以雷达探测为主的多传感器感知模式，车用雷达能提高系统探测的精度与可靠度，进而大幅提升汽车整体的安全性能。目前大部分汽车制造企业都采用后者，以多种雷达作为主要的环境探测设备，辅助视觉感知模式，提供车辆的智能驾驶辅助。

车载摄像头是自动驾驶中必不可少的传感器。自动驾驶系统通常分为感知层、决策层、执行层。感知层所用到的传感器包括摄像头、激光雷达、毫米波雷达、超声波雷达等视觉传感器，以及速度传感器和加速度传感器等，相较于其他传感器，车载摄像头的障碍识别能力强，是自动驾驶中必不可少的传感器。

根据用途，车载摄像头分为成像类摄像头和感知类摄像头。成像类摄像头用于被动安全系统，将所拍摄的图像存储或发送给用户。感知类摄像头主要用作高级驾驶辅助系统（advanced driver assistance system，ADAS）的功能摄像头，用于主动安全系统，需要准确捕捉图像。高级驾驶辅助系统包含自适应巡航控制、自动紧急刹车、车道偏离预警、盲区监测和自动泊车系统等 20 余项功能。高级驾驶辅助系统接近自动驾驶的 L0～L2 级，但其任务在于辅助驾驶，核心是进行环境感知，而不是解放驾驶员的双手双脚。简而言之，高级驾驶辅助系统就是实现自动驾驶的过渡技术。高级驾驶辅助系统的辅助，能在一定程度上降低车辆事故发生率。

根据安装位置，车载摄像头分为前视摄像头、侧视摄像头、环视摄像头、后视摄像头及舱内摄像头。

前视摄像头用以实现多种高级驾驶辅助功能（防撞预警、车道偏离预警等），任务繁重、规格最高。前视摄像头可分为单目摄像头、双目摄像头、三目摄像头。单目摄像头发展较早，目前技术发展较为成熟，成本较低，但是受限于单个摄像头的固定对焦区间，难以兼顾大视场角（广角）和远探测距离（长焦）。双目摄像头、三目摄像头在一定程度上克服了单目摄像头的局限。以特斯拉采用的三目摄像头为例，三颗摄像头包括主视野摄像头（覆盖大部分交通场景，最大监测距离为 150m）、广角摄像头（视场角达到 150°，能够拍摄到交通信号灯、行驶路径上的障碍物和距离较近的物体，非常适用于城市街道、低速缓行的交通场景）、长焦摄像头（能够清晰地拍摄到远距离物体，适用于高速行驶的交通场景。最大监测距离为 250m）。

侧向环视摄像头用以监测侧前方或侧后方场景，实现盲点监测。侧向环视摄像头采用广角镜头，在车四周装配后可获取车身 360°图像，实现全景泊车，若加入算法可实现道路感知。后视摄像头采用广角镜头，用以倒车辅助。舱内摄像头用以监测驾驶员状态，实现疲劳提醒功能。

自动驾驶分为 L0～L5 级 6 个级别，目前主流自动驾驶级别在 L2～L3 级之间，L2 级主要功能涵盖倒车监控、全景泊车辅助、盲区监测、自适应巡航控制、前方碰撞预警、智能车速控制、车道偏离预警、行人检测、交通信号及标识牌识别等，一般搭载 3～13 颗摄像头。L4、L5 级自动驾驶高级驾驶辅助系统尚在研发阶段，一般需要搭载 13 颗以上摄像头。特斯拉计划淘汰其他现有的雷达技术，推出仅依赖摄像头的特斯拉视觉系统，只使用 8 个外部环视摄像头来提供自动驾驶功能，由复杂的人工智能和大数据技术提供支持。

毫米波雷达，是工作在毫米波（millimeter wave）波段探测的雷达。通常毫米波是指 30～300GHz 频域内（波长为 1～10mm）的电磁波，毫米波的波长介于厘米波和光波之间。毫米波雷达的导引头具有体积小、质量轻和空间分辨率高的特点。与红外、激光、摄像等光学导引头相比，毫米波导引头穿透雾、烟、灰尘的能力强，具有全天候（大雨天除外）、全天时工作的特点。另外，毫米波雷达的抗干扰能力较好，能分辨识别很小的目标，而且能同时识别多个目标，一般用于汽车前碰撞预警。

自动驾驶的核心是激光雷达，即光探测和测距传感器。激光雷达是一种利用激光对周围环境进行三维立体成像分析以实现自动驾驶的先进技术，由于它是一项高精度和完整的技术，因此也被认为是自动驾驶汽车的关键部件。其精度和提供的扫描线数有关，扫描线数越大，精度越高，其制造成本也越高。

在自动驾驶中，超声波雷达也是必不可少的四大传感器之一，特别适合应用于自动泊车场景，以及在驾驶过程当中的短距离感测，而这些应用是自动驾驶最先落地的应用场景，特别是自动泊车，一般配置有多个超声波雷达。自动泊车就是汽车在低速巡航的时候使用超声波感知周围的环境，寻找停车位，并自动泊进停车位的过程。另外，车辆横向感测主要用于提醒司机与平行车道当中的前后方车辆保持安全距离。超声波虽然也有频率，也有波长，但不同于电磁波。超声波是声波，是机械波，要传播必须有传播介质，不能在真空当中传播，超声波的传播速度跟声波的一样，在空气中大约都是 340m/s，频率一般高于 20kHz，在空气当中的波长一般短于 2cm。因为其频率超出了人耳朵的听觉范围，所以被称为超声波。而超声波应用于测距和定位的原理，类似于蝙蝠在夜间飞行和捕捉昆虫的原理，蝙蝠以脉冲的形式发出超声波，通过接收反射的回波进行回声定位。当然这种回波定位原理，不管是激光、毫米波、超声波都适用。

本章习题

（1）大数据的应用领域有哪些？

（2）大数据时代智慧城市建设的主要内容有哪些？

（3）无人驾驶汽车采用了哪些大数据技术？应用过程中需要注意什么问题？

第9章 大数据安全

本章导读

在大数据时代，通过共享、交易等流通方式，数据的质量和价值得到更大程度的提升，数据动态利用逐渐走向常态化、多元化。以数据为视角进行大数据安全建设，以数据全生命周期为主线进行大数据系统安全的分类、分级保护，明确数据从哪里来（where）、放在什么环境下（what）、允许谁（who）、什么时候（when）、对哪种信息（which）、执行什么操作（how），做到数据全生命周期、数据全流转过程的可管、可控，满足大数据参与者对数据安全的要求，是当前大数据系统安全建设的重要目标。从本质上来说，对大数据全生命周期处理流程中存在的安全问题进行一定探讨，其目的就是要能够在大数据全生命周期处理时，在兼顾系统安全与公平、个性化服务与商业利益、国家安全与个人隐私的基础上，从海量数据中分析挖掘其潜在的巨大数据价值，并使其数据价值真正地服务于社会。本章将围绕大数据全生命周期处理流程中所面临的安全问题及应对方法进行简要介绍说明。

本章知识结构如下。

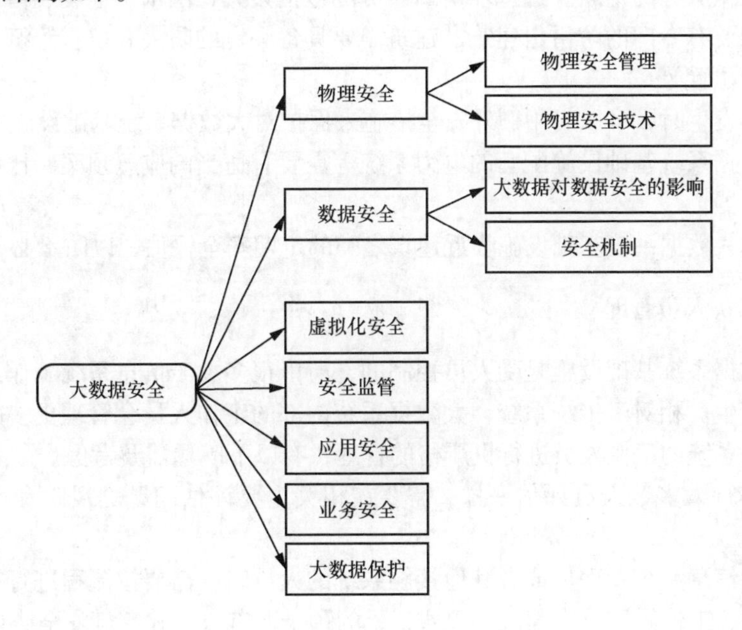

9.1 物理安全

大数据系统的基础设施（包括服务器、网络路由、存储设备、电力设备及其他支持运维的软硬件组件）需要从物理层面上得到安全保证。这与传统的机房管理一样，可通过各种物理设施的管理和对相关人员的管理来达到一定的安全性。另外，在大数据系统环境下，物理环境的运营方和其中数据的拥有者可能会分属不同所有者，需要有相应的物理安全技术进行支撑。下面就分别根据物理安全管理和物理安全技术两方面来进行论述。

9.1.1 物理安全管理

9.1.1.1 设备管理

大数据系统管理者对其使用设备的整个生命周期进行安全管理，包括购入、使用、迁移、销毁等，管理设备时应注意以下几点。

（1）大数据系统基础设施要持有最新实际库存信息。

（2）任何新购置的设备都需要进行风险检查后才可以进行使用。

（3）当需要销毁存储数据的旧设备时，需要采取既定的流程和规程，根据其存储数据的重要性，进行区分处理，如多次覆盖旧数据或者进行物理销毁。

9.1.1.2 环境控制

除了设备本身需要安全管理以外，大数据基础设施的环境控制也是必不可少的，下面列出了大数据基础设施的环境控制需要注意的问题。

（1）大数据系统基础设施的核心计算中心需要有适当的处理流程和策略，保证环境因素不会导致数据服务的中断。这些环境因素可能包括火灾、洪水、地震、雷击等，比如为了防止雷击需要有专门的防雷击建筑，建筑需要具备一定的防火和抗震等级、需要建在地势较高的地理位置等。

（2）灾难发生时，可以启用额外安全措施来保护对大数据系统基础设施的物理操作。

（3）大数据系统基础设施配套的电力系统等需要有适当的应急预案，比如电源失效时应有独立发电器。

（4）考虑大数据系统基础设施临近建筑之类的定期安全评估，以防不必要的影响等。

9.1.1.3 人员管理

由于大数据系统基础设施是受人员控制的，所以很多关于信息系统工作人员的潜在安全问题由此产生。相对于传统系统，大数据系统内部的工作人员会管理更多的数据，所以需要对大数据系统的工作人员进行更严格的管理，有以下问题需要考虑。

（1）和进行大多数人员评估一样，需要在相关主要评估问题的风险和代价之间进行平衡。

（2）招聘信息系统管理员或者其他接触系统的人员时，需要按流程进行审查，包括审查身份、国籍、工作履历及推荐人、犯罪记录的预录取审查，并签订安全协议书。

（3）针对大数据存储地点和运行应用的不同，对于不同的工作人员应授予不同的管理权限。

（4）对于能进入大数据系统基础设施的外包服务人员（如维修人员、清洁工、物理安全人员、承包商、咨询顾问、服务供应商等），需要有适当的管理措施。

9.1.2 物理安全技术

大数据系统中的用户数据最终存储于运营单位所掌控的大容量存储介质中。传统的安全机制通过宿主机操作系统的授权管理和控制机制来保护所存储的数据。但是在大数据系统中，运营单位可能并非所存储数据的所有者，因此需要采用一定的身份验证机制来保证所存储的数据无法被运营管理员获取，但同时要使运营管理员具备系统维护的权利。在此环节上可能面临以下安全威胁。

（1）大数据系统管理员更改宿主机配置，绕过所有的操作控制机制，读取属于用户的数据资源。

（2）宿主机遭到外部入侵，使恶意用户绕过所有操作控制机制，直接控制数据资源。

（3）运营单位在系统维护或其他工作中，直接将存储介质（如硬盘）挂接到其他主机或系统上，进行数据复制或读写。

因此，纯粹依赖宿主机的安全机制尚不足以提供足够的安全特性，有必要在大数据系统基础设施的数据存储的环节增强保护力度，规避以上安全威胁。可考虑采用基于特殊硬件的安全存储控制机制实现数据保护，如下所述。

（1）硬件防护机制，确保对物理器件和介质的维护工作只能通过标准化的流程进行，例如，只有可信第三方和运营审计员、安全员共同在场的情况下才能打开硬件设施，并且确保磁盘等介质的更换只能在相应存储介质上的数据被销毁的情况下才能进行。

（2）规范化存储介质维护机制，运营管理员只能通过数据管理接口对内部存储介质进行管理类的操作，如划分空间、分配空间、回收空间等。所有操作由内部机制确保操作的完整性，如只有执行标准数据销毁后才能再分配空间。

（3）存储空间安全初始化机制，存储空间分配给业务方后，需要经过安全初始化过程才能使用。该初始化过程实现将存储空间交付用户使用。在安全初始化过程中，将采用公私钥机制或者其他适用的安全机制，实现验证身份信息的同步，如用户存储空间所对应的公钥导入。经过安全初始化之后，只有对应的用户存储空间才能读写相应的数据。安全初始化过程是关键的操作，约定了安全存储介质与用户存储空间的验证信息，因此需要通过安全的密钥交换协议确保在初始化通信过程中不被篡改。用户存储空间安全地保存验证信息（如私钥），将通过存储空间安全机制来实现。

（4）细粒度安全存储和控制机制，实现对文件存储、块存储、对象存储等存储服务的安全控制。用户对所分配的存储空间的读写，只能通过数据读写接口进行。细粒度安全存储和控制机制确保只有通过验证的存储空间对应的进程才能读写对应的数据，其他用户程序以及宿主机进程均无法访问对应的数据。

（5）数据维护的安全审计机制，确保重要的操作（如数据管理操作、初始化操作、硬件维护操作等）被完整记录，并确保审计数据不被篡改。此外，还将采用完整性校验机制，确保安全配置信息不被篡改。

采用以上的机制可以获得以下保护特性。

（1）恶意使用者无法直接获得物理介质（如特定磁盘）。

（2）恶意使用者不能通过宿主机直接操作属于业务方的存储空间。

（3）恶意使用者无法通过非正常的手段复制业务方存储空间的数据。

（4）如果采用端到端的安全通信机制，即使恶意使用者篡改宿主机系统，也无法获取用户和存储介质间的数据通信。

（5）即使恶意使用者将存储介质挂接到其他系统上，由于安全存储介质是一个黑盒系统，恶意使用者未掌握存储空间所存储的验证信息，依旧不能对业务方存储数据进行访问。

9.2 数据安全

数据的安全保护是大数据全生命周期处理流程中最重要的部分，数据安全指的是通过一些非技术或者技术的方式来保证数据在读写时受到合理控制，保证数据不因人为或者意外损坏而泄露或更改。对任何一个信息系统来说，在运行生命周期过程中使用的和生产的数据都是整个系统的核心部分，可把这些系统数据分为公有数据和私有数据两种类型。公有数据代表可以从公共资源中获得的数据信息，如门户信息、公开的应用信息等，这类数据可以被任何一个信息系统获得并使用。而私有数据则代表被信息系统所独占并且无法和其他信息系统所共享的信息。对于公有数据，使用它们的信息系统并不需要处理安全相关的事务，然而对于私有数据（特别是一些较为敏感的私有数据），在构建信息系统时需要专门考虑如何保证数据不被盗用甚至修改。私有数据还可细分成与用户个人信息相关的用户隐私数据及与用户业务相关的应用数据。

从非技术角度上看，可以通过法律或者一些规章制度来保证数据的安全。从技术的角度来看，可以通过防火墙、入侵检测、安全配置、数据加密、权限认证、权限控制、数据备份等手段来保证数据的安全。由于传统软件和大数据系统在技术架构上有非常明显的差异，这就需要用不同的思路来思考两种架构下有关数据安全的解决方法。

9.2.1 大数据对数据安全的影响

大数据对数据安全的影响是极大的。首先，大数据系统可以大大减少数据泄露。在个人计算机里的数据常常很容易被泄露，尤其是便携笔记本电脑的失窃成为数据泄露的主要途径之一。为此需要添置额外备份设备，以防数据外泄。随着大数据和云计算技术的不断普及，个人数据泄露将大为减少。

其次，大数据系统在数据备份方面做得尤为突出。以 HDFS 分布式文件系统为例，系统组件失效不再被看成意外，而是被看成正常的现象。HDFS 分布式文件系统包括几百甚至几千台普通廉价机器构成的计算节点，又被相应数量的使用者读写。由于其规模极其庞大，单点错误是每天甚至每时每刻都会发生的。在这种情况下，不能完全信任计算机无故障，也不能完全信任磁盘的可靠性。事实上，在 Hadoop 分布式系统集群的数百个计算节点中，任何给定时刻都可能出现一些计算节点不可用。在这种现状下，可利用快速恢复和数据副本分布式存储两种机制去应对成为常态的单点错误。快速恢复是指服务器被设计成可以在数秒钟内恢复到它们的初始状态并启动。数据副本分布式存储是指任何数据块都会复制成多份（默认值是3），分布存放在不同计算节点上，使在任何情况下，只要不存在所有数据副本同时丢失或者损坏，那么数据的完整性、高可用性就得到保障。

最后，大数据系统环境中数据的存储还有更多其他安全措施，比如安全检测。通过将数据分块存储在一个或者若干个数据中心，数据中心的管理者可以对数据进行统一管理，负责资源的均衡分配、软件的安全部署和控制，并拥有更可靠的安全实时检测。在数据安全方面，大数据系统使数据能够得到更为专业周全的保护。

当然，大数据系统在数据安全方面还有以下问题需要考虑。

（1）数据的可移植性。数据在业务系统中应用时，数据的可移植性成为最大的问题。这一点很容易被大数据系统服务商无意间忽略或者故意忽略。在这个问题上投入的精力过少很可能使数据可移植性较差。提升数据可移植性在技术上没有太大瓶颈，但相对其他数据安全问题来说，更需要服务提供者和用户的关注。

（2）数据传输安全。在数据传输过程中，黑客或者其他攻击者很容易进行截取、篡改传输内容。在使用公有网络时，对于传输中的数据最大的威胁是不采用加密算法。通过网络传输数据，采用的传输协议要能保证数据的完整性。虽然采用加密数据和使用不安全传输协议的方法可以达到保密的目的，但无法保证数据的完整性。

（3）静止数据安全。如果仅使用简单存储进行长期档案存储，通过加密磁盘上的数据或数据库中的数据，加密业务数据然后发送密文到数据存储系统那里都是可行的。通过对静止数据进行安全保护，可以防止恶意的安全提供商以及恶意的某些类型应用的滥用。加密步骤既可以对用户透明也可以不透明，但在功能上有一定限制。如果默认以不加密方式存储数据，则可以在把数据放入大数据存储系统前进行加密；或者选择在线加密方式，此时业务数据加解密过程对用户透明。两种方式都能够防止对数据的未授权读写。但是在某些场景下，如果需要对数据进行操作以提供预期的服务，比如索引、搜索等，加密的数据会使得无法提供服务。

（4）数据隔离。大数据系统为了实现可扩展、可用性、管理及运行效率等方面的经济性，基本都应用了虚拟化技术和云计算平台，因此可能会存在多用户的数据混合存储的情况。虽然在设计之初已采用诸如数据标记等技术以防非法读取混合数据，但是通过应用程序的漏洞，绕过虚拟化带来的数据隔离，非法进行数据读取还是可能发生，不能确保实现应用专用数据安全。

（5）数据残留。数据残留是数据在被以某种形式擦除后所残留的物理表现。这种残留可能是因为数据的删除只是名义上的操作，譬如简单地把原有数据的存储块设为不可用，但数据依然存在；也可能是数据被实际擦除后还留有一些物理特性，使数据能够被恢复。虽然数据安全问题的重要性日趋显著，但是安全技术提供商对数据残留问题的关注显得有些滞后，很多大数据系统使用者甚至都没有意识到有数据残留这样的问题存在。在大数据系统环境中，数据残留很有可能会无意泄露敏感信息，因此需要能向用户保证其个人信息所在的存储空间被释放或再分配给其他用户前得到完全清除，无论这些信息是存放在硬盘上还是在内存上。存储数据的硬件在准备丢弃或者移交第三方前必须完全删除其中的数据。除了普通的删除数据以外，还有一种可行的方式是所有数据均加密后保存至磁盘。此时只需彻底销毁密钥即可。为了更好地降低风险，可能需要使用第三方工具或者审查以保证数据残留问题的防护。

（6）数据异地存储。在大数据系统环境下，数据不再存储在本地数据节点中，而是有可能存储于远端的存储系统中。这就导致了数据拥有者和数据管理者角色的分离。数据拥有者会对大数据系统软硬件系统和数据逐步丧失一定的直接控制权，因为传统的信息系统通常搭建在使用者自身的办公场所内，办公场所的内部防火墙保证了系统和数据的安全性。在大数据系统环境下，资源从可控转变成不可控，和传统系统相比，尽管防火墙能够对恶意的外来攻击提供一定程度的防护，但这种架构使一些关键性的数据可能被泄露，无论是因为使用不当还是恶意攻击。例如，由于开发和维护的需要，软件提供商的员工一般能够获取存储在云平台上的用户数据。一旦这些信息被非法获得，黑客便可以在互联网上获取部署在云平台上的程序或者得到关键性的数据。这对于对安全性有较高要求的企业应用来说是完全不能接受的。另外，大数据系统提供的集中数据服务虽然在理论上应比在大量各种端点上分布的数据更安全，然而这同时将风险集中了，增加了一次入侵可能带来的后果。

9.2.2 安全机制

用户数据必须进行保护以防遗失和被窃。为了满足这一点，需要使用安全机制来防止非法读取、公开、复制、使用或者更改个人信息。虽然无法完全保证大数据系统内数据的安全，但可以采取一些机制以降低安全风险。

（1）加密机制和密钥管理。这是传统的数据保护机制，在大数据系统下也不可或缺，可用于避免数据丢失和被窃。如今，个人数据和企业数据加密都是强烈推荐的，加密机制已经成为数据安全领域基础、有效的方法。强加密及密钥管理是大数据系统用以保护数据的一种核心机制。加密本身不能防止加密后的数据丢失，但这些加密后数据在没有密钥的情况下，在理论上可认为其没有任何信息量，因此，加密数据的丢失可以看作未丢失。加密机制提供了资源保护功能，密钥管理则提供了对受保护资源的读取控制。

从数据的生命周期看，数据分为网络传输数据、静止数据和备份密钥数据。加密手段需要施加于大数据整个生命周期处理流程以提供完整的保护。

① 加密网络传输数据。除了确保受监管的敏感个人信息数据在静止时是加密的，还要确保其在内部网络传输时是加密的。加密在网络中传输的敏感个人信息数据是极其必要的，比如信用卡号、密码和私钥等。虽然大数据系统的网络可能比开放的互联网网络安全，但是由于大数据系统使用了特有的由不同生态组件构成的系统架构，且由不同的使用者共享大数据系统生态组件，因此即便是在大数据系统的网络中，保护这些传输中的敏感个人信息数据和受监管信息也是非常重要的。

② 加密静止数据。加密磁盘上的数据或业务系统数据库中的数据很重要，因为这可以用来防止恶意的使用者攻击及某些类型应用程序的滥用。可以使用抗外力入侵的加密硬件，通过基于硬件的加密方法来保证数据在传输和存储时的完整性和机密性。另外，敏感个人信息数据的传输和存储必须根据需要的安全级别进行加密。对需要长期存储的归档数据来说，由使用者控制并保存密钥，加密数据然后发送到数据存储系统，在自己需要的情况下解密数据。

③ 保护加密密钥存储。加密密钥存储必须像其他敏感数据一样，在存储、传输和备份中都必须仔细保护。不适当的密钥存储可能危害其所加密的数据。使用加密时，必须把数据加密密钥使用与数据加密密钥保管分离，即把数据加密存放与加密密钥管理分

开。必须限制接触密钥存储的权限，还需要相关策略来管理密钥存储，使用角色分离的权限管理。

④ 密钥备份。数据一旦加密，删除大规模用户数据时就可以用销毁对应解密密钥的方法替代。丢失密钥无疑意味着丢失了这些密钥所保护的数据。尽管这是一种销毁数据的有效过程，但是意外丢失保护关键业务数据的密钥会毁灭一个业务，所以必须执行密钥备份。

（2）用户对数据的控制。信任是获取数据和保证新技术、新应用开展大规模市场化的核心要素，缺少用户对数据的控制会导致用户的不信任。对敏感数据来说，想要进行完整的信息控制有一个重要前提，即用户对其数据有较完整的知情权。若想要收集用户信息，则必须告知用户收集什么、如何使用、存储方式和与谁共享等问题，也必须及时告知用户使用信息应用场景的变更。如果信息需要开放给第三方，也必须提前告知用户。用户个人数据必须直接从个人处收集，隐私策略也需要开放给用户，并且易于用户理解。设计用户交互界面来清晰地展现隐私功能，设计图形用户界面提示用户（包括管理员）发生了什么，如使用图标和虚拟象征符号等。设计流程、应用和服务来提供隐私反馈信息，也就是使用户在知情的情况下做出和隐私相关的决定，如使用隐私助手和易懂的终端用户协议书来帮助用户对最终行为下决定，并提供提示。

（3）数据范围最小化。分析整个大数据系统，只收集和存储最少的个人敏感数据，这点至关重要，可以减少存储和处理时需要保护的数据量。如果可能的话，可以尝试使用匿名技术。例如，脱敏（加密或者其他隐藏手段）收集到的个人敏感数据，使用个人敏感数据并在传输前对数据进行脱敏处理。有很多种脱敏技术，包括各种加密技术和对收集到的信息进行脱敏信息填充处理，之后再从用户传送到大数据系统内进行处理。个人敏感数据的收集和共享需要有明确的目的。个人敏感数据使用必须配以个人敏感数据使用参数和条件，如必须用于特定目的、只能被指定人员使用、必须在使用前报告等。在这种情况下可以保证个人敏感数据不被盗用。处理个人敏感数据时，必须遵守这些规范约束。数据使用时必须限制于收集个人敏感数据时所声称的目的。应用服务开发中需要使用个人敏感数据时也应对使用这些数据的目的进行审查，确定其使用目的和应用场景限制在允许的范围内。

（4）匿名手段。这种技术可使用户对应用程序运行方和服务提供方隐藏其真实身份，只在真正需要时才提供真实身份。这种技术的应用领域包括匿名网站浏览、匿名 E-mail 和匿名支付等，可以设计成完全匿名，也可以设计成暂时匿名，必要时可以检查用户真实身份，如遇到欺诈行为时。使用匿名工具可以减少用户的个人敏感隐私数据泄露。

当然，数据安全问题始终贯穿整个大数据全生命周期处理流程的方方面面，从最上层的应用到最底层的物理存储都涉及数据安全。正如木桶原则所表示的那样，数据的安全性取决于安全保护最薄弱的那个环节。要实现数据真正的安全，就需要对大数据全生命周期处理流程的各个方面的安全性进行评估，全面均衡地进行保护。目前大数据系统的数据安全方面仍然缺乏良好统一的规则和标准，有非常大的研究空间。

9.3 虚拟化安全

虚拟化技术是构建大数据系统的重要支撑技术之一，虚拟化的安全技术亦是大数据系统安全的重要支撑技术之一。

虚拟化技术的核心是虚拟机管理程序，大多数虚拟化的安全技术是基于虚拟机管理程序开发的，因此，虚拟机管理程序的安全决定了整个虚拟化环境的安全。一旦虚拟机管理程序被攻击者控制，则所有在其之上运行的虚拟机都将受到威胁。而虚拟机管理程序在安全性方面的主要优势在于其较小的运行体积，因此，在选择虚拟化平台和应用相关虚拟化技术时，都应减小虚拟机管理程序的大小。

严格确保虚拟机不会绕过虚拟机管理程序直接获取物理资源，是保证实现虚拟机隔离的基础，否则整个虚拟化技术的逻辑结构就会遭到破坏，安全性更是难以保证。因此，应该禁用诸如某些虚拟机管理程序中允许虚拟机直接获取物理磁盘资源的功能。

虚拟机在迁移过程中的安全性也需要进一步的关注。与传统系统不同，在虚拟化环境中，网络上传输的不再仅仅是用户数据，而可能是整个用户操作系统或其他重要信息。同时，随着虚拟机迁移范围的扩大，传输网络可能不再是比较安全的专线，而是公有网络，因此，传输过程中的传输数据安全变得更加重要。但如果简单使用加密算法对传输内容进行加密，无疑又会增加整个虚拟机迁移时间和宕机时间。可以将中央处理器、内存等计算资源抽象成虚拟资源池，这样就可以动态调整物理资源以使其适应虚拟机的要求，而不是通过移动虚拟机来优化资源的配置，在一定程度上避免不必要的迁移。

此外，应该加强虚拟化系统的管理。虚拟化技术因其灵活性正在被越来越广泛地使用，但对于虚拟化系统的管理并没有跟上虚拟化技术的发展脚步，缺乏有效的管理措施势必会削弱虚拟化技术的优势。因此，为了能更好地利用虚拟化技术并更快推进虚拟化的发展，形成完善的管理制度（特别是安全管制度）非常重要。

9.4 安全监管

大数据系统环境的安全监控和安全治理机制，不仅着眼于简单的物理实体空间的运维监控和安全，而且深入大数据系统之上的各类实体、行为、内容的安全监控与管理。

（1）在网络层，采用旁路镜像机制，利用数据内容特性和行为特性分析技术以及关联分析技术，判断网络数据异常。并采用数据流跟踪技术，实现安全监管和治理的效果。需要监管审计的内容包括：对网络流量中典型协议的分析、流量监测、流量识别、行为判断、操作记录、对异常流量的识别和报警，以及对网络设备运行状态的监测等。

（2）在系统层，可以采用面向系统及应用空间实体、行为、数据的细粒度监测与分析技术，根据开放网络服务、计算环境实体分布、数据分布（包含敏感数据流向）和业务分布监测状况，对大数据系统的生态组件进行监控和治理，实现对操作系统、运行的软件和硬件栈（如虚拟机、数据库、中间件）、使用开放网络服务的应用软件的操作行为、大数据服务平台的数据流内容等的分析、识别。根据设置的安全策略，发现各类违规数据操作、违规系统操作、违规网络入侵等恶意行为并进行控制，确保大数据服务平台向各用户提供安全、可靠的数据存储和计算服务，符合需要达到的等级保护需求。需要进行监管审计的系统对象包括：系统启动、运行情况；管理员登录、操作情况；系统配置（如注册表、配置文件、用户系统等）更改；病毒或蠕虫感染情况；资源消耗情况；硬盘、中央处理器、内存、网络负载、进程等；操作系统安全日志；系统内部事件；对重要文件的读取；重要应用平台进程的运行；网站服务器状态和操作记录；中间件系统；系统健康状况（响应时间）等。

（3）在应用层，采用基于应用内容的动态安全检测技术，检测应用程序请求应用内容类型，根据应用内容判断行为和数据的敏感性，进而动态感知系统安全状况，并根据反馈机制进行安全管理。需要进行监管审计的应用内容包括：网络页面的完整性；相关业务系统正常运转情况；用户、作业部署、中止等重要操作；授权更改操作；数据提交、数据处理、数据获取、发布操作等业务流程。

大数据系统的安全监管不应简单局限于以往日志记录等浅层次的安全监管概念，而应是全方位、分布式、多层次的强安全监管概念。这一领域需要系统化的安全监管解决方案，同时实现将各类安全设备（如防火墙、入侵检测、安全审计和漏洞扫描等）与安全设施（如身份认证与授权管理基本设施等）统一管理、协调工作，实现对大数据系统的安全监管、安全审计、安全控制与安全管理。

9.5 应用安全

用户一般通过浏览器使用大数据系统的应用程序，对于应用安全可考虑采用以下安全机制。

（1）采用网络服务的方式提供对外数据和服务接口，所有数据共享均通过网络服务进行，避免应用层用户对数据的直接操作。

（2）采用统一身份验证和授权管理机制，建立身份验证中心、授权管理中心以及配套的密钥授权管理机制。身份验证中心和授权管理中心由行业或领域内的可信第三方运维和管理，其本身可以采用虚拟机方式部署在大数据系统中，也可以采用传统方式独立运行。对数据获取的统一身份验证和授权策略由数据拥有方制定。

（3）对外服务、系统生态组件以及虚拟机之间的通信均采用安全加密协议，避免网络通信的数据被截取和篡改，并提供端到端的身份鉴别。

（4）采用多层次强安全审计机制，对计算服务中的数据通道进行全面审计、记录。并且基于行为特性和内容的深度分析技术，实现非正常数据行为识别、异常数据内容/行为的识别（如数据驱动攻击）、数据流向/扩散范围跟踪、维护行为完成度分析、发现数据意外泄露、发现数据流量比例、流量规模异常识别等；实现对大数据系统中不同敏感度数据的流向进行监管，防止高度敏感数据流向低等级区域，譬如虚拟存储空间中数据交换。

（5）采用基于标签的细粒度文档控制，支持用户灵活设置使用数据、文档、应用等的权限，可以根据实际使用情况调整权限控制策略，实现能够针对某人或者某部门调整这些权限。

9.6 业务安全

大数据系统安全的核心目标是保证大数据系统业务连续性和灾难快速恢复。在大数据系统下有两方面的问题需要得以解决，来保证业务的连续性：一是发生灾难时，如何保证业务中断时间尽可能短、丢失数据尽可能少；二是在业务、数据进行系统内迁移过程中，如何保证业务的连续性和可用性。

灾难恢复的形式各有千秋，规模也可大可小。上到数百万，下至几千元的投资，都能够实现针对不同环境的灾难恢复。传统的方式仍然使用数据备份和恢复作为灾难恢复解决方案。

在大数据环境下，由于引入了虚拟化、云计算、分布式系统等新技术，为保证业务的灾难恢复，系统提供了新的解决方案。数据存储在数据中心 1 的存储系统内，并将数据中心 1 中选定的系统远程镜像到数据中心 2 去。而在数据中心 2 中的服务器并不需要配备相应的复制设备和应用程序。当数据中心 1 发生灾难时，新的软硬件资源将会在线运行装载那些保存在数据中心 2 内的镜像并运行，以保证数据中心 1 的业务得到不停顿的延续。虚拟化、云计算、分布式系统改变了整个计算环境，创造了一个真正流动的数据中心，并使得业务进行中的灾难快速恢复成为可能。

9.7 大数据保护

大数据保护应该在实现数据保护与数据流通、合理利用这二者之间寻求平衡。一方面要积极制定规则，确认与数据相关的权利；另一方面要努力构建数据交易平台，促进数据流通和利用。

首先，大数据保护需要强调数据主权。数据是关系到个人安全、社会安全和国家安全的重要战略资源。数据主权原则指的是一个国家独立自主地对本国数据进行占有、管理、控制、利用和保护。

其次，大数据保护的主旨是确认数据为独立的法律关系客体，奠定构建数据规则的法律制度基础。大数据保护使数据的法律性质和法律地位得以进一步明确，从而使数据成为一种独立利益而受到法律的确认和保护。具体而言，大数据保护原则包含两个方面的含义：其一，数据不是人类的共同财产，数据的权属关系应该受到法律的调整，法律须确认权利人对数据的权利；其二，数据应该由法律进行保护，数据的流通过程须受到法律的保护，规范合理的数据流通不但能够确保数据的合理使用，还能够促进数据的再生和再利用。

然后，为了确保数据共享的顺利实现，要积极贯彻落实数据流通，消除数字鸿沟，建立数据共享的新秩序。加强政府对数据共享的宏观控制能力，在数据共享的发展战略上保持适度超前的政策管理，建立促进数据共享的政策法规及制度，加强信息技术的共享。

最后，需要通过法律机制保障数据安全，以免数据遗失、非法接触、毁坏、非法利用、变更或泄露。要保障数据真实性和完整性，既要加强对静态存储数据的安全保护，使其不被非授权获取、篡改和伪造；也要加强对数据传输过程的安全保护，使其不被中途篡改、不发生丢失和缺损等。保障数据的安全使用，数据及其使用必须具有保密性，禁止任何机构和个人的非授权获取，仅供取得授权的机构和个人获取和使用。以合理的安全措施保障数据系统的可用性，可以为确定合法授权的使用者提供服务。

9.8 本章小结

本章简要介绍了大数据全生命周期处理流程中面临安全方面的挑战，针对大数据全生命周期处理流程所涉及的物理安全、数据安全、虚拟化安全、安全监管、应用安全、业务安全及大数据保护等所涉及的安全需求进行了简要分析，对相关应对方法进行了简要阐述和说明。

拓展阅读

大数据时代所面临的数据安全表现出与传统数据安全不同的特征，包括以下几个方面。

（1）数据自身的安全问题。大数据时代的数据安全与传统数据安全相比，变得更加复杂。一方面，大量的数据采集，包括大量的业务运营数据、客户信息、个人的隐私和各种行为的细节记录等。这些数据的集中存储增加了数据泄露风险，而这些数据不被滥用，也成为数据安全的一部分。另一方面，大数据对数据完整性、可用性和保密性带来挑战，在防止数据丢失、被盗取和被破坏上存在一定的技术难度，传统的安全工具不再像以前那么有用。数据的多元化与彼此的关联性进一步发展，深度挖掘技术、分析方法、算法模型的进一步优化和提高，使采取单一形式进行大数据安全保护的方法变得极其脆弱。

（2）数据存储的安全问题。大数据时代，适合半结构化数据和非结构化数据的存储和分析系统，具有灵活性高、可扩展性强、复杂性低等特点，但是在系统和数据安全保护上有待进一步提高。

（3）数据使用的安全问题。用数据挖掘和数据分析获取数据价值的时候，黑客也可以利用大数据分析向系统发起攻击。黑客可能会最大限度地收集有用信息，如社交网络、邮件、微博、电子商务中的个人隐私信息（如姓名、电话和家庭住址等），使数据安全形势异常严峻。对大数据分析利用较多的应用场景会面临更多的安全挑战，譬如电子商务、金融、天气预报的分析预测、复杂网络计算和广域网感知等领域，恶意攻击会造成更严重的后果。

（4）位置信息的安全问题。随着移动互联网和智能移动设备的广泛使用，如手机、移动定位设备等，不法分子可以很容易获取用户的移动轨迹。而用户的移动轨迹和用户身份之间有较为强烈的对应关系，这使用户的个人隐私信息很容易泄露。因此，对用户的位置信息保护比对用户的身份信息保护更具有挑战性。

（5）缺乏相关的法律法规保证。行政机构及其他数据管理者在个人数据的动态生命周期中应该如何行使其职能，以合法获取、处理、使用和存储用户数据；对敏感领域的用户数据及用户的敏感数据如何区别保护等，都是亟待解决的难题。特别是一些涉及用户敏感数据的记录，这些数据也容易被一些非法和不道德组织或个体使用，对用户和社会造成严重的影响和损失，例如，频繁发生的互联网公司数据库泄露事件。如果在数据主权归属、大数据服务可靠性的保障、出现争端时的化解与裁决等方面缺乏相应的规范和法律保障，那么将严重制约大数据产业的健康可持续发展。

大数据时代的数据安全与隐私保护要从国家法制层面和企业端源头进行控制和管理，同时要不断提高个人数据权属意识和数据安全意识。随着大数据的安全问题越来越引起人们的重视，很多国家、地区和组织都制定了大数据安全相关的法律法规和政策，以推动大数据应用和数据保护。

美国于2012年2月发布《网络环境下消费者数据的隐私保护——在全球数字经济背景

下保护隐私和促进创新的政策框架》，正式提出《消费者隐私权利法案》，规范大数据时代隐私保护措施。

欧盟早在 1995 年就发布了《保护个人享有的与个人数据处理有关的权利以及个人数据流动的指令》（简称《数据保护指令》），为欧盟成员国保护个人数据设立了最低标准。2015 年，欧盟通过《通用数据保护条例》，该条例针对欧盟居民的个人信息，提出更严的保护标准和更高的保护水平。

在《2014 至 2017 年数字议程》中，德国提出于 2015 年出台《信息保护基本条例》，加强大数据时代的信息安全。2015 年 2 月，德国要求设置强硬的欧盟数据保护制度。

澳大利亚于 2012 年 7 月发布了《信息安全管理指导方针：整合性信息的管理》，为大数据整合中所涉及的安全风险提供了管理实践指导。2012 年 11 月，澳大利亚对 1988 年发布的《隐私法》进行重大修订，将信息隐私原则和国民隐私原则统一修改为澳大利亚隐私原则，并于 2014 年 3 月正式生效，规范了私人信息数据从采集、存储、安全、使用、发布到销毁的全生命周期管理。

在数据安全的标准化方面，国际电信联盟电信标准分局第 17 标准工作组制定了《移动互联网服务中的大数据分析安全要求和框架》《大数据即服务安全指南》《电子商务业务数据生命周期管理安全参考框架》等标准，美国国家标准与技术研究院（National Institute of Standards and Technology，NIST）发布了《大数据互操作框架：第四册 安全与隐私保护》等标准，国际标准化组织（International Organization for Standardization，ISO）及国际电工委员会（International Electrotechnical Commission，IEC）也发布了隐私保护框架、隐私保护能力评估模型、云中个人信息保护相关标准，对大数据的安全框架和原则进行了标准化定义。

鉴于大数据的战略意义，我国高度重视大数据安全问题，我国政府也在不断加强顶层设计，引领大数据安全发展，近几年发布了一系列大数据安全相关的法律法规和政策。

2013 年，工业和信息化部公布了《电信和互联网用户个人信息保护规定》，明确电信业务经营者、互联网信息服务提供者收集、使用用户个人信息的规则和信息安全保障措施要求。

2015 年，国务院印发了《促进大数据发展行动纲要》；2016 年，工业和信息化部也印发了《大数据产业发展规划（2016—2020 年）》。

2016 年，第十二届全国人民代表大会第四次会议批准了《中华人民共和国国民经济和社会发展第十三个五年规划纲要》，提出把大数据作为基础性战略资源，明确指出要建立大数据安全管理制度，实行数据资源分类分级管理。

与此同时，我国不断健全政策法规，防范大数据安全风险。针对数据安全，我国加快立法进程。2013 年，我国首个个人信息保护国家标准《信息安全技术 公共及商用服务信息系统个人信息保护指南》颁布实施。

2016 年，我国颁布了《中华人民共和国网络安全法》（以下简称《网络安全法》），这是我国第一部全面规范网络空间安全管理方面问题的基础性法律，是我国网络空间法治化建设的重要里程碑，是依法治网、化解网络风险的法律重器，是让互联网在法治轨道上健康运行的重要保障。《网络安全法》是为了保障网络安全，维护网络空间主权和国家安全、社会公共利益，保护公民、法人和其他组织的合法权益，促进经济社会信息化健康发展制定的。它明确了部门、企业、社会组织和个人的权利、义务和责任，规定了国家网络安全工作的基本原则、主要任务和重大指导思想、理念。将成熟的政策规定和措施上升为法律，为政府部门的工作提供了法律依据，体现了依法行政、依法治国要求。

2021 年，我国颁布了《中华人民共和国数据安全法》(以下简称《数据安全法》)。制定《数据安全法》，既是维护国家安全的必然要求，也是维护人民群众合法权益的客观需要，又是促进数字经济健康发展的重要举措。《数据安全法》是数据安全领域的基础性法律，也是国家安全法律体系的重要组成部分。

近年来，随着计算机技术的快速发展，以电信网络诈骗为代表的新型犯罪持续高发。与传统诈骗不同，电信网络诈骗中犯罪分子并不与受骗者直接接触，而是通过电信网络手段与受骗者远程交流，具有较强的隐蔽性，从而导致电信网络诈骗案件存在侦破难、取证难、资金查控难的困境，如果无法在第一时间紧急止付或冻结账户，被害人的损失很难挽回。以往关于电信网络诈骗的立法规定较为分散，存在对电信网络诈骗犯罪行为精准打击不足的问题；另外，对电信网络诈骗犯罪行为不能仅立足于事后打击惩治，更应重视源头预防，实现标本兼治。2022 年 12 月 1 日，《中华人民共和国反电信网络诈骗法》正式施行，这是一部针对电信网络诈骗活动的专门法律，分为总则、电信治理、金融治理、互联网治理、综合措施、法律责任和附则 7 章，法律条文共计 50 条。该法主要通过加大宣传与惩处力度、增强防控主体的责任、落实多方位法律责任等措施要求，实现对电信诈骗的精准、严厉打击，从源头预防电信网络犯罪行为，守护人民群众的安全感和幸福感。

我国还积极构建标准体系，引领大数据规范发展。2017 年 4 月，《大数据安全标准化白皮书（2017）》正式发布，旨在推动大数据产业健康快速发展。

在产业界和学术界，对大数据安全的研究已经成为热点。国际标准化组织、产业联盟、企业和研究机构等都已开展相关研究以解决大数据安全问题。2012 年，云安全联盟（Cloud Security Alliance，CSA）成立了大数据工作组，旨在寻找大数据安全和隐私问题的解决方案。2016 年，全国信息安全标准化技术委员会正式成立大数据安全标准特别工作组，负责大数据和云计算相关的安全标准化研制工作。

在标准化方面，我国制定了《数据安全技术　大数据服务安全能力要求》《信息安全技术　大数据安全管理指南》等数据安全标准。由于数据与业务关系紧密，各行业也纷纷出台了各自的数据安全分级分类标准，典型的如《证券期货业数据分类分级指引》，对各自业务领域的敏感数据按业务线条进行分类，按敏感等级（数据泄露后造成的影响）进行数据分级。安全防护系统可以根据相应级别的数据采用不同严格程度的安全措施和防护策略。

本章习题

（1）大数据时代所面临的数据安全表现出哪些与传统数据安全不同的特征？

（2）大数据全生命周期处理流程中在哪些方面存在安全问题？

（3）物理安全分为哪几个部分？面临什么问题？有什么解决方法？

（4）数据安全面临什么问题？有什么解决方法？
（5）如何保证虚拟化的安全？如何对大数据系统进行安全监管？
（6）应用安全和业务安全的安全机制有哪些？
（7）大数据保护需要从哪些方面着手？